Études de l'OCDE sur l'eau

Les périls du tarissement

VERS UNE UTILISATION DURABLE DES EAUX SOUTERRAINES EN AGRICULTURE

OCDE
DES POLITIQUES MEILLEURES
POUR UNE VIE MEILLEURE

Cet ouvrage est publié sous la responsabilité du Secrétaire général de l'OCDE. Les opinions et les interprétations exprimées ne reflètent pas nécessairement les vues officielles des pays membres de l'OCDE.

Ce document et toute carte qu'il peut comprendre sont sans préjudice du statut de tout territoire, de la souveraineté s'exerçant sur ce dernier, du tracé des frontières et limites internationales, et du nom de tout territoire, ville ou région.

Merci de citer cet ouvrage comme suit :
OCDE (2015), *Les périls du tarissement : Vers une utilisation durable des eaux souterraines en agriculture*, Études de l'OCDE sur l'eau, Éditions OCDE, Paris.
http://dx.doi.org/10.1787/9789264248427-fr

ISBN 978-92-64-24841-0 (imprimé)
ISBN 978-92-64-24842-7 (PDF)

Série : Études de l'OCDE sur l'eau
ISSN 2224-6215 (imprimé)
ISSN 2224-6223 (en ligne)

Les données statistiques concernant Israël sont fournies par et sous la responsabilité des autorités israéliennes compétentes. L'utilisation de ces données par l'OCDE est sans préjudice du statut des hauteurs du Golan, de Jérusalem-Est et des colonies de peuplement israéliennes en Cisjordanie aux termes du droit international.

Crédits photo : Couverture © Eddie J. Rodriguez/Shutterstock.com; © Taro Yamada/Corbis

Les corrigenda des publications de l'OCDE sont disponibles sur : *www.oecd.org/about/publishing/corrigenda.htm*.

Avant-propos

Du fait de leur fonction de stockage naturel relativement résilient aux variabilités climatiques, les eaux souterraines ont généré de larges bénéfices pour l'agriculture irriguée dans les zones semi-arides des pays de l'OCDE. Elles ont soutenu le développement et l'expansion de la production des produits végétaux de base dans le Midwest américain et au Mexique et de la production à haute valeur ajoutée dans les zones semi-arides de l'Europe Méditerranéenne et du Moyen Orient. Mais leur exploitation intensive dans certaines régions, au-delà de la capacité de recharge des aquifères, conduit à l'épuisement progressif des ressources en eau et engendre des externalités environnementales négatives, dont le tarissement des cours d'eau, la salinisation et les affaissements de terrain.

Ce rapport étudie les défis associés à la gestion durable de l'usage agricole des eaux souterraines, prenant en compte l'importance croissante qu'elles ont comme outil de support pour l'adaptation de l'agriculture au changement climatique. Il présente de nouvelles données sur l'irrigation à base d'eaux souterraines, propose une caractérisation des systèmes hydrogéologiques, évalue les effets économiques des instruments de gestion actuels et analyse l'éventail des politiques mises en œuvre dans les pays de l'OCDE.

L'étude se base sur des travaux antérieurs de l'OCDE sur l'eau, dont notamment le rapport de 2010 sur la gestion durable des ressources en eau dans le secteur agricole, le rapport de 2014 sur le changement climatique, l'eau et l'agriculture, et l'étude de 2015, basée sur un questionnaire, sur les régimes d'allocation en eau dans les pays de l'OCDE.

L'analyse se fonde sur des informations collectées à partir d'un questionnaire détaillé sur les politiques de gestion des eaux souterraines dans les pays et régions particulières de l'OCDE, lancé durant l'été 2014. Les délégations et experts impliqués des pays de l'OCDE sont remerciés pour leurs contributions et les réponses qu'ils ont apportées à ce questionnaire.

Ce rapport a été écrit par Guillaume Gruère. Le chapitre 3 est basé sur un article de consultant écrit par Nicholas Brozović du Robert B. Daugherty Water for Food Institute et de l'Université de Nebraska-Lincoln, États-Unis. Noura Takrouri-Jolly a apporté un soutien statistique important à plusieurs étapes du projet, contribuant de manière significative à l'élaboration, la mise en œuvre et l'analyse du questionnaire de l'OCDE. Le rapport a aussi bénéficié des commentaires et suggestions reçus de Dale Andrew, Nicholas Brozović, Carmel Cahill, Anthony Cox, Kathleen Dominique, Jane Ellis, Julien Hardelin, Franck Jésus, Hannah Leckie, Xavier Leflaive et Janine Treves. Michèle Patterson a édité et formaté le rapport. Françoise Bénicourt et Stéphanie Lincourt ont apporté leur support à la gestion administrative du projet.

Table des matières

Tableaux

Graphiques

Résumé

Les ressources en eau souterraine assurent une part croissante et non négligeable de la production agricole irriguée. À l'échelle mondiale, ces ressources représentent plus de 40 % de l'eau consommée à des fins d'irrigation, sur un peu moins de 40 % de la superficie irriguée totale à l'échelle mondiale. Dans les pays de l'OCDE, l'utilisation des eaux souterraines pour l'irrigation agricole s'étend sur une surface de 23 millions d'hectares, pour un volume annuel estimé à 123.5 km^3, soit 20 % environ des prélèvements mondiaux à des fins d'irrigation.

Ces chiffres globaux masquent cependant une grande hétérogénéité entre les pays de l'OCDE. Les eaux souterraines sont principalement utilisées pour l'irrigation dans les zones semi-arides dans une dizaine de pays, situés pour la plupart en Amérique du Nord et dans la région Méditerranéenne. Par ailleurs, d'autres pays de l'OCDE, notamment ceux situés dans des zones agroclimatiques plus humides, n'utilisent pas des volumes considérables d'eau souterraine pour l'agriculture.

Les avantages non négligeables qu'elles présentent pour les irrigants à court-terme, associés à la demande croissante émanant d'autres secteurs, ont conduit à exploiter les ressources en eau souterraine au-delà de leur taux de recharge naturelle dans certaines régions de l'OCDE. Le développement de l'irrigation à partir d'eau souterraine s'explique en grande partie par le fait qu'elles sont relativement peu affectées par les variations climatiques, et qu'elles permettent aux exploitants qui peuvent y avoir accès de disposer d'eau à la demande. Or, ces avantages ont contribué à l'exploitation intensive des ressources en eau souterraine au-delà des taux de recharge dans plusieurs régions semi-arides, et à la baisse du niveau des nappes phréatiques avec des conséquences à court et long termes pour les agriculteurs.

Le pompage intensif d'eau à des fins d'irrigation produit d'importantes externalités négatives qui ont des répercussions sur l'agriculture, les autres utilisateurs et l'environnement. L'utilisation intensive des eaux souterraines dans certaines régions des pays de l'OCDE se traduit par un tarissement des cours d'eau, qui a des répercussions sur les utilisateurs d'eau de surface et les écosystèmes concernés. La salinisation des aquifères côtiers, parfois irréversible, affecte le choix des cultures et les écosystèmes. Les prélèvements intensifs d'eau souterraine à des fins agricoles sont aussi à l'origine d'affaissements de terrain dans certaines régions, infligeant des dommages très coûteux aux infrastructures des zones urbaines et rurales.

Avec l'aggravation du stress hydrique dans un plus grand nombre de régions de l'OCDE, les problèmes de gestion des eaux souterraines se feront plus pressants. La volatilité des eaux de surface et les chocs météorologiques accentueront grandement le rôle des eaux souterraines dans les zones actuellement irriguées et dans celles qui sont susceptibles de l'être à l'avenir. Il est donc probable que plusieurs régions des pays de l'OCDE qui n'ont pas aujourd'hui largement recours aux eaux souterraines seront sans doute amenées à le faire ultérieurement, au risque de rencontrer les mêmes difficultés que celles qui les utilisent actuellement de façon intensive.

La gestion des eaux souterraines a un rôle à jouer pour remédier à ces externalités, et transformer le statut des eaux souterraines afin qu'elles ne constituent plus seulement un intrant productif pour l'agriculture, mais des réservoirs durables, isolés des variations climatiques et faisant l'objet d'une gestion à long terme, lorsque cela est possible. Bien gérées, les ressources en eau souterraine peuvent et doivent devenir une solution performante d'adaptation au changement climatique et un mécanisme d'assurance naturel, et non rester une simple composante de l'offre d'eau douce.

Pour cela, il faut commencer par appréhender l'hétérogénéité des systèmes hydrogéologiques utilisés à des fins agricoles ; une caractérisation générique de ces systèmes est proposée pour permettre de différencier et d'analyser les réponses relevant de la gestion et de l'action des pouvoirs publics dans les pays de l'OCDE. Les eaux souterraines demeurent essentiellement une ressource locale, dont les caractéristiques dépendent en grande partie de conditions spécifiques d'utilisation au niveau des aquifères. Quatre facteurs peuvent aider à caractériser les systèmes hydrogéologiques utilisés en agriculture : les conditions agroclimatiques ; l'accès aux eaux de surface et leur disponibilité ; l'accès aux eaux souterraines et la disponibilité de ressources hydriques souterraines utilisables ; et les tendances relatives à l'utilisation et à la rentabilité des eaux souterraines pour l'irrigation comparé à d'autres utilisations.

Il est ensuite nécessaire de sélectionner les instruments d'action permettant de faire face aux défis et aux caractéristiques définies. La littérature économique montre qu'aucun instrument d'intervention particulier ne permet à lui seul de régler les problèmes de gestion des eaux souterraines dans tous les contextes ; chaque type d'instrument présente des avantages et des inconvénients.

Les politiques des pays de l'OCDE pour gérer l'utilisation des eaux souterraines à des fins agricoles sont très diverses, et partiellement corrélées à ces contraintes régionales spécifiques. Les politiques sont fondées sur des systèmes juridiques différents, sont axées sur la demande, sur l'offre ou sur les deux, et recourent à des approches directes ou indirectes de gestion réglementaire, économique ou collective. S'il n'existe aucune corrélation entre le champ d'application de la gestion et l'intensité des contraintes, les approches économiques et axées sur l'offre sont plus fréquentes dans les zones où les pressions de l'agriculture sur les eaux souterraines sont les plus fortes.

Comment ces politiques doivent-elles évoluer pour aider à améliorer la gestion des eaux souterraines en agriculture ?

- *Six conditions générales propices à une gestion réussie sont identifiées :* a) développer et entretenir une connaissance suffisante des ressources hydrogéologiques et de leur utilisation ; b) gérer de manière combinée (ensemble) les eaux de surface et les eaux souterraines lorsque cela est pertinent ; c) privilégier les instruments qui ciblent directement l'utilisation de l'eau souterraine par rapport aux mesures indirectes (par exemple, réglementations relatives à l'utilisation des terres), lorsque cela est possible ; d) privilégier les approches axées sur la demande ; e) renforcer la mise en application effective des dispositions réglementaires (par exemple, droits d'utilisation de l'eau) avant de recourir à d'autres approches ; et f) éviter des mesures d'intervention non liées à l'eau susceptibles d'induire une distorsion des prix, telles que les subventions en faveur de cultures intensives en eau et en énergie, qui pourraient influer sur l'utilisation des eaux souterraines.

- *Les politiques devraient s'appuyer sur une combinaison de trois piliers, constitués d'instruments de gestion réglementaire, économique et collective*. Les systèmes de droits d'utilisation de l'eau souterraine adaptés au contexte local devraient demeurer au cœur de la stratégie de gestion des eaux souterraines. Des approches fondées sur l'action collective sont présentes dans bon nombre des exemples de mesures efficaces prises pour corriger les externalités. Les instruments économiques peuvent contribuer à apporter une solution efficiente aux problèmes de pénurie d'eau souterraine et d'épuisement des nappes.

- *Les mesures qui accroissent la productivité de l'eau dans l'agriculture et favorisent de nouveaux mécanismes de recharge,* comme le stockage et la récupération en aquifère, apportent des outils complémentaires en cas de stress hydrique élevé.

Cette panoplie de mesures de trois parties devrait être adaptée aux spécificités locales des systèmes hydrogéologiques utilisés en agriculture, ce qui peut nécessiter une division de la gestion en sous-unités fonctionnelles.

Les résultats d'une enquête montrent que ces recommandations n'ont pas été uniformément appliquées dans les pays ou régions de l'OCDE où les eaux souterraines sont utilisées de manière intensive dans l'agriculture. En particulier, la connaissance des ressources hydrogéologiques et de leur utilisation semble relativement faible. La plupart des pays ou régions de l'OCDE de l'échantillon interrogé ont aussi mis en place des mécanismes de gestion incomplets, omettant une partie des approches recommandées selon les trois piliers.

- L'amélioration des systèmes d'information sur les ressources hydrogéologiques et leurs flux devrait être la priorité pour tous les pays qui utilisent ou prévoient d'utiliser ces ressources pour l'irrigation. L'appauvrissement à long terme des ressources et les externalités qui en découlent ne peuvent être gérés en l'absence d'information sur les ressources hydrogéologiques et leur utilisation. Le manque d'information rend aussi plus difficile le développement et la mise en œuvre d'instruments efficients.
- Il sera nécessaire de définir et de mettre en application un ensemble équilibré d'instruments de gestion adaptés aux conditions locales si l'on veut que les eaux souterraines puissent jouer leur rôle en contribuant à une production agricole durable. Des politiques incomplètes mal respectées, ou rigides dans leur application, pourraient entraver l'exploitation durable des eaux souterraines pour l'agriculture dans le futur.

Chapitre 1

La tendance inquiétante du développement de l'irrigation à partir d'eau souterraine

Ce chapitre traite des difficultés liées à la gestion des eaux souterraines et brosse un tableau général de l'état de la ressource et de son utilisation en agriculture dans les pays de l'OCDE. Il examine les données récentes, les tendances et les indicateurs d'utilisation et de pression sur les eaux souterraines au niveau des pays, des régions et des aquifères, et passe en revue les données disponibles sur les effets attendus du changement climatique.

Les données statistiques concernant Israël sont fournies par et sous la responsabilité des autorités israéliennes compétentes. L'utilisation de ces données par l'OCDE est sans préjudice du statut des hauteurs du Golan, de Jérusalem Est et des colonies de peuplement israéliennes en Cisjordanie aux termes du droit international.

Principaux messages

En raison de l'expansion spectaculaire de l'irrigation à partir d'eau souterraine observée depuis une quarantaine d'années, appelée "révolution silencieuse", l'eau souterraine est devenue indispensable pour l'agriculture dans de nombreux pays. Cette expansion s'explique en grande partie par le fait que cette ressource peut constituer pour les agriculteurs une source d'eau fiable pour l'irrigation, accessible "à la demande", tout en étant relativement peu affectée par les variations hydrologiques de surface à court terme.

Il en résulte cependant que les ressources en eau souterraine sont exploitées au-delà de leur taux de recharge naturelle dans de nombreuses régions, avec dans certains cas d'importantes conséquences économiques et environnementales dommageables. La poursuite des prélèvements se traduit par un rabattement des nappes phréatiques, ce qui accroît le coût du pompage et peut créer une surenchère à la baisse entre les producteurs. La surexploitation des ressources en eau souterraine peut aussi avoir sur l'environnement des répercussions qui influent à leur tour directement sur la production agricole, affectant l'utilisation future de cette ressource pour l'agriculture.

Dans les pays de l'OCDE, l'irrigation à partir d'eau souterraine était pratiquée sur 23 millions d'hectares en 2010, soit un tiers de la superficie irriguée totale. Cette même année, un volume annuel estimé à 123.5 km^3 a été utilisé à des fins d'irrigation dans les pays de l'OCDE, soit 56 % du total des prélèvements d'eau souterraine dans ces mêmes pays, ou environ 20 % des prélèvements mondiaux d'eau souterraine destinés à l'irrigation. Parallèlement, on constate de grandes variations en termes aussi bien de superficie irriguée que de volumes d'eau souterraine prélevés pour l'irrigation, puisque dans certains d'entre eux l'agriculture n'a pratiquement pas recours à ces ressources, tandis que dans d'autres elle les utilise de façon intensive.

Dans certains de ces pays, situés en particulier en Amérique du Nord et dans la région méditerranéenne, l'utilisation d'eau souterraine en agriculture est en augmentation et contribue aux pressions exercées sur cette ressource. Les principaux pays de l'OCDE pratiquant l'irrigation à partir d'eau souterraine ont accru leur consommation au cours des 25 dernières années, tandis que d'autres l'ont maintenue à un niveau relativement stable. Au niveau national, l'indice de pression sur les eaux souterraines (ou indice GDS, pour *Groundwater Development Stress*) lié à l'agriculture, qui mesure le ratio entre l'extraction d'eau souterraine et la recharge naturelle, a été estimé pour les pays de l'OCDE à 7.6 % en moyenne en 2010, avec de grandes variations entre les pays membres puisqu'il varie entre zéro et plus de 100 %. On observe des variations à l'échelle régionale, voire au niveau des aquifères.

Avec l'accentuation des pressions sur les eaux souterraines que le changement climatique devrait provoquer dans un plus grand nombre de régions de l'OCDE, les problèmes de gestion des eaux souterraines se feront plus pressants. La volatilité des eaux de surface, la baisse des taux de recharge des aquifères et les chocs météorologiques accentueront grandement le rôle des eaux souterraines dans les zones actuellement irriguées et dans celles qui seront susceptibles de l'être à l'avenir. Parallèlement, le changement climatique devrait aggraver les problèmes de salinité et faire baisser le taux de recharge des aquifères, notamment dans certains des aquifères majeurs utilisés par l'agriculture dans les pays de l'OCDE, intensifiant les pressions.

Compte tenu de la grande diversité des niveaux de consommation et de l'évolution des contraintes entre et dans les pays de l'OCDE, il est indispensable de mieux appréhender les systèmes hydrogéologiques utilisés en agriculture avant d'aborder la question des mesures susceptibles d'être prises par les pouvoirs publics. Le chapitre 2 propose une caractérisation des systèmes hydrogéologiques.

L'importance croissante et les défis de l'irrigation à partir d'eau souterraine

Dans un contexte d'augmentation de la demande de denrées alimentaires, de concurrence entre les usages de l'eau et de variabilité climatique grandissante, la gestion de l'eau devrait occuper une place de plus en plus déterminante dans l'agriculture (OCDE, 2010b et 2014a). La volonté d'accroître la production agricole pour faire face à l'augmentation de la population va renforcer les besoins en eau, d'autant plus qu'une forte demande est à prévoir de la part d'autres secteurs. Le changement climatique continuera d'influer directement sur l'offre de ressources en eau douce, et l'adaptation de l'agriculture aux nouvelles conditions climatiques sera fortement tributaire de la gestion de l'eau (OCDE, 2014a et 2014b). L'action parallèle de ces trois tensions croissantes (augmentation de la demande de denrées alimentaires, changement climatique et concurrence pour l'accès aux ressources) rend nécessaire une utilisation efficiente et durable de toutes les ressources en eau dans l'agriculture, qu'il s'agisse des eaux de surface ou des masses beaucoup plus abondantes mais peut-être plus souvent ignorées que sont les eaux souterraines.

Les eaux souterraines sont contenues dans la matrice d'aquifères situés sous la surface, dont remplissent toutes les fissures et tous les pores, par opposition aux masses d'eau à surface libre que forment les cours d'eau, les réservoirs ou les lacs (par exemple, Giordano, 2009 ; Siebert et al., 2010 – on trouvera un glossaire complet en fin de rapport)[1]. À ce titre, elles constituent une portion spécifique du cycle de l'eau, en relation avec les eaux de surface mais souvent semi-indépendantes de celles-ci. Souvent utilisées en complément des eaux de surface, les eaux souterraines contribuent pour une part importante à l'approvisionnement public en eau et fournissent quelque 60 % de l'eau potable utilisée pour la consommation humaine (Margat, 2008). Elles apportent également une contribution essentielle à l'agriculture et aux activités industrielles dans de multiples pays. Dans l'ensemble, plus de 2.6 milliards de personnes sont sans doute tributaires des ressources en eau souterraine (OCDE, 2013a).

L'expansion de l'irrigation à partir d'eau souterraine : une révolution silencieuse

Les eaux souterraines représentent une part considérable de l'eau utilisée pour l'irrigation en agriculture (Giordano et Villholth, 2007). Plus de 60 % de la consommation d'eau souterraine est absorbée par l'agriculture dans les régions arides et semi-arides pour produire 40 % de la nourriture mondiale (Morris et al., 2003 ; OCDE, 2013a). Shah et al. (2007) ont estimé qu'à l'échelle mondiale, les eaux souterraines utilisées à des fins agricoles contribuaient à une production annuelle équivalant à 210-230 milliards USD, soit une productivité brute moyenne de 0.23-0.26 USD/m^3 prélevé. La consommation totale d'eau souterraine pour l'irrigation a été estimée en 2010 à 545 km^3/an, soit 43 % du volume total de l'eau utilisée à cette fin[2] (Siebert et al., 2010). En 2010, la superficie totale des terres irriguées à partir d'eau souterraine couvrait 98 millions ha, soit 39 % de la superficie irriguée totale (Siebert et al., 2010). Dans la mesure où ces estimations portent uniquement sur les sources d'eau souterraine, elles sont probablement sous-évaluées, car les eaux souterraines et les eaux de surface sont très souvent utilisées conjointement pour l'irrigation (Kemper, 2007).

Les ressources en eau souterraine ont permis de réaliser des gains de productivité agricole significatifs et continuent d'assurer une part non négligeable de la production végétale mondiale (OCDE, 2010a et 2012b). L'expansion spectaculaire de l'irrigation à l'aide d'eau souterraine observée depuis une quarantaine d'années, qui a été qualifiée de "révolution silencieuse", a fortement influé sur les niveaux de production agricole (Garrido et al., 2006). L'exploitation des eaux souterraines pour l'irrigation a commencé à se développer en Espagne, aux États-Unis, en Italie et au Mexique, avant de connaître une expansion rapide essentiellement en Asie (Shah et al., 2007 ; van der Gun, 2012). Elle représente aujourd'hui la moitié de l'irrigation en Asie du Sud et contribue à deux tiers de l'offre de céréales en République populaire de Chine (Giordano et Villholth, 2007). Elle joue aussi un rôle non négligeable dans l'agriculture des pays de l'OCDE, notamment ceux soumis à des conditions arides ou semi-arides. Plus de 60 % de l'agriculture irriguée et près de la moitié des agriculteurs utilisent des eaux souterraines aux États-Unis (Gollehon et Quinby, 2006 ; Scanlon et al., 2012). Ces eaux représentent plus de 70 % des activités d'irrigation en Espagne, et sont à l'origine de cinq fois plus de valeur et trois fois plus d'emplois que l'irrigation à partir d'eau de surface dans la région d'Andalucía (Hernandes-Mora et al., 2003). Les eaux souterraines constituent aussi un tiers de l'eau utilisée pour l'irrigation au Mexique, qui est le plus gros consommateur d'eau souterraine d'Amérique latine, avec plus de 100 000 pompes de forte capacité (Scott et al., 2010). On estime que leur utilisation en agriculture en Australie contribue à hauteur de 11 milliards AUD par an à l'économie nationale (Deloitte Access Economics, 2013).

L'ampleur de l'utilisation des eaux souterraines et leur importance peuvent largement s'expliquer par les caractéristiques physiques intrinsèques de cette ressource[3]. Premièrement, contrairement aux eaux de surface, les eaux souterraines se caractérisent par une capacité de stockage élevé comparée aux apports (Giordano, 2009). Deuxièmement, elles s'écoulent bien plus lentement que les eaux de surface (OCDE, 2011b). Troisièmement, leur qualité est généralement supérieure à celle des eaux de surface, notamment du point de vue de la contamination bactérienne (d'où son importance pour l'eau de boisson). Relativement peu exposées aux aléas météorologiques, elles assurent une forme de "stockage tampon" qui permet de compléter les ressources en eau de surface (Morris et al., 2003). De fait, la faiblesse des débits entrants et sortants qui caractérisent les réserves d'eau souterraine assure la viabilité de la ressource, même en période de sécheresse (Bovolo et al., 2009 ; OCDE, 2011b).

Les eaux souterraines sont effectivement utilisées en agriculture comme un moyen de stockage naturel, faisant office d'assurance contre la sécheresse (Garrido et Iglesias, 2006), ou de "compte d'épargne eau" en permettant aux producteurs de continuer à consommer de l'eau quand les ressources de surface ne suffisent pas. Par exemple, Howitt et al. (2014) ont estimé que la sécheresse de 2014 en Californie entrainerait une perte de 6.6 millions d'acres-pieds (environ 8 millions de mégalitres) d'eau de surface, dont 5 millions d'acres-pieds (6 millions de mégalitres) pourraient être récupérés par pompage des eaux souterraines. Dans les régions arides et semi-arides, l'irrigation à partir d'eau souterraine permet aussi d'allonger la période végétative et réduit les risques liés aux ravageurs et aux maladies (Siebert et al., 2010). Leur capacité à servir de réservoir en fait aussi un outil important pour accroître la résilience à long terme face au changement climatique (Green et al., 2011 ; Gleeson et Cardiff, 2013 ; OCDE, 2013d).

Même dans des régions où les contraintes climatiques sont moindres, ces eaux sont aussi utilisées par des exploitants de petites ou grandes fermes qui peuvent ainsi disposer d'eau "à la demande" – c'est-à-dire gérer l'eau en fonction de leurs besoins (OCDE, 2010b). Les ressources en eau souterraine se caractérisent par leur dimension *horizontale*, les aquifères couvrant de vastes zones qui ne sont pas toujours contiguës aux bassins hydrographiques, ce qui permet aux agriculteurs d'accéder, de façon relativement équitable, à l'eau présente sous leurs champs (Kemper, 2007). Dans de multiples régions comprenant des aquifères peu profonds, il est en outre facile et relativement abordable d'accéder à la ressource grâce au développement de technologies de pompage bon marché. Cette solution est donc considérée par les agriculteurs comme une source d'eau particulièrement intéressante, fiable et facilement accessible (Garrido et Iglesias, 2006), et rencontre beaucoup de succès auprès des agriculteurs (Garduño et Foster, 2010). De fait, plusieurs études menées dans différents pays ont montré que les agriculteurs préfèrent systématiquement l'irrigation à partir d'eau souterraine (Shah, 2008).

Qui provoque des pressions croissantes dans les zones d'irrigation intensive

Toutefois, ces avantages ont conduit à exploiter ces ressources au-delà de leur taux de recharge naturelle dans de nombreuses régions. Si le secteur agricole participe de manière importante à la recharge des aquifères à nappe libre, via l'irrigation à partir d'eau de surface et d'eau souterraine

(Taylor et al., 2012), il a cependant accru encore davantage ses prélèvements d'eau souterraine. Les prélèvements de ressources non renouvelables ont atteint 234 km^3/an, soit 20 % de la demande brute d'irrigation en 2000, et ont plus que triplé depuis 1960 (Wada et al., 2012). En partie du fait de l'accroissement de la variabilité climatique, qui affecte l'accès aux eaux de surface, les ressources en eau souterraine sont de plus en plus utilisées au point d'être surexploitées dans de très nombreuses régions agricoles (Taylor et al., 2012).

Cette utilisation intensive des ressources en eau souterraine au-delà du taux de recharge des nappes, autrement dit leur "surexploitation"[4], affectera les utilisateurs d'eau souterraine et notamment l'agriculture irriguée. De fait, cette situation a rendu l'utilisation des eaux souterraines *"l'un des principaux défis auxquels l'agriculture est confrontée"* (OCDE, 1998 ; 2011b). Comme le note la FAO (2011), *"étant donné que beaucoup des principales zones de production alimentaire dépendent des eaux souterraines, la baisse de niveau des aquifères et le captage continuel des nappes d'eaux souterraines non* renouvelables *font peser un risque croissant sur la production alimentaire aux niveaux local et mondial"*. La poursuite des prélèvements se traduit par un rabattement des nappes phréatiques, ce qui accroît le coût du pompage et peut créer une surenchère à la baisse entre les producteurs. Dans les pays méditerranéens, les aquifères, qui contribuent en grande partie à l'approvisionnement en eau potable, sont exploités par les agriculteurs à un rythme supérieur à leur vitesse de recharge, ce qui a des conséquences pour les deux types d'utilisation (OCDE, 2011c). L'excès de pompage affectera sans doute aussi, via les liens commerciaux, les pays où les eaux souterraines ne constituent pas la principale source d'irrigation : ainsi, l'épuisement progressif des ressources en eau souterraine, en particulier en Asie du Sud et de l'Est, sur les terres agricoles qui nourrissent des centaines de millions de personnes, risque d'avoir des conséquences pour la sécurité alimentaire mondiale et une incidence sur les échanges et la production (Wada et al., 2012).

La surexploitation des ressources en eau souterraine dans les zones rurales a aussi des répercussions sur l'environnement (OCDE, 1998 ; 2011a), lesquelles peuvent à leur tour influer directement sur la production agricole. Elle peut en particulier affecter les cours d'eau, les lacs et autres masses d'eau, et se traduire par un affaissement des sols et par une augmentation de leur salinité (Bovolo et al., 2009). Le pompage des eaux souterraines peut provoquer un dessèchement des réserves naturelles comme aux Pays-Bas, et contribuer à l'assèchement de zones humides comme en Europe du Sud, entraînant d'importantes pertes de qualité liées au filtrage de l'eau (Hellegers et al., 2001 ; CEE-ONU, 2011). Au Mexique et dans l'Ouest des États-Unis, elle a ainsi provoqué d'importants affaissements de terrain (Foster, 2008 ; Sneed et al., 2013). Le pompage intensif pratiqué dans les aquifères côtiers ou dans les aquifères reliés à des masses d'eau salée est une cause importante de salinisation des eaux souterraines, ce qui influe sur le choix des cultures en agriculture et affecte les écosystèmes, en particulier des zones humides, cours d'eau, étangs et sources auxquels ils sont reliés (Schoengold et Zilberman, 2007 ; Fuentes, 2011 ; CEE-ONU, 2011 ; Amores et al., 2013)[5].

Enfin, la surexploitation des eaux souterraines peut affecter l'utilisation future de cette ressource pour l'agriculture. Les agriculteurs qui prélèvent les eaux souterraines au-delà de leur taux de recharge peuvent ainsi perdre une source de revenus à venir (soit une perte de valeur d'option, voir par exemple Howitt, et al., 2014). On estime que 97 % des eaux souterraines aboutissent dans les océans par ruissellement, évapotranspiration et précipitation (Wada et al., 2010) et la recharge des aquifères peut prendre un certain temps, allant de quelques années à plusieurs millénaires, en supposant que leur capacité reste inchangée. Dans les cas extrêmes, notamment dans les zones arides où les eaux superficielles ne sont pas aisément disponibles, les cycles d'expansion et de ralentissement auxquels est soumise l'agriculture pourraient se traduire par une baisse irréversible du niveau des nappes phréatiques, de sorte que l'agriculture ne serait plus rentable.

Trouver des solutions pour faire face aux problèmes grandissants et très divers que rencontre la gestion des ressources en eau souterraine dans le secteur agricole des pays de l'OCDE

Plusieurs rapports de l'OCDE ont été consacrés à des aspects particuliers des politiques relatives aux eaux souterraines, dans le cadre d'études plus générales concernant la gestion de l'eau. Cependant, aucun de ces rapports ne traite précisément des problèmes spécifiques auquels ces politiques sont confrontées. Ces études ont, par exemple, défini les principes généraux de la gestion durable de l'eau (OCDE, 2010b) et traité de l'utilisation des instruments économiques (OCDE, 2011b). La problématique des eaux souterraines a été examinée sous les angles de la tarification et du financement (OCDE, 2009a et 2009b), de l'énergie (OCDE, 2010a) et de la gestion des risques (OCDE, 2013e), ainsi que dans la perspective plus large du changement climatique (OCDE, 2013d et 2014a). Les eaux souterraines font aussi partie des aspects abordés dans les examens de la réforme des politiques de l'eau à l'échelle nationale (e.g. Fuentes, 2011 ; OCDE, 2013b). Tous ces rapports comportent des parties, sous-parties, paragraphes ou exemples concernant les eaux souterraines, mais ils ne formulent pas de conclusions spécialement destinées aux gestionnaires de certains types d'eaux souterraines, en particulier dans le secteur agricole.

Les publications plus générales sur l'agriculture et les eaux souterraines présentent plusieurs points communs. Tout d'abord, elles observent systématiquement qu'en règle générale, les eaux souterraines sont insuffisamment étudiées et qu'il est indispensable d'analyser plus en profondeur les stocks d'eau souterraine, leur utilisation et les pratiques de gestion dont ils font l'objet. Pour certains auteurs, l'insuffisance des connaissances relatives aux flux de ressources et aux pratiques de gestion rend difficile la prise en charge les problèmes à résoudre dans plusieurs régions (Struzik, 2013). Ensuite, plusieurs publications font valoir la nécessité d'analyser de manière plus approfondie les politiques relatives aux eaux souterraines (Koundouri, 2004 ; OCDE, 2007 ; 2010b). Enfin, certaines insistent sur le fait que la variété des aquifères et des contraintes qu'ils subissent est un élément essentiel dans la définition de plans de gestion durable destinés au secteur agricole (Giordiano et Villholth, 2007).

Le présent rapport examine les problèmes de gestion quantitative des eaux souterraines dans le secteur agricole et le rôle que pourraient jouer les politiques publiques, lorsque cela est possible, compte tenu de la variété des systèmes hydrogéologiques. L'objectif est de proposer une analyse globale des aspects économiques et des politiques publiques afin de trouver des réponses aux problèmes croissants et très divers que rencontre la gestion des ressources en eau souterraine dans le secteur agricole des pays de l'OCDE, notamment en ce qui concerne les externalités associées à l'épuisement à long terme des eaux souterraines.

Plusieurs réserves sont à formuler. Premièrement, l'analyse sera en grande partie axée sur l'utilisation des eaux souterraines associée à l'agriculture irriguée. Cela signifie en particulier que la consommation d'eau relative à la production animale ne sera pas analysée sous tous ses aspects, notamment faute de données et d'informations complètes. Deuxièmement, la gestion des niveaux excessifs d'eaux souterraines (et du débordement des eaux souterraines) sans rapport avec les usages agricoles mais affectant l'agriculture ne sera pas abordée[6]. Troisièmement, si le rapport traite des externalités induites par l'utilisation des eaux souterraines en agriculture, il ne se focalise pas de manière explicite à la préservation des flux environnementaux nécessaire au maintien des écosystemes. Quatrièmement, les enjeux associés à la qualité des eaux souterraines ne seront pas non plus examinés, sauf dans le cas de la salinité induite par le pompage des eaux souterraines. Qualité et volume sont manifestement liés, notamment par le biais de la concentration, mais ces aspects ne seront pas non plus traités dans ce rapport[7]. Cette réserve n'implique pas que les problèmes de qualité ne sont pas importants – de fait, certains constituent sans doute des problèmes émergents, et leur importance est reconnue surtout lorsque les eaux souterraines sont utilisées comme eau de boisson (OCDE, 2012c). Les écosystèmes dépendant des eaux souterraines peuvent aussi être affectées par des changements de qualité de l'eau. Une analyse plus approfondie des problèmes de qualité induits par l'agriculture, notamment l'infiltration d'azote dans les aquifères et l'interaction qualité-quantité, fera l'objet de travaux futurs. Cinquièmement, comme on l'a noté plus haut, tous les pays de l'OCDE ne sont pas concernés par les problèmes soulevés dans ce rapport, mais certains pourraient le devenir. Enfin, les recommandations adressées aux pouvoirs publics dans ce rapport ne seront peut-être pas applicables en tant que telles au niveau national dans de nombreux pays ; elles devront s'inscrire dans de plus vastes réformes des régimes d'allocation de l'eau telles que définies et analysées par l'OCDE (2014c). Elles ne visent donc pas à supplanter les efforts de réforme plus généraux, mais à les compléter en proposant des instruments de gestion spécifiques aux eaux souterraines dans les régions où celles-ci sont utilisées de manière intensive.

Le rapport se compose de cinq chapitres. Le chapitre 1 présente une vue synthétique de la situation actuelle des pays de l'OCDE concernant les ressources en eau souterraine et leur utilisation à des fins agricoles, les indicateurs de pression et les projections établies dans la perspective du changement climatique. Le chapitre 2 passe en revue les caractéristiques particulières des aquifères et les principaux problèmes auxquels ils sont actuellement confrontés ou sont appelés à l'être. Le chapitre 3 décrit les politiques de gestion des eaux souterraines d'après une enquête menée en 2014 auprès des pays de l'OCDE. Le chapitre 4 rend compte des politiques en place dans les pays de l'OCDE et le dernier chapitre recense les lacunes et formule des propositions d'amélioration des politiques en matière de gestion des eaux souterraines dans le secteur agricole.

L'utilisation des eaux souterraines en agriculture compte pour plus de la moitié des prélèvements totaux d'eau souterraine des pays de l'OCDE, avec de grandes différences entre les pays

Les difficultés liées à la collecte d'informations sur une ressource "invisible"

Du fait de leur caractère essentiellement non visible, de la complexité des processus hydrogéologiques et des connaissances spécialisées nécessaires pour les comprendre, des particularités inhérentes à chaque aquifère et de la difficulté connexe d'en mesurer l'état et les flux, les eaux souterraines sont souvent perçues comme une ressource "invisible" (Monginoul et Rinaudo, 2013)[8]. Bien qu'imparfaites, diverses approches ont été élaborées et sont utilisées pour évaluer les quantités et les flux d'eau souterraine, mais en raison de l'insuffisance des investissements en la matière et du manque de connaissances relatives aux eaux souterraines au sein des groupes assurant la gestion des ressources hydriques — qui axent généralement leur action davantage sur les eaux de surface — l'évaluation de ces ressources est souvent incomplète dans certains pays de l'OCDE (Struzik, 2013). À l'échelle de la région méditerranéenne, on manque cruellement de données sur l'utilisation totale d'eau souterraine, le nombre de forages, l'évolution de la qualité des eaux souterraines (y compris la salinité), le coût et le prix de l'eau souterraine ainsi que ses interactions avec l'eau de surface (EASAC, 2010a)[9]. La difficulté et le coût de la mesure des ressources en eau souterraine disponibles, et le fait que, soit l'utilisation des eaux souterraines n'est pas mesurée, soit les données ne sont pas systématiquement partagées dans de nombreuses régions, parfois pour les raisons politiques, contribuent à l'insuffisance apparente de connaissances fiables sur l'état et l'utilisation de ces ressources (BGS, 2009).

Même s'il est plus facile de mesurer les flux d'eau souterraine que les stocks, compte tenu de la complexité intrinsèque des structures aquifères, les flux entrants et sortants des aquifères sont très difficiles à évaluer avec exactitude et de manière exhaustive (Giordano, 2009). S'agissant de la résurgence, les utilisations naturelles et les flux verticaux et horizontaux au sein des aquifères ajoutent à la complexité du panorama. L'absence de suivi et/ou de communication de données sur le pompage dans de nombreux pays joue également un rôle important, en particulier dans l'agriculture. En outre, les différents types d'outils de suivi peuvent donner des résultats divergents, comme on le constate pour l'irrigation en Arizona (Cohen et al., 2013). De même, il est très difficile d'évaluer la recharge en raison de la diversité des situations, des profils pédologiques et des sols de couverture, ainsi que de leurs liens avec les masses d'eau de surface[10]. On sait que dans bien des cas, les grandes cultures contribuent activement à la recharge des nappes souterraines, parfois même nettement plus que les écosystèmes naturels (Taylor et al., 2012), mais là encore, il est difficile de tirer des conclusions générales en raison de la présence de contraintes locales particulières.

Les efforts entrepris pour effectuer différents types de mesures à l'échelle locale et régionale, notamment au moyen d'outils satellitaires, ont amélioré les évaluations mais les perspectives demeurent imparfaites. Les données satellitaires, en particulier celles issues de la mission *Gravity Recovery and Climate Experiment* (GRACE) de la NASA, ont permis de calculer des variations globales mensuelles et annuelles des stocks d'eau souterraine dans plusieurs régions. Elles ont démontré, par exemple, l'amenuisement progressif des ressources en Californie (voir Famiglietti et al., 2011), mais la résolution reste insuffisante et ne fournit d'évaluations que sur des périodes de temps importantes, et il est nécessaire de les compléter par des mesures classiques.

Le paysage des ressources et des données disponibles est donc hétérogène, en particulier à l'échelle nationale. Des pays relativement petits, où l'eau souterraine représente une source majeure d'eau douce, dont les terres agricoles présentent des profils géologiques plus homogènes et qui recueillent et échangent des données, sont ainsi capables d'assurer un suivi convenable de leurs ressources en eau souterraine dans le temps. Le Danemark, par exemple, a mis en place un programme de cartographie et de gestion des eaux souterraines au niveau national qui est financé par les consommateurs d'eau privés et publics, quui utilise de nouveaux outils de suivi de l'eau souterraine (DWF, 2012). Des pays plus grands peuvent disposer d'informations d'ordre général et assurer un suivi plus fin des ressources hydriques souterraines d'importance critique (États-Unis, par exemple). Enfin, les pays où les précipitations sont abondantes, où les eaux souterraines ne constituent pas une ressource majeure et où l'agriculture reste majoritairement pluviale, consacrent peu de moyens à la mesure de ces ressources, ce qui se traduit globalement par une absence de données (voir, par exemple, Conseil des académies canadiennes, 2013:93).

Sans perdre de vue ces réserves, la section qui suit fournit des informations sur les ressources en eau souterraine et leur utilisation à des fins agricoles, sur la base de données recueillies au moyen d'un questionnaire adressé aux pays de l'OCDE à l'été 2014 (voir les détails au chapitre 3), complétées par des données secondaires reposant principalement sur des estimations et des hypothèses plutôt que sur des mesures réelles[11], ainsi que sur la consultation de plusieurs experts du domaine de l'eau[12].

L'utilisation d'eau souterraine à des fins agricoles dans les pays de l'OCDE : de l'absence d'utilisation à l'utilisation intensive

Le tableau 1.1 présente une série de chiffres sur les stocks, apports et prélèvements d'eau souterraine, issus de diverses estimations analytiques des ressources hydriques au niveau mondial (Margat et van der Gun, 2013). Globalement, les eaux souterraines représentent une forte proportion des ressources hydriques utilisables, puisqu'elles constituent 96 % de l'eau douce liquide (UNESCO, 2008). On estime que les réserves d'eau souterraine dépassent les 20 millions de kilomètres cubes (km^3), l'eau douce représentant 40 % de ce total. Le volume annuel des recharges s'élève à environ 12 000 km^3, et les prélèvements à 600-1 100 km^3 ou, selon des estimations récentes, à 950-1 000 km^3 (OCDE, 2009b ; van der Gun, 2012 ; Margat et van der Gun, 2013)[13].

L'agriculture utilise les eaux souterraines principalement pour l'irrigation, mais aussi pour abreuver le bétail et pour la transformation des produits agricoles. La plupart des chiffres disponibles, cependant, ne concernent que l'irrigation, ce qui explique l'importance donnée à cet aspect dans la présente analyse (voir à l'annexe 1.A1 les données relatives à l'élevage, souvent limitées, comme indiqué dans Deloitte Access, 2013). Au niveau mondial, l'irrigation représente deux tiers des prélèvements d'eau souterraine, soit au total entre 545 et 688 km^3/an selon les estimations (Siebert et al., 2010 ; Margat et van der Gun, 2013). Si l'on retient l'estimation de 545 km^3/an, cela représente environ 43 % de l'irrigation totale.

Tableau 1.1. Estimation des stocks, apports et prélèvements d'eau souterraine au niveau mondial

	Type	Estimations (km^3)	Part du stock total
Stocks	Eau douce	8 à 10 millions	~40 %
	Eau saumâtre ou saline	12 à 14 millions	~60 %
	Total	20 à 24 millions	100 %
Recharge annuelle	Total	11 000 à 15 000	0.05-0.08 %
Prélèvement annuel	Total	600 à 1 100	0.0025-0.0055 %
	Irrigation agricole seule	545 à 688	0.0023-0.0034 %

Sources : Margat et van der Gun (2013), d'après les estimations existantes de stocks et de recharge ; Siebert et al. (2010), van der Gun (2012) et Margat et van der Gun (2013) pour l'agriculture.

Si l'on a des raisons de penser qu'au niveau local, des risques peuvent peser sur les ressources hydriques futures, ces estimations montrent que l'utilisation de ces ressources pour l'irrigation agricole est relativement négligeable au niveau mondial, puisqu'elle concerne environ 5 % des apports d'eau naturels annuels et seulement 0.003 % des réserves totales d'eau souterraine. Cependant, le tableau 1.1 montre aussi que l'agriculture est responsable d'une très forte proportion des prélèvements totaux, estimée à 70 % en 2010. Cette estimation globale combine toutefois des taux très différents d'un pays à l'autre, et des taux tout aussi variables au niveau infranational (Margat et van der Gun, 2013).

Graphique 1.1. Part de l'utilisation des eaux souterraines par secteurs dans les pays de l'OCDE (2008-2013)

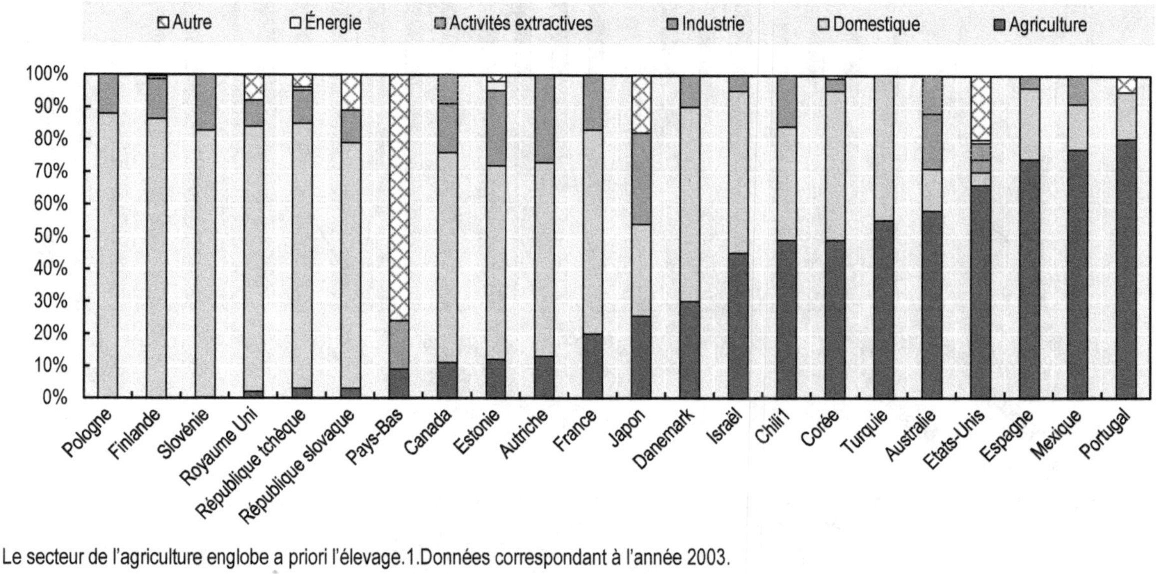

Le secteur de l'agriculture englobe a priori l'élevage.1.Données correspondant à l'année 2003.

Source : Questionnaire OCDE 2014 sur l'utilisation des eaux souterraines en agriculture.

L'industrie et les services publics d'approvisionnement en eau figurent parmi les utilisations concurrentes, les eaux souterraines étant la seule source d'eau potable dans nombre de régions. Comme le montre le graphique 1.1, les usages agricoles représentent une part non négligeable de l'utilisation des eaux souterraines (plus de 45 %) dans au moins neuf pays de l'OCDE : Israël, Chili, Corée, Turquie, Australie, États-Unis, Espagne, Mexique et Portugal. Le secteur domestique (eau de boisson) est l'autre utilisateur principal dans ces pays de l'OCDE, et sa part est particulièrement importante dans les pays européens (Finlande, Slovénie, Estonie, Autriche, Danemark et Royaume-Uni). En revanche, l'utilisation des eaux souterraines dans ces pays est relativement limitée dans les secteurs de l'industrie et de l'énergie.

Le graphique 1.2 présente des estimations des superficies irriguées à partir d'eau souterraine et de la part qu'elles représentent dans la superficie irriguée totale des pays de l'OCDE pour l'année 2010 (voir aussi le tableau 1.A2. 1de l'annexe 1.A2). Les superficies irriguées à l'aide d'eau souterraine dans les pays de l'OCDE représentent quelque 23 millions d'hectares, soit environ 26 % du total des terres irriguées au niveau mondial (Siebert et al., 2010). Plus de la moitié sont situées aux États-Unis. Viennent ensuite le Mexique, la Turquie, l'Espagne, l'Italie, la France, la Grèce et l'Australie avec au moins 500 000 hectares de champs irrigués à partir d'eau souterraine.

Graphique 1.2. Superficie irriguée à partir d'eau souterraine et part dans la superficie irriguée totale dans les pays de l'OCDE (2010)

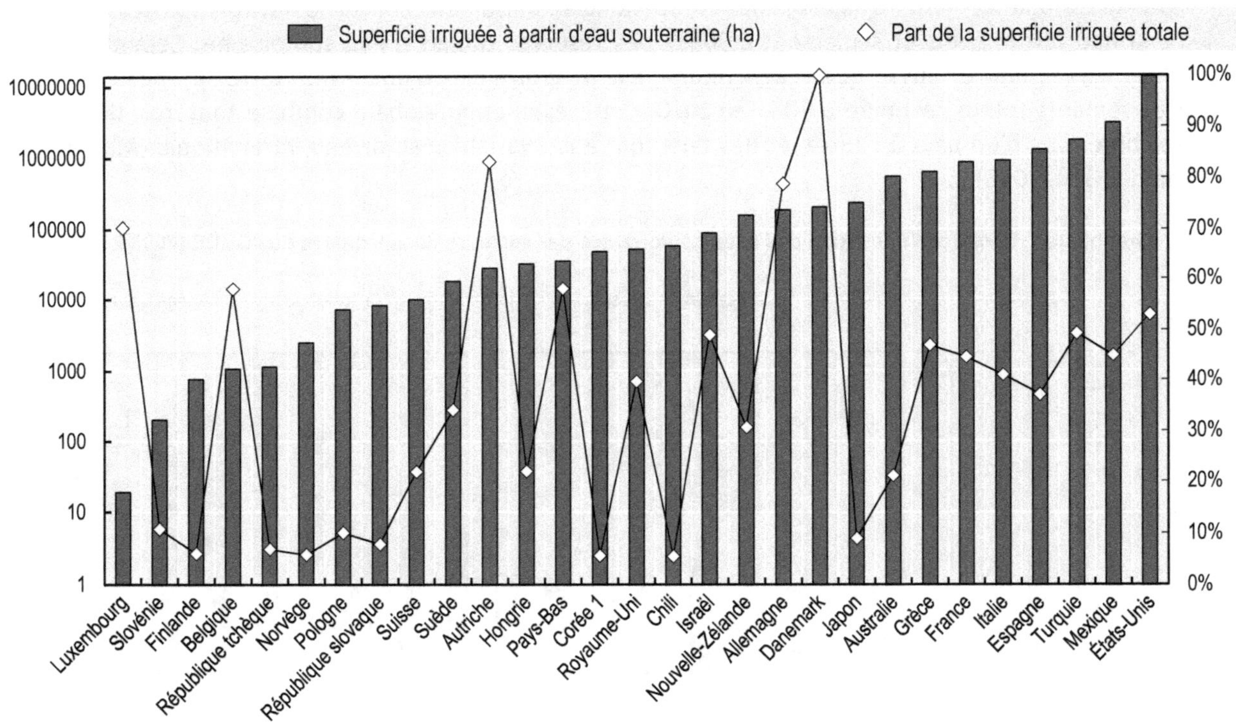

Pour faciliter la lecture du graphique, une échelle logarithmique a été utilisée. Le Canada et le Portugal sont exclus pour manque de données comparables. 1. La superficie irriguée en eau souterraine de la Corée ne comprend que les rizières ; il se peut qu'elle soit sous-estimée.
Source : IGRAC (2012), ggmn.e-id.nl/ggmn/globaloverview.html, Questionnaire OCDE 2014 sur l'utilisation des eaux souterraines en agriculture.

Ce type d'irrigation est pratiqué pour diverses activités agricoles. Aux États-Unis, il concerne principalement les céréales (riz, blé, maïs), les oléagineux (soja et coton) et les cultures spécialisées (légumes, fruits, fruits à coque), pour lesquels les eaux souterraines constituent une source d'eau secondaire, notamment les années de sécheresse (NGWA, 2013 ; Esnault et al., 2014 ; voir annexe 1.A1). Il sert aussi pour la canne à sucre, le coton, le riz et les fruits à coque en Australie

(Deloitte Access, 2013), ainsi que dans les oliveraies, les vignobles, et la serriculture en Espagne et en Grèce (Garrido et al., 2006 ; Molinero et al., 2011 ; EASAC, 2010b). Compte tenu des exigences sanitaires et techniques associées à certaines techniques d'irrigation — dont les systèmes de goutte-à-goutte, qui nécessitent d'éviter les résidus sédimentaires risquant de les obstruer — l'irrigation à partir d'eau souterraine se prête relativement mieux à l'horticulture que l'irrigation à partir d'eau de surface.

D'après ces estimatiosn de 2010, les terres irriguées à l'aide d'eau souterraine représentent en moyenne 33 % du total des superficies irriguées dans les pays de l'OCDE, et plus de 30 % des terres irriguées dans la moitié des pays de l'OCDE (contre seulement un tiers en 2002) (OCDE, 2008). Égale à quelques pourcents dans les pays disposant de ressources en eau de surface relativement abondantes (l'Estonie et la Norvège, par exemple), cette part est plus élevée pour des pays s'appuyant plus sur leurs ressources en eau souterraines (comme l'Allemagne et le Danemark). Comme on pouvait s'y attendre, elle est aussi plus élevée dans les pays où les superficies irriguées sont les plus importantes, où elle varie entre 35 et 60 % (à l'exception de l'Australie).

Graphique 1.3. Estimations des prélèvements d'eau souterraine destinés à l'irrigation agricole (2010)

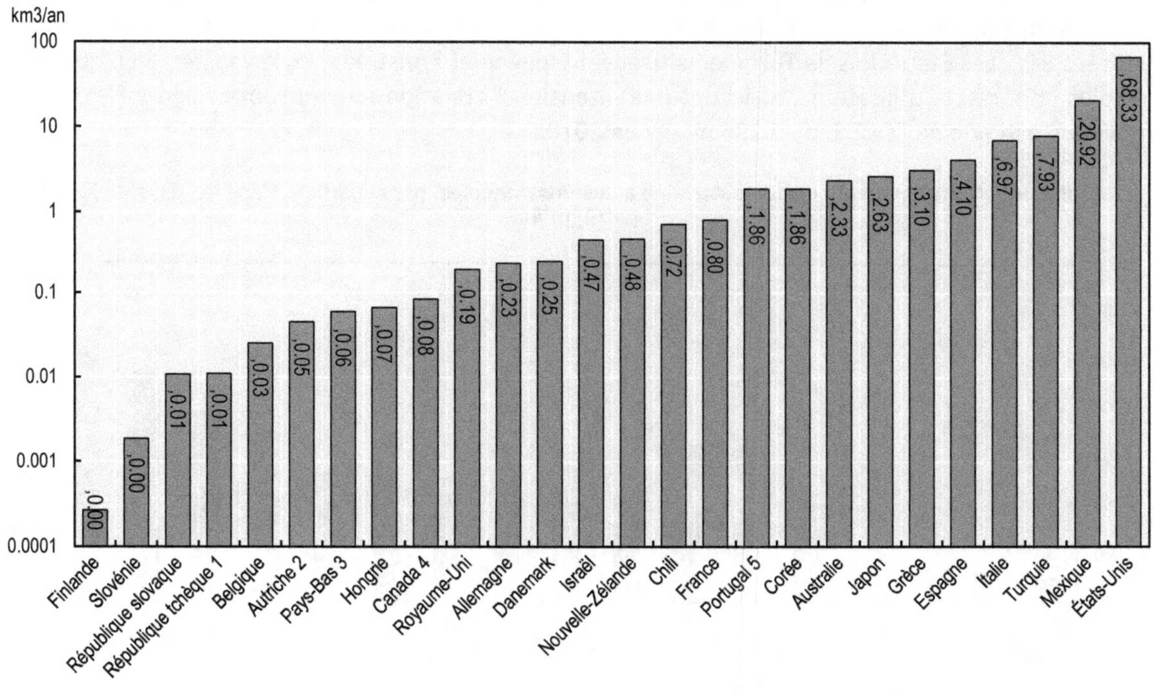

Pour faciliter la lecture du graphique, une échelle logarithmique a été utilisée. Les estimations présentées sont des estimations brutes, elles ne prennent pas en compte la recharge des aquifères associée aux activtiés agricoles. L'Estonie, l'Islande, le Luxembourg, la Pologne, la Norvège, la Suède et la Suisse ne sont pas inclus car ces pays déclarent une irrigation nulle ou négligeable.

1. Les chiffres concernant la République tchèque sont tirés d'OCDE (2013c).

2. Les chiffres concernant l'Autriche sont fondés sur les données de 2008-10.

3. Données correspondant à l'année 2011.

4. Données correspondant à l'année 2012.

5. Données correspondant à l'année 2009.

Source : Questionnaire OCDE 2014 sur l'utilisation des eaux souterraines en agriculture et Margat et van der Gun (2013).

Le graphique 1.3 représente les prélèvements nationaux estimés d'eau souterraine destinés à l'agriculture en 2010 pour 2010, complétées par les données estimées par Margat et van der Gun (2013) pour la même année[14.] Les prélèvements d'eau souterraine de l'ensemble des pays de l'OCDE en 2010 sont estimés à 221.5 km^3/an, dont 56 %, soit 123.5 km^3/an, utilisés à des fins d'irrigation. Ces quantités prélevées pour l'irrigation représentent entre 18% et 23 % des prélèvements totaux d'eau souterraine pour l'irrigation à l'échelle mondiale pour la même année. Les États-Unis, le Mexique, la Turquie, l'Italie, l'Espagne et la Grèce affichent les prélèvements totaux pour l'irrigation les plus élevés. Les pays d'Europe du Nord et centrale, notamment la Pologne, la Suisse, la Norvège, la Suède et l'Estonie, n'utilisent quasiment pas de ressources en eau souterraine pour l'irrigation en agriculture.

Pour permettre une comparaison plus cohérente entre pays, le graphique 1.4 présente les ratios des prélèvements estimés d'eau souterraine à la superficie irriguée à partir d'eau souterraine pour certains pays de l'OCDE. Ce graphique aide à déterminer l'intensité relative de l'utilisation des eaux souterraines pour l'irrigation. Six pays se démarquent avec des ratios sensiblement supérieurs à la moyenne de l'OCDE. Parmi eux, le Mexique, l'Italie et le Japon ont aussi recours à des quantités importantes d'eau souterraine. Le Portugal présente aussi une intensité d'irrigation importante, mais ne figure pas ici en l'absence d'information spécifique sur la superficie irriguée en eau souterraines, qui ne sont pas recensées au niveau national dans les statistiques de manière comparable a celles utilisées ici.[15] Les États-Unis, la Turquie, la Grèce, l'Espagne et l'Australie, en revanche, bien que parmi les plus importants utilisateurs, affichent une intensité d'irrigation en eau souterraine inférieure à la moyenne estimée de l'OCDE, de 5 194 m^3/ha en 2010.

Graphique 1.4. Prélèvements d'eau souterraine à des fins agricoles, par superficie, dans les pays de l'OCDE (2010)(m^3/ha)

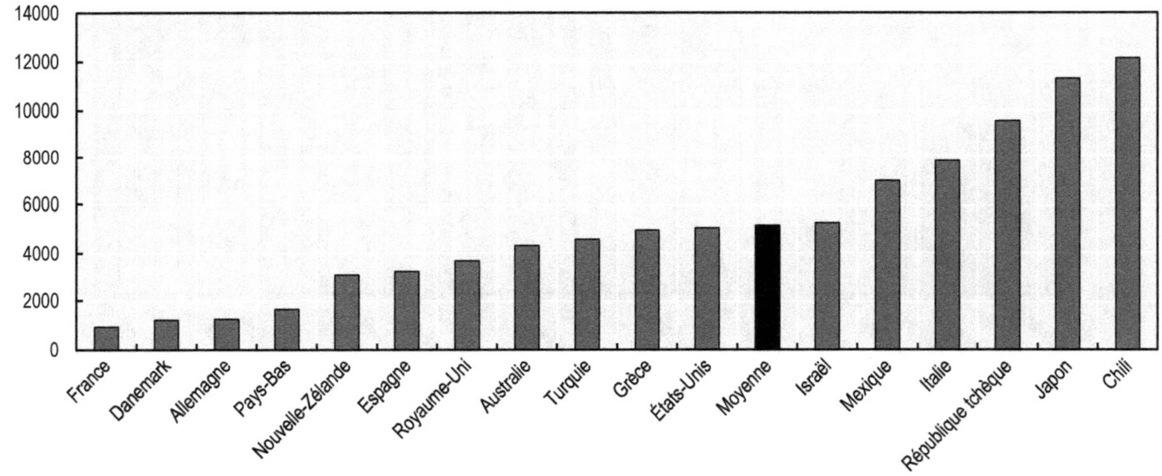

La Corée (en raison d'une superficie sous-estimée), le Portugal (en raison d'absence de données comparables sur les superficies) et les pays prélevant moins de 0.1 km³/an ne sont pas représentés.

Source : D'après le Questionnaire OCDE 2014 sur l'utilisation des eaux souterraines en agriculture, Margat et van der Gun (2013) et les données IGRAC pour 2010, ggmn.e-id.nl/ggmn/globaloverview.html. Voir l'annexe 1.A2 pour de plus amples détails.

Graphique 1.5. Évolution des prélèvements totaux d'eau souterraine pour l'agriculture dans certains pays de l'OCDE (1985 -2010) (km³/an)

Les chiffres englobent l'élevage et autres utilisations agricoles lorsque ces données sont disponibles

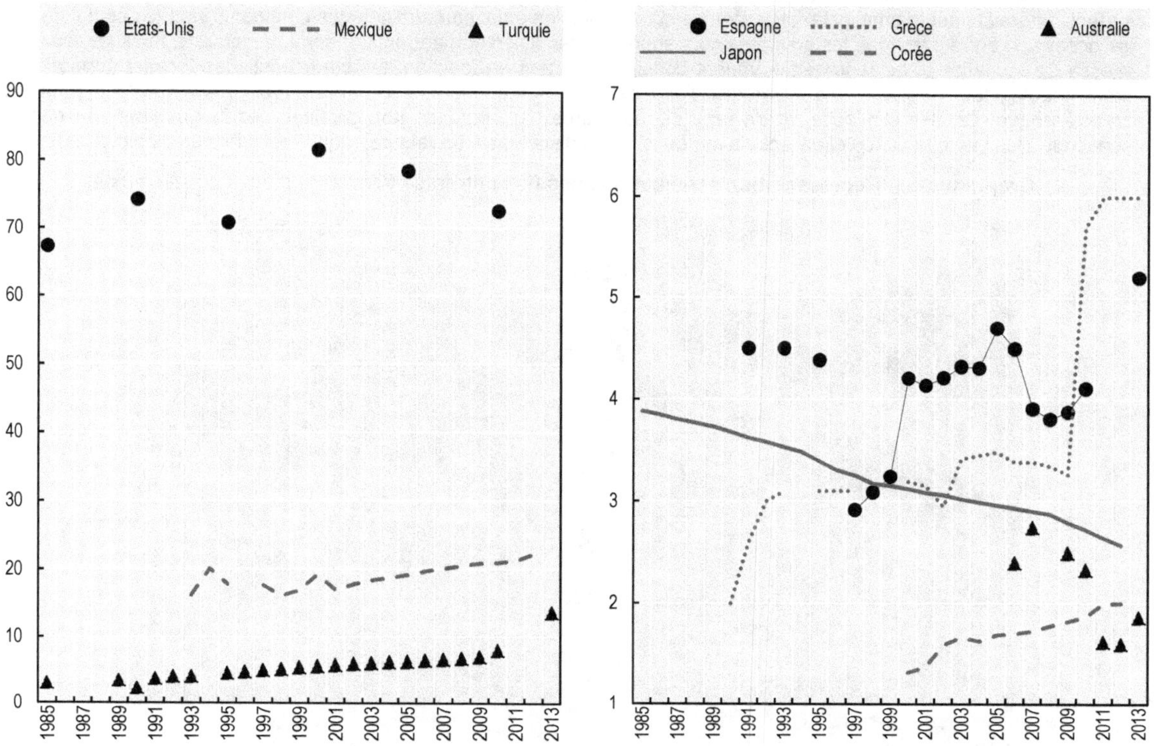

Source : OCDE (2013b), Questionnaire OCDE 2014 sur l'utilisation des eaux souterraines en agriculture et Margat et van der Gun (2013) pour 2010.

Encadré 1.1. Principes fondamentaux de l'écoulement des eaux souterraines

Les eaux souterraines sont contenues dans la couche géologique saturée en eau située sous le plafond des aquifères (la surface de la zone saturée). La surface piézométrique peut être définie comme la limite entre les couches géologiques saturée et non saturée. Son niveau varie considérablement selon les endroits, mais aussi dans le temps en fonction des écoulements : c'est ainsi qu'il fluctue naturellement au rythme des précipitations saisonnières et baisse au fil du temps sous l'effet du pompage intensif destiné à l'irrigation.

On distingue en général deux types d'aquifères : confinés et non confinés. Les aquifères confinés sont situés sous des couches géologiques peu perméables, de sorte que la pression de l'eau dans l'aquifère peut provoquer la remontée de l'eau au-dessus de la couche de confinement de faible perméabilité (ce qui produit un effet artésien lorsqu'un puits traverse l'unité de confinement et que l'eau jaillit à la surface). Les aquifères non confinés ne présentent pas d'unité de confinement entre l'aquifère et la surface terrestre, aussi la limite supérieure de l'aquifère est-elle représentée par la surface piézométrique. Dans de nombreuses régions, des aquifères confinés peuvent être surmontés par des aquifères non confinés, et les bassins hydrographiques de nombreuses régions du monde comportent de multiples couches d'aquifères confinés séparés par des unités peu perméables (souvent appelées aquitards). Les deux types d'aquifères peuvent être constitués de matériaux non consolidés (par exemple sables ou graviers meubles) et de matériaux consolidés (par exemple, roches sédimentaires, ignées ou métamorphiques perméables/fracturées). Les aquifères non confinés sont généralement situés à une moindre profondeur et présentent souvent une connexion hydraulique plus directe avec les masses d'eau de surface, mais ils sont aussi fréquemment moins étendus en superficie que les systèmes confinés, et plus susceptibles de contamination en provenance d'activités terrestres. Les aquifères confinés, plus profonds, peuvent être plus coûteux à exploiter.

suite

Encadré 1.1. Principes fondamentaux de l'écoulement des eaux souterraines *(suite)*

Outre leur structure, les caractéristiques fondamentales des aquifères sont les stocks et les flux qu'ils facilitent (Foster et al., 2013). Tous les aquifères présentent deux propriétés communes. D'une part, comme pour les eaux de surface, la gravité est la principale force motrice qui déplace les eaux souterraines des continents vers les cours d'eau et les océans. D'autre part, tous les aquifères sont soumis à des flux d'eau entrants et sortants naturels, mais les taux et la vitesse de recharge et de résurgence varient considérablement en fonction des caractéristiques locales (topographie, profil pédologique, géologie, etc.). Lorsque l'eau s'écoule sur de courtes distances (voir graphique 1.6), pour des caractéristiques locales similaires, et traverse des aquifères peu profonds non confinés, les flux évoluent en général beaucoup plus vite que lorsqu'elle s'écoule sur de longues distances à travers des aquifères confinés plus profonds.

Graphique 1.6. Représentation schématique des flux entrants et sortants d'eaux souterraines

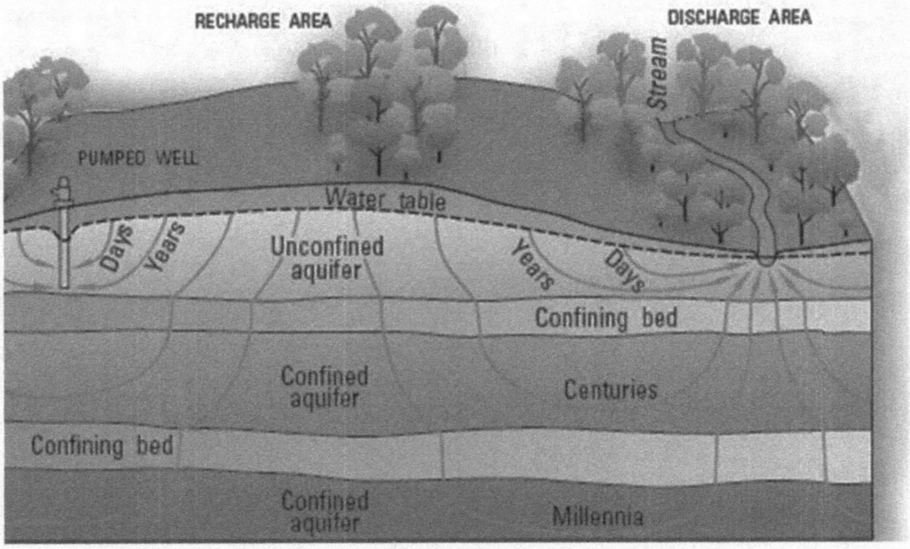

Traduction des légendes : Recharge area : zone de recharge ; Discharge area : zone de résurgence ; Pumped well : puits pompé ; Stream : cours d'eau ; Days : jours ; Years : années ; Water table : surface piézométrique ; Unconfined aquifer : aquifère non confiné ; Confined aquifer : aquifère confiné ; Confining bed : couche confinée ; Centuries : centaines d'années ; Millenia : milliers d'années.

Source: USGS Water Science School, Groundwater Discharge - The Water Cycle, http://water.usgs.gov/edu/watercyclegwdischarge.html.

Un troisième aspect est le caractère renouvelable ou non de ressources en eau souterraine données. La valeur de cette caractéristique doit être interprétée en termes relatifs et reste sujette à débat. Tous les aquifères pourraient être renouvelés au moins en partie au bout d'un certain temps dans les conditions climatiques actuelles, mais le temps nécessaire à la recharge peut varier considérablement, allant de quelques jours à plusieurs centaines de milliers d'années. Dans ce contexte, les ressources hydriques de la grande majorité des aquifères, y compris ceux utilisés par les agriculteurs des pays de l'OCDE, peuvent être considérées comme renouvelables. La plupart des aquifères strictement non renouvelables[1] sont les grands aquifères profonds et captifs d'Afrique du Nord et de la péninsule Arabique (voir graphique 1.7). Ces masses d'eau souterraine, également appelées "aquifères fossiles", ont été formés dans le passé géologique et ne reçoivent pas de quantités significatives d'eau de recharge (Margat et van der Gun, 2013).

Naturellement, cela n'empêche pas un certain nombre d'aquifères renouvelables dans les pays de l'OCDE et ailleurs de s'appauvrir considérablement. Cependant, le ralentissement ou l'arrêt de leur exploitation pourraient permettre une reconstitution progressive de leurs réserves, tandis que l'utilisation même faible des aquifères non renouvelables s'apparente à une extraction irréversible semblable à celle des minéraux ou des combustibles fossiles.

Enfin, les eaux souterraines peuvent être extraites de multiples manières, impliquant généralement soit de tirer parti de la force de gravité soit d'utiliser une source d'énergie (Margat et van der Gun, 2013). Dans le premier cas, aucun apport énergétique extérieur n'est requis pour effectuer les prélèvements. Ces méthodes, qu'il s'agisse de drainages, de puits artésiens, de galeries d'infiltration ou de barrages souterrains, ne sont cependant pas adaptées à toutes les situations. La seconde catégorie comprend des moyens plus classiques destinés à l'agriculture, notamment des puits de pompage foncés ou forés au trépan, qui conviennent à un plus grand nombre de situations et se prêtent à une gestion plus souple, mais nécessitent une source d'énergie.

Encadré 1.1. Principes fondamentaux de l'écoulement des eaux souterraines (*suite*)

Graphique 1.7. Répartition des ressources en eau souterraine au niveau mondial

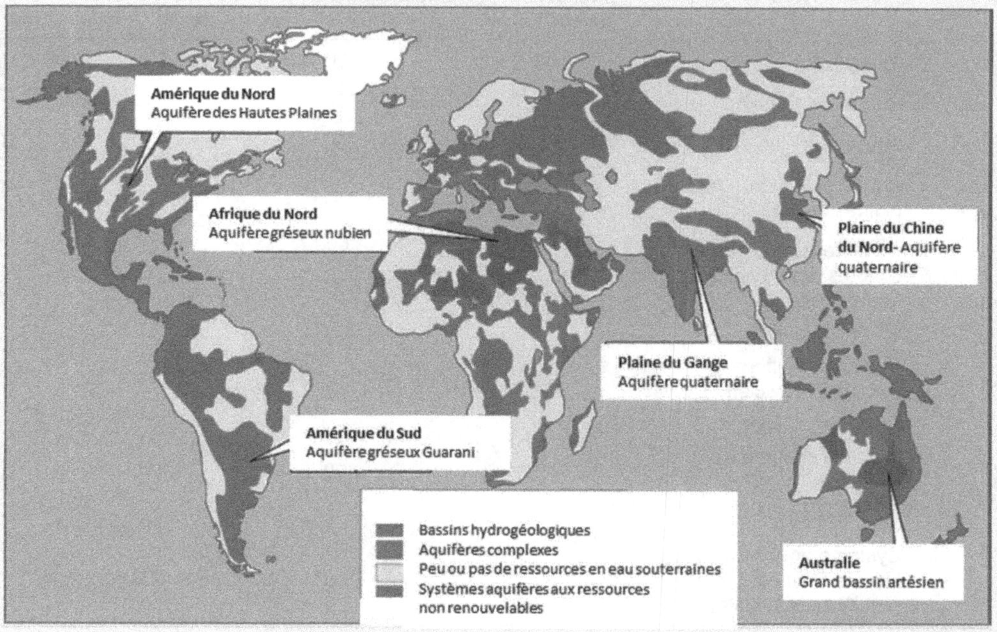

Source : Dérivé de Foster et al. (2013),"Groundwater — a global focus on the 'local resource'", in *Current Opinion in Environmental Sustainability*, Volume 5, Issue 6, December 2013, pp. 685-695.

1. D'après Margat et van der Gun (2013), le temps moyen de renouvellement (ratio flux/réserve de ces aquifères) est très long (1 000 à 100 000 ans ou plus) par rapport à celui des aquifères renouvelables (de moins de 1 an à plusieurs centaines d'années).

Source : Travaux de l'auteur, d'après Foster et al. (2013) ; Margat et van der Gun (2013), et USGS (2014).

Les tendances historiques peuvent aussi fournir des informations complémentaires. Le graphique 1.5 montre l'évolution des prélèvements dans certains pays de l'OCDE affichant une utilisation relativement élevée d'eau souterraine pour l'agriculture entre 1985 et 2010. Elle illustre bien le caractère incomplet des séries de données. Les États-Unis, le Mexique et la Turquie sont représentés dans un graphique distinct pour des raisons d'échelle. Ces trois pays ont accru leur consommation au cours de la période de 25 ans considérée — encore qu'à un rythme fluctuant aux États-Unis. L'Espagne et la Grèce (graphique de droite) ont aussi sensiblement accru leurs prélèvements, mais à un rythme moins régulier. Le Japon a sensiblement réduit son utilisation des eaux souterraines à des fins agricoles, et celle de l'Australie semble relativement stable depuis quelques années. Certaines de ces évolutions pourraient être liées, d'une part, aux variations des conditions climatiques ainsi que de la disponibilité et de l'accès aux eaux de surface et, d'autre part, à l'évolution des utilisations concurrentes[16].

Il existe aussi dans certains pays des évaluations spécifiques au niveau des aquifères ; l'attention s'est focalisée en particuliers sur les 37 "grands" aquifères, définis par l'importance de leur étendue et de leur volume. L'encadré 1.1 donne un aperçu des principaux types d'aquifères et de leur incidence sur l'écoulement des eaux souterraines ; tous les aquifères ne sont pas considérés comme renouvelables, mais cette qualification reste relative. Le tableau 1.2 présente les caractéristiques fondamentales de huit grands systèmes aquifères présents dans les pays de l'OCDE.

Tableau 1.2. Grands systèmes aquifères des pays de l'OCDE

Pays	Nom	Superficie (milliers de km²)	Épaisseur maximum (m)	Réserves théoriques (km³)	Taux de recharge (km³/an)
Australie	Grand bassin artésien	1 700	3 000	65 000	1.1
	Bassin de Canning	430	1 000	n.d.	n.d.
France	Bassin parisien	190	3 200	500-1 000	20-30
Canada et États-Unis	Aquifère des Grandes plaines du Nord	~2 000	n.d.	n.d.	n.d.
Mexique et États-Unis	Aquifère des plaines côtières de l'Atlantique et du Golfe du Mexique	1 500	12 000	n.d.	n.d.
États-Unis	Système aquifère cambro-ordovicien	250		n.d.	n.d.
	Système aquifère de la vallée centrale de Californie	80	600	1 130	7
	Système aquifère				
	Système aquifère des Hautes Plaines (aquifère d'Ogallala)	450	150	~15 000	6-8

Note : n.d. = non disponible.
Source : Margat et van der Gun (2013) ; www.environment.gov.au/water/publications/watermatters/water-matters-may-2009.html.

De l'utilisation des eaux souterraines aux pressions sur les eaux souterraines

Si les volumes et les superficies constituent des indicateurs de l'importance des ressources hydriques souterraines destinées à l'irrigation, ils ne renseignent pas sur les risques de surexploitation. Le calcul de l'indice de pression sur les eaux souterraines (ou indice GDS, pour *Groundwater Development Stress*), à savoir le ratio des prélèvements d'eau souterraine à la recharge diffuse totale (naturelle et artificielle), offre un moyen simplifié d'évaluer le risque qui pèse sur ces ressources. D'importantes mises en garde s'imposent concernant cette mesure, en raison des erreurs possibles dans les données des deux côtés, qui peuvent influer sur la valeur absolue des ratios, et du fait que la durée des phénomènes de prélèvement et de recharge les nappes varie en fonction des caractéristiques de l'aquifère et de la saison (voir par exemple Vrap et Lipponen, 2007 : 101). Si ces indicateurs sont plus utiles au niveau des aquifères, ils donnent une idée de l'importance globale des prélèvements par rapport à la recharge à l'échelle nationale (Margat et van der Gun, 2013: 175-6). Les indices GDS nationaux sont présentés pour 2010 dans le graphique 1.8 sous forme de pourcentages de recharge pour les pays de l'OCDE, les utilisations agricoles (part de l'usage agricole multipliée par l'indice GDS) étant distinguées des autres.

L'indice dérivé de pression sur les eaux souterraines (GDS), qui s'élève à 14.1 % en moyenne dans les pays de l'OCDE, est pour 42 % (6%) attribuable à l'agriculture. Il est supérieur à cette valeur dans neuf pays membres, la part liée à l'utilisation agricole étant prédominante dans sept d'entre eux, à savoir Israël, la Grèce, le Portugal, la Turquie, le Mexique, l'Italie et l'Espagne. Il est légèrement inférieur aux États-Unis, mais la part imputable à l'agriculture (8.1 %) dépasse la moyenne des pays de l'OCDE[17]. En revanche, on constate sans surprise qu'il reste faible dans les pays bien dotés en ressources hydriques comme le Canada et les pays d'Europe du Nord. Entre les deux, en Europe en particulier, les pays affichent des indices de pression sur les eaux souterraines assez faibles (moins de 10 %) et en général, l'utilisation agricole n'en est pas la cause première.

Graphique 1.8. Estimations de la pression moyenne sur les eaux souterraines dans les pays de l'OCDE (2010)

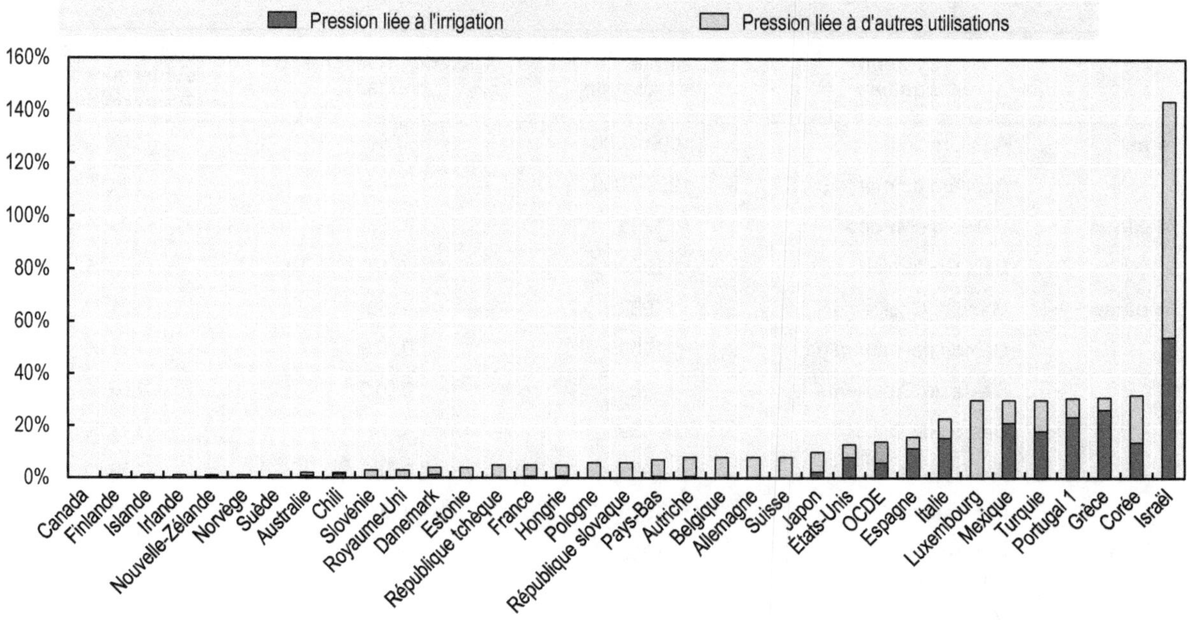

Note : Les indicateurs sont calculés comme le ratio [ensemble des prélèvements nationaux d'eau souterraine estimés (agriculture plus autres secteurs) / recharge naturelle globale estimée] x 100, ce qui peut être interprété comme la proportion de la recharge moyenne utilisée pour l'agriculture par rapport aux autres utilisations. 1. L'indice GDS du Portugal est calculé en utilisant des estimations de 2013, suivant la réponse obtenue au Questionnaire OCDE 2014 sur l'utilisation des eaux souterraines en agriculture.
Source : D'après Margat et van der Gun (2013), Questionnaire OCDE 2014 sur l'utilisation des eaux souterraines en agriculture.

Ces chiffres nationaux peuvent masquer d'importantes différences au niveau local ou infranational. Pour mettre en évidence ces différences, des mesures de la pression exercée sur les eaux souterraines ont été compilées à l'échelle des aquifères. Des valeurs moyennes de l'indice GDS ont été estimées pour les aquifères de plusieurs pays, à partir de données du passé (voir tableau 1.3)[18]. Ces chiffres, qui remontent souvent à une période distante, ne distinguent pas l'agriculture des autres utilisations, mais dans nombre de ces régions, les eaux souterraines sont utilisées de manière intensive pour l'irrigation des terres agricoles. Au sein de l'OCDE, les indices GDS moyens correspondant aux systèmes aquifères plus intensément exploités d'Israël, d'Espagne, du Mexique et des États-Unis vont de 106 % en Israël à 1 022 % pour les aquifères alluviaux de l'Arizona.

Gleeson et al. (2012) ont obtenu une autre mesure en calculant l'empreinte "eau souterraine", en particulier dans les régions agricoles. Cette empreinte est définie comme "*la surface requise pour permettre d'utiliser les eaux souterraines et d'assurer les services écosystémiques tributaires de ces eaux dans une région considérée, par exemple un aquifère, un bassin versant ou une communauté*". Elle est calculée comme un indice GDS modifié — tenant compte des débits écologiques — multiplié par la superficie correspondant à ces flux[19]. Dans les pays de l'OCDE, les systèmes aquifères du Mexique et des États-Unis semblent se distinguer par l'importance de l'empreinte eau souterraine de leur secteur agricole.

Tableau 1.3. Estimation de la pression exercée sur les eaux souterraines renouvelables (indice GDS) dans certains aquifères des pays de l'OCDE

Pays	Système aquifère	Année de l'estimation	Taux de prélèvement (km^3/an)	Pression sur les eaux souterraines renouvelables
Israël	Aquifère côtier	1999-2000	0.55	178 %
	Aquifère de montagne	1999-2000	0.76	106 %
Mexique	Vallée de Mexico	1998	0.63	~200 %
	Baja California	1980	0.12	150 %
Espagne	Mancha Occidental	1989	0.58	171 %
	Campo de Cartagena	1989	0.075	231 %
	Sierra de Crevillente	1989	0.015	750 %
	Campo de Dalias	1989	0.11	123 %
	Îles Baléares	1989	0.285	109 %
	Îles Canaries	1989	0.34	110 %
États-Unis	Arizona (aquifères alluviaux)	1990	3.78	1022 %
	Vallée centrale de Californie	1990	20	286 %
	Aquifère des Hautes Plaines	2000	21.5	~300 %

Source : Margat et van der Gun (2013).

Des évaluations multicritères ont aussi été utilisées pour assurer le suivi des bassins hydrogéologiques dans l'Union européenne (UE). En application de la directive-cadre européenne sur l'eau (DCE), adoptée en 2000, chaque État membre de l'UE a été tenu de définir des districts hydrographiques à des fins de gestion (eaux superficielles et souterraines), et pour chacune de ces unités, d'évaluer si l'état quantitatif et l'état chimique des ressources en eau souterraine sont bons ou médiocres. Du point de vue quantitatif, plusieurs critères ont été définis pour déterminer le "bon" état d'une masse d'eau souterraine. Il faut notamment que le taux de captage d'eau souterraine ne dépasse pas une moyenne annuelle à long terme, et n'entraîne pas d'externalités environnementales (voir l'encadré 4.2 dans le chapitre 4). Cette définition multicritères n'est pas axée uniquement sur les stocks et les flux, mais renvoie aussi aux implications plus larges de l'utilisation des eaux souterraines.

Or, même avec cette définition, la mesure des quantités d'eau souterraine n'est pas une opération simple, et les méthodes pratiques utilisées varient sensiblement d'un pays à l'autre. Compte tenu de ces limites, le graphique 1.9 montre l'état annoncé des masses d'eau souterraine dans 19 pays européens de l'OCDE, compte tenu des informations disponibles en 2009. Le graphique du haut représente la part dans le nombre total de masses d'eau souterraine dont l'état quantitatif est bon ou mauvais, et la part des masses d'eau souterraine qui doivent encore être évaluées. Si seulement 6 % des 11 897 masses d'eau de ces pays ont été estimées en état médiocre (et 7 % encore indéterminées), le graphique montre que cette part est non négligeable dans certains pays de l'UE. Le graphique du bas montre le nombre absolu de masses d'eau souterraine dont l'état était médiocre dans les mêmes pays en 2009. Sur les 15 pays dont les masses d'eau souterraine sont dans un état "médiocre", six seulement sont d'importants utilisateurs d'eau souterraine pour l'agriculture (graphique 1.3).

Graphique 1.9. État quantitatif des masses d'eau souterraine dans certains pays européens de l'OCDE soumis à la directive-cadre sur l'eau en 2009

En haut : Part des masses d'eau souterraine dont l'état est bon, médiocre ou inconnu.

En bas : Nombre de masses d'eau souterraine dont l'état quantitatif est médiocre

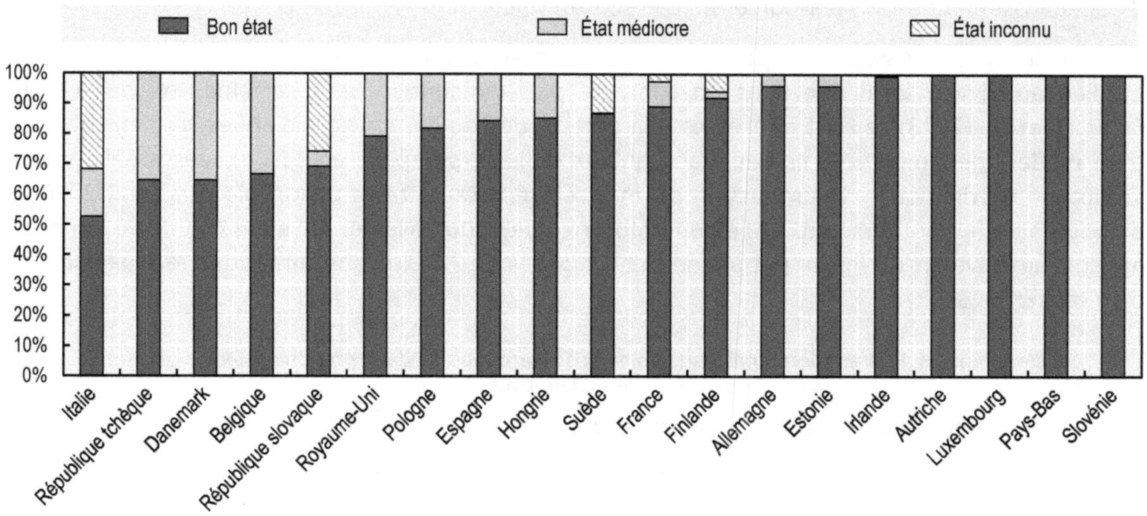

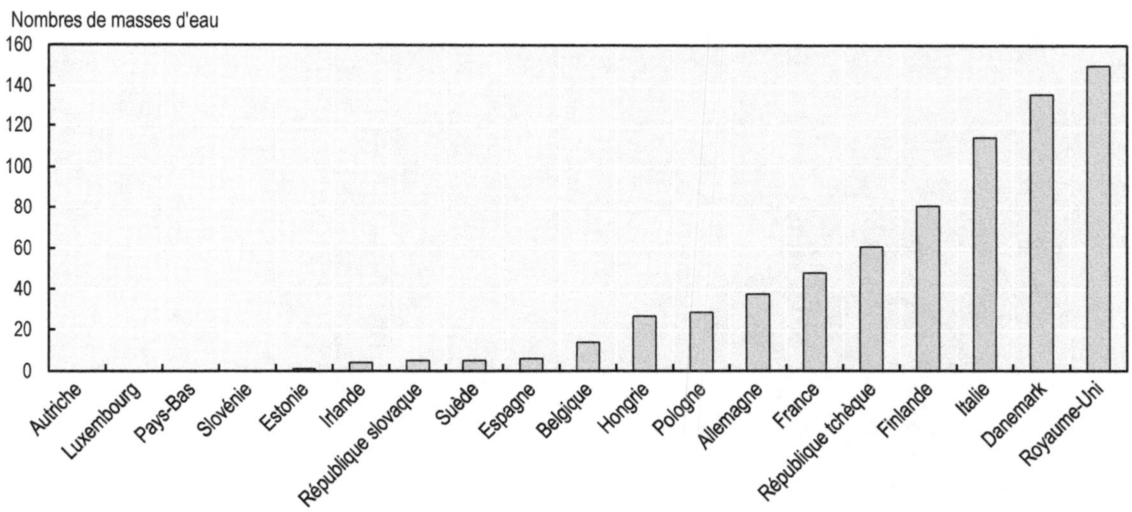

Source : AEE (2012), www.eea.europa.eu/data-and-mps/data/wise-wfd.

Les flux entrants et sortants d'eau souterraine ont aussi été étudiés plus en détail pour certains des grands aquifères. Aux États-Unis, l'aquifère des Hautes Plaines (également appelé aquifère d'Ogallala) et celui de la vallée centrale de Californie sont peut-être les plus étudiés dans le contexte de l'agriculture. À elles deux, ces régions contribuent pour moitié environ à l'appauvrissement total des ressources en eau souterraine constaté aux États-Unis depuis 1900 (Scanlon et al., 2012). Comme le montre le graphique 1.10, ces deux systèmes ont été soumis à une forte surexploitation, et la chute du niveau des nappes phréatiques a pu atteindre, voire dépasser, les cinquante mètres dans certains portions de l'aquifère sur la période étudiée. Néanmoins, le graphique 1.10 montre que cette baisse varie au sein des régions concernées. Dans le cas de l'aquifère des Hautes Plaines, les parties centrales et méridionales de l'aquifère (sud-ouest du Kansas et nord du Texas) sont particulièrement touchées par l'abaissement des nappes sous l'effet de l'irrigation agricole (voir, par exemple, Chaudhuri et Ale, 2014), tandis que toute la partie nord de l'aquifère, qui reçoit des flux de recharge naturelle plus conséquents, n'est guère concernée et a même vu les niveaux d'eau souterraine remonter par endroits. De même en Californie, le sud du comté de San Joaquin (SJ) et Tulare (T) sont les principaux "points noirs" au regard de la baisse du niveau des ressources en eau souterraine, alors que le nord de la vallée, mieux doté en ressources hydriques et en eaux de surface, ne connaît pas vraiment d'appauvrissement de ses ressources en eau souterraine.

L'incidence de ces risques d'épuisement des ressources en eau souterraine sur l'agriculture n'a été étudiée au niveau local que dans un contexte plus dynamique pour certaines régions critiques. Steward et al. (2013) se sont intéressés à la portion de l'aquifère Ogallala située au Kansas. À l'aide d'un modèle de simulation, ils ont établi qu'aux taux de pompage actuels — sans amélioration de l'efficacité d'irrigation — la production de maïs et de bétail atteindrait un pic vers 2040-2050, puis diminuerait. Ces auteurs ont également montré que, pour assurer le maintien de la production agricole aux niveaux du milieu des années 1990 au-delà de 2070, il faudrait réduire le taux d'irrigation d'au moins 20 %.

Graphique 1.10. Variation du niveau des eaux souterraines de deux grands systèmes aquifères des États-Unis

(A) : Variation du niveau des nappes phréatiques (m) de l'aquifère des Hautes Plaines, mesurée entre 1950 et 2007,

(B) : Variation du niveau des nappes phréatiques (m) dans la vallée centrale de Californie entre 1860 et 1961 (simulation)

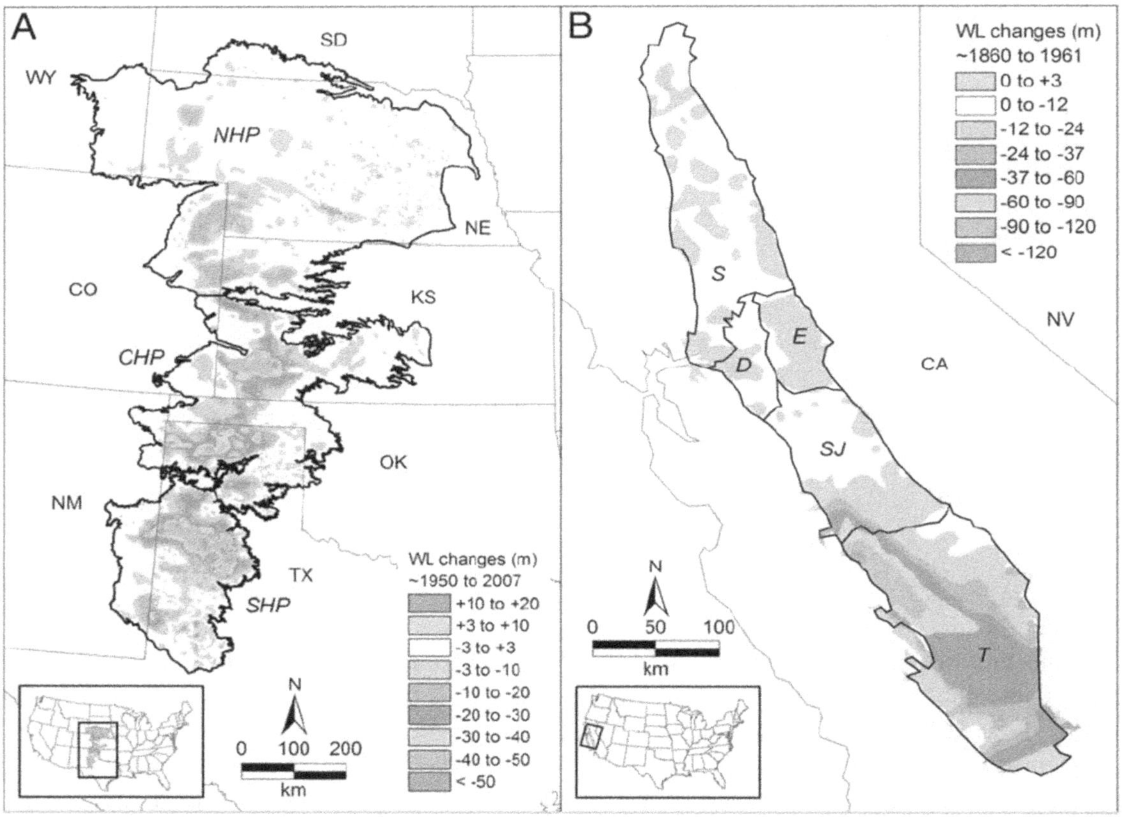

Source : Scanlon et al. (2012).

Les effets attendus du changement climatique : recours accru aux eaux souterraines, baisse du taux de recharge et salinité croissante

On sait que les aquifères réagissent beaucoup plus lentement aux fluctuations du climat que les réserves d'eau de surface, et qu'ils pourraient par conséquent constituer une importante option d'adaptation dans l'agriculture (GWP, 2012 ; OCDE, 2014a ; Wijnen et al., 2012). Or l'augmentation de la demande sous l'effet du changement climatique se traduira sans doute par une utilisation accrue des eaux souterraines (Bovolo et al., 2009). Jusqu'à présent, les facteurs climatiques n'ont pas eu autant d'impact sur les eaux souterraines que les facteurs non climatiques (Kundzewicz et al., 2007). Cependant, avec les variations des précipitations et l'intensification de l'évapotranspiration, le changement climatique aura nécessairement une incidence sur les ressources hydriques souterraines, directement du fait de la modification du taux de recharge, et indirectement sous l'effet du recours accru aux eaux souterraines (Taylor et al., 2012). Ces répercussions devraient varier sensiblement d'une région à l'autre (Green et al., 2011), par exemple avec l'augmentation (la diminution) des précipitations et de la recharge des nappes souterraines en Europe du Nord (du Sud) (Hiscock et al., 2008 ; Negrel et Petelet-Giraud, 2011). Conjuguée à l'élévation du niveau des océans, l'augmentation de l'utilisation d'eau souterraine dans les zones côtières pourrait aussi contribuer à aggraver la salinité des eaux souterraines (Green et al., 2011).

Dans une certaine mesure, les effets attendus du changement climatique sur l'agriculture s'observent d'ores et déjà dans les régions subissant des inondations et des sécheresses. Les régions confrontées à la sécheresse qui exploitent à la fois les eaux souterraines et les eaux de surface pour l'irrigation substituent les premières aux secondes, ce qui se traduit par une extraction et une utilisation accrues de la ressource. On a ainsi estimé qu'en Californie centrale, la baisse du volume des ressources en eau souterraine a été 48 fois plus rapide qu'auparavant au cours de la sécheresse de 2007-2009 (Christian-Smith et Levy, 2011). Par ailleurs, les régions où l'agriculture repose principalement sur les eaux souterraines intensifieront leur exploitation de cette ressource[20]. Les régions côtières, par exemple aux Pays-Bas, seront sans doute confrontées à une probabilité accrue d'intrusion d'eau marine et par conséquent d'augmentation de la salinité (de Louw, 2013). Dans ces deux types de régions, les profils de culture et les activités agricoles peuvent aussi être amenés à évoluer. À l'inverse, les régions confrontées à des crues prolongées pourraient subir des inondations par débordement des eaux souterraines, ce qui empêcherait la plupart des activités agricoles et limiterait l'utilisation des terres agricoles au seul drainage, comme dans le cas de l'aquifère crayeux du Sud de l'Angleterre (Marsh et al., 2013).

Faute de données représentatives sur les ressources en eau souterraine de nombreuses régions, et compte tenu des incertitudes liées au changement climatique, simuler l'incidence de ce phénomène sur l'irrigation à l'aide d'eau souterraine n'est pas une tâche aisée (Green et al., 2011). Deux types d'approches ont été adoptés pour donner une indication de futures évolutions : les exercices de prospective et les simulations à l'aide de modèles climat-eau.

L'OCDE (2013d) s'est penchée sur les risques futurs pour les ressources hydriques dans le cadre d'une étude plus générale sur l'eau et le changement climatique. Au cours de cet exercice, on a demandé aux experts des pays de définir les principaux risques liés à l'eau qu'ils prévoyaient, de dresser une liste des risques quantitatifs et qualitatifs prioritaires et des principaux domaines de vulnérabilité. Le tableau 1.4 résume les réponses mentionnant explicitement les risques quantitatifs liés aux ressources en eau souterraine. Ce tableau montre que les pays de l'OCDE qui n'utilisent pas de grands volumes d'eau souterraine nourrissent pourtant des préoccupations notables liées au changement climatique. La diminution de la recharge, tant en rythme qu'en quantité, devrait être prévalente dans des pays comme l'Autriche, le Luxembourg et la Slovénie. La salinisation des eaux souterraines constitue l'autre source d'inquiétude, en particulier dans les pays possédant des zones côtières étendues, comme le Chili ou le Japon. Les experts au Danemark et dans le sud de l'Europe agriculture, en particulier, considèrent que l'agriculture pourrait être un secteur potentiellement affecté.

Tableau 1.4. Problèmes liés à l'impact du changement climatique sur les ressources en eau souterraine dans les pays de l'OCDE

Pays	Impact prévu	Problème principal	Principales vulnérabilités
Autriche	Réduction de la durée de l'enneigement, diminution de la recharge des nappes souterraines	Diminution de la recharge des nappes souterraines	
Chili	Le retrait des glaciers aura un impact sur les eaux souterraines	Diminution de la recharge moyenne des nappes souterraines, salinisation des eaux souterraines dans les zones côtières	
Corée	Épuisement des ressources en eau souterraine		
Danemark	Le ralentissement de la formation d'eau souterraine en été et son accélération le reste de l'année auront une incidence sur l'irrigation. Intrusion d'eau de mer dans les nappes souterraines		Demande accrue de ressources en eau souterraine
Estonie	Augmentation de la recharge des nappes souterraines, en fonction des conditions hydrogéologiques propres aux bassins hydrographiques.		
Finlande	Réduction de la recharge des nappes souterraines en raison de l'allongement de la période sèche en été dans le sud du pays.		
Hongrie			Surexploitation des ressources en eau souterraine
Japon	Salinisation des eaux souterraines due à l'élévation du niveau de la mer.		
Luxembourg	Décalage dans le temps de la principale période de recharge des nappes souterraines.		Recharge des nappes souterraines
Mexique	Intrusion d'eau salée dans les nappes souterraines		
Nouvelle-Zélande	Diminution des ressources en eau souterraine et augmentation de la demande d'eau en été		
Pays-Bas	Possibilité de salinisation des eaux souterraines et de baisse du niveau des ressources en été.		
République tchèque		Baisse du niveau des nappes souterraines	
Slovénie		Diminution du taux annuel de recharge des nappes souterraines	
Union européenne	Expansion des masses d'eau souterraine saumâtre ou salée		Ressources en eau douce d'Europe méridionale, en particulier dans le secteur agricole

Source : OCDE (2013d), http://dx.doi.org/10.1787/9789264200647-fr.

Un certain nombre d'études publiées, qui ne sont pas spécifiquement axées sur le changement climatique, font état d'une augmentation probable de l'utilisation des eaux souterraines pour l'agriculture, alors même que les projections globales relatives à l'irrigation ne laissent pas toutes prévoir une telle augmentation. L'irrigation à partir d'eau souterraine continuera de soutenir l'intensification de l'agriculture (FAO, 2003 ; Garrido et al., 2006). Les facteurs économiques contribueront à accroître la consommation d'eau à usage agricole et les pressions exercées sur les aquifères, en particulier dans la région méditerranéenne (Garrido et Iglesias, 2006). En Australie, la valeur et l'utilisation des eaux souterraines sont aussi appelées à augmenter compte tenu des projections relatives à la demande, de l'insuffisance des ressources en eau de surface et du fait que les eaux souterraines sont exploitées en deçà des taux de recharge dans plusieurs régions à l'exception des aquifères fossiles (Deloitte Access Economics, 2013). Or, les projections globales relatives à l'irrigation ont tendance à diverger (OCDE, 2015) ; les Perspectives de l'environnement de l'OCDE laissent prévoir une baisse de la demande d'irrigation en 2050, à l'inverse d'autres travaux de modélisation. Une diminution de l'irrigation totale parallèlement à une croissance de l'irrigation à l'aide d'eau souterraine propulserait la part de cette dernière forme d'irrigation à un niveau beaucoup plus élevé. Dans ce scénario, les eaux souterraines prendraient encore plus d'importance pour l'agriculture dans le contexte du changement climatique.

Plusieurs simulations des effets du changement climatique sur les ressources en eau souterraine ont été réalisées. Ces analyses utilisent généralement le taux de recharge des nappes comme variable représentant les impacts du changement climatique sur les ressources en eau souterraine. Leterme et Maillants (2011) ont étudié l'incidence du changement climatique sur les eaux souterraines et l'agriculture en Belgique. Ils sont parvenus à la conclusion que d'ici à 2100, on pourrait observer une diminution de 9 % de la recharge globale du bassin versant de la Nèthe. D'après l'étude des mesures d'adaptation envisageables en matière d'utilisation des terres, une conversion des terres à la culture du maïs contribuerait à augmenter la recharge des nappes souterraines et, par conséquent, à réduire la sensibilité au climat, tandis qu'une conversion en superficie forestière produirait l'effet inverse. Selon une étude de modélisation consacrée à l'évolution prévue des ressources en eau souterraine dans différents scénarios de changement climatique en France, la baisse du taux de recharge pourrait varier en moyenne entre 0 % et 50 % d'ici à 2070, avec des écarts plus importants au niveau des bassins versants, et s'accompagner de risques d'intrusion d'eau saline dans les aquifères côtiers (MEDDE, 2012). D'après le rapport du GIEC (2007), un réchauffement de 2.4 °C entraînerait une baisse de 20 % du taux de recharge dans l'aquifère Ogallala aux États-Unis. Cependant, en fonction du scénario et de la portion d'aquifère considérée, la recharge pourrait soit croître soit décroître, aussi est-il difficile de tirer des conclusions significatives (Crosbie et al., 2013). Dans un modèle hydrogéologique à haute résolution axé sur l'aquifère de Grand Forks en Colombie britannique (Canada), Scibek et al. (2007) montrent que la réduction des taux de recharge sous l'effet du changement climatique pourrait se traduire non seulement par un abaissement du niveau des nappes, mais aussi par d'importants rejets dans les masses d'eau de surface (avec les conséquences que cela peut entraîner pour le débit minimal des cours d'eau).

Après cet aperçu de l'utilisation et de l'évolution des ressources en eau souterraine dans le secteur agricole, le chapitre 2 analyse la nature et l'hétérogénéité des systèmes d'irrigation à partir d'eau souterraine et les défis auxquels ils sont confrontés.

Notes

1. Un aquifère peut être défini comme « une unité géologique perméable saturée (roche, sédiment ou sol) pouvant transmettre des quantités d'eau significatives ou présentant un intérêt économique » (Freeze et Cherry, 1979).
2. La consommation de l'eau peut être définie comme l'utilisation d'eau sans restitution directe au cycle de l'eau, c'est-à-dire via l'évapotranspiration.
3. Dans ce cas, les caractéristiques physiques intrinsèques sont à interpréter en l'absence de régulation des flux, c'est-à-dire dans le contexte d'un système hydrologique naturalisé.
4. On parle aussi d'« épuisement des ressources en eau souterraine » pour désigner ce phénomène (voir, par exemple, OCDE, 2012a).
5. Les variations du niveau des nappes phréatiques peuvent aussi affecter les processus biogéochimiques, qui à leur tour peuvent influer sur les écosystèmes.
6. L'ampleur du drainage des eaux souterraines à des fins agricoles et pour la gestion des crues ne sera pas examinée de près.
7. Les préoccupations relatives à la qualité des eaux souterraines ne semblent pas limiter les superficies irriguées de façon intensive et continue à partir de ces ressources, sauf en ce qui concerne la salinité, même s'il ressort de l'enquête que certaines des régions de l'OCDE faisant appel aux eaux souterraines pour l'agriculture rencontrent des problèmes de qualité.
8. Comme le souligne Giordano (2009), cette ressource invisible a connu une révolution silencieuse, ce qui illustre la différence de point de vue entre les besoins en matière d'extraction au niveau des exploitations agricoles et les diagnostics à plus grande échelle.
9 C'est ainsi qu'en Espagne, aucun aperçu des ressources hydrogéologiques et de leurs usages au niveau national n'a été réalisé depuis 2000-2001 (De Stefano et al., 2013).
10. Par ailleurs, les estimations du bilan des aquifères sont rarement prises en compte dans les bilans des bassins versants et des eaux de surface, de sorte que le volet des bilans hydriques globaux relatif aux débits de base manque de précision.
11. Un certain nombre d'estimations générales figurant dans la présente section s'appuient sur les travaux de Margat et van der Gun (2013), essentiellement du fait que ces auteurs sont parmi les seuls à avoir compilé des données cohérentes et comparables sur les ressources et leur utilisation dans différents pays, en choisissant une date de référence commune, et en utilisant et harmonisant des données provenant de multiples bases de données nationales et internationales. Leurs travaux ont à l'origine été lancés sous les auspices du programme UNESCO-PHI ; voir Margat (2008) et van der Gun (2012).
12. Notamment chercheurs de l'Institut international de la gestion de l'eau (IWMI), de l'Institut international de recherche sur les politiques alimentaires (IFPRI), du Pacific Institute et du Programme hydrologique international de l'UNESCO (PHI), J. Margat et J. van der Gun, ainsi que diverses universités (Université complutense de Madrid, Georgetown University, Oregon State University, Université Polytechnique de Madrid, University of California-Davis et Université de Wageningen).
13. À partir de différentes sources (comme expliqué à l'annexe 1.A3), Margat et van der Gun (2013) estiment ces prélèvements à 982 km3/an en 2010.

14. L'année 2010 a été utilisée à des fins de cohérence, pour effectuer la compilation des données et calculer les ratios. Les données officielles pour les autres années ont servi à dériver les tendances indiquées dans le graphique 1.5. On trouvera à l'annexe 1.A3 des informations complémentaires sur la méthode utilisée par Margat et van der Gun (2013).

15. Le rapport "utilisation totale/superficie" pour l'agriculture irriguée au Portugal, pregnant en compte l'irrigation à base d'eau de surface et à base d'eau souterraine, a été estimée à 7 300m3/ha en 2009 (INE, 2011), tandisque le rapport "utilisation des eaux souterraines/superficie"calculée en utilisant les données de l'enquête OCDE 2014 (pour l'année 2012) et IGRAC (2012) (pour l'année 2010) est estimée à 13 636 m3/ha.

16. Les tendances pour les autres pays de l'OCDE où l'utilisation agricole des eaux souterraines est moindre sont présentées à l'annexe 1.A2.

17. Israël affiche un indice GDS particulièrement élevé, puisqu'il dépasse les 100 % en ce qui concerne la pression imputable à l'agriculture, mais cet indice a pu être surévalué, le recyclage de l'eau n'ayant pas été pris en compte dans les réserves d'eau souterraine. Le chiffre officiel du Portugal pour le stress hydrique total (eaux de surface et eaux souterraines) est de 31%, dont 24% sont imputables à l'agriculture (INE, 2011).

18. Ces chiffres correspondent aux taux de recharge des ressources renouvelables pour l'ensemble des utilisations.

19. Plus précisément, Gleeson et al. (2012) calculent l'empreinte eau souterraine comme A[C/(R-E)], où C, R et E représentent respectivement la superficie correspondant au prélèvement annuel moyen d'eau souterraine, le taux de recharge des nappes souterraines et la contribution des eaux souterraines aux débits environnementaux, tous exprimés en unités de longueur/temps. A est l'aire de la région considérée où C, R et E peuvent être définis.

20. Dans ces cas, il convient de distinguer les effets de l'adaptation à court terme et à long terme. Hornbeck et Keskin (2014) ont montré, par une analyse empirique, que les utilisateurs de l'aquifère Ogallala qui adoptaient précocement des pratiques d'irrigation les rendant moins vulnérables à la sécheresse finissaient à long terme par se convertir à des cultures intensives en eau, perdant ainsi leur avantage et retrouvant leur vulnérabilité à la sécheresse.

Références

Amores, M.J. et al. (2013), "Biodiversity impacts from salinity increase in a coastal wetland", *Environmental science & technology*, 47(12), 6384–92.

AQUASTAT (2013), "FAO's global information system on water and agriculture", www.fao.org/nr/water/aquastat/main/index.stm

Bovolo, C.I., G. Parkin and M. Sophocleous (2009), "Groundwater resources, climate and vulnerability", *Environmental Research Letters*, Vol. 4 (035001).

British Geological Survey (BGS) (2009), "Groundwater Information Sheet", London, UK.

Chaudhuri, S., and S. Ale (2014), "Long-term (1930-2010) trends in groundwater levels in Texas: Influences of soils, land cover and water use", *Science of the Total Environment*, Vol. 490, pp. 379–90. doi:10.1016/j.scitotenv.2014.05.013

Christian-Smith, J. and M. Levy (2011), "Impacts of the California Drought from 2007 to 2009", Pacific Institute, Oakland, CA, www.circleofblue.org/waternews/wp-content/uploads/2013/04/ca_drought_impacts_full_report.pdf

Cohen, M., J. Christian-smith, and J. Berggren (2013), "Water to Supply the Land: Irrigated Agriculture in the Colorado River Basin", Pacific Institute, Oakland, CA.

Council of Canadian Academies (2013), "Water and Agriculture in Canada: Towards Sustainable Management of Water Resources", CCA, Ottawa, www.scienceadvice.ca/en/assessments/completed/water-agri.aspx.

Crosbie et al. (2013), "Potential climate change effects on groundwater recharge in the High Plains Aquifer, USA", *Water Resources Research*, Vol. 49, pp. 3936–3951.

Deloitte Access Economics. (2013), "Economic Value of Groundwater in Australia", Report for the National Centre on Groundwater Management, Melbourne.

de Louw, P. (2013), "Saline seepage in deltaic areas", Vrije Universiteit Amsterdam, the Netherlands. Retrieved from http://dare.ubvu.vu.nl/bitstream/handle/1871/48937/title_page.pdf?sequence=5.

De Stefano, L., et al. (2013), "Easier Said Than Done? The Establishment of Baseline Groundwater Conditions for the Implementation of the Water Framework Directive in Spain", *Water Resources Management*, Vol. 27(7), pp. 2691–2707.

DWF (Danish Water Forum)(2012), "Higher water security with groundwater", White Paper, Water Resources, October 2012.

EASAC (European Academies Science Advisory Council)(2010a), "Groundwater in the Southern Member States of the European Union", *EASAC Policy Report* 12, EASAC, Halle.

EASAC (European Academies Science Advisory Council) (2010b), "Groundwater in the Southern Member States of the European Union: an assessment of current knowledge and future prospects- Country report for Greece", EASAC, Brussels, Belgium. www.easac.eu/fileadmin/PDF_s/reports_statements/Greece_Groundwater_country_report.pdf

Esnault, L., et al. (2014), "Linking groundwater use and stress to specific crops using the groundwater footprint in the Central Valley and High Plains aquifer systems, USA", *Water Resources Research*, Vol. 50, pp. 1–21.

EEA (European Environmental Agency) (2012), WISE Water Framework Directive Database, Copenhagen. www.eea.europa.eu/data-and-maps/data/wise_wfd.

EUROSTAT (2013), "Statistics on the EU and candidate countries", website: epp.eurostat.ec.europa.eu/portal/page/portal/eurostat/home/.

Famiglietti, J. and M. Rodell (2013), "Water in the Balance", *Science*, Vol. 340, pp. 1300–1301.

Famiglietti et al. (2011), "Satellites measure recent rates of groundwater depletion in California's Central Valley", *Geophysical Research Letters*, Vol. 38(3).

FAO (United Nations Food and Agricultural Organization) (2011), "The State of the World's Land and Water Resources for Food and Agriculture: Managing systems at risk", Food and Agricultural Organization Publications, Rome.

FAO (2003), "Groundwater management: the search for practical approaches", *Water Reports*, Vol. 25, Food and Agricultural Organization Publications, Rome.

Foster, S., et al. (2013) "Groundwater — a global focus on the "local resource"", *Current Opinion in Environmental Sustainability*, Vol. 5(6), pp. 685–695.

Foster, S. (2008), "The use of non-renewable groundwater resources", Presentation at the International Groundwater Resource Assessment Center (IGRAC) 5th Anniversary Symposium, The World Bank, Washington DC.

Freeze, R.A. and J.A. Cherry (1979), *Groundwater*, Prenctice-Hall, Englewood Cliffs, N.J.

Fuentes, A. (2011), "Policies towards a sustainable use of water in Spain", OECD Economics Department Working Paper No. 840, OECD, Paris, France. http://www.oecd-ilibrary.org/economics/oecdeconomics- department-working-papers_18151973, accessed July 2013.

Garduño, H, and S. Foster. (2010), "Irrigated agriculture and groundwater resources-towards an integrated vision and sustainable relationship", *Water Science & Technology*, Vol. 67(6), 1165.

Garrido, A. et al. (2006), "Groundwater irrigation and its implications for water policy in semiarid countries: the Spanish experience", *Hydrogeology Journal*, Vol. 14(3), pp. 340–349.

Garrido, A and A. Iglesias (2006), "Groundwater's role in managing water scarcity in the Mediterranean Region", International Symposium on Groundwater Sustainability (ISGWAS), pp. 113–138.

Giordano, M. (2009), "Global Groundwater? Issues and Solutions", *Annual Review of Environment and Resources*, Vol. 34(1), pp. 153–178.

Giordano, M. and K. G. Villholth (eds.) (2007), *The Agricultural Groundwater Revolution: Opportunities and Threats to Development*, CABI, Oxford.

Gleeson, T. et al. (2012), "Water balance of global aquifers revealed by groundwater footprint", *Nature*, Vol. 488(7410), pp.197–200, doi:10.1038/nature11295.

Gleeson, T. and M. Cardiff (2013), "The return of groundwater quantity: a mega-scale and interdisciplinary "future of hydrogeology"?", *Hydrogeology Journal*, Vol. 21(6), pp. 1169–1171.

GWP (Global Water Partnership) (2012), "Groundwater Resources and Irrigated Agriculture", GWP, Stockholm, Suède.

Gollehon, N. and W. Quinby (2006), "Irrigation resources and water costs", in US Department of Agriculture (USDA), *Agricultural Resources and Environmental Indicators*, 2006 Edition, EIB-16, Economic Research Service, USDA, Washington, D.C., pp. 24-32.

Green, T. R. et al. (2011), "Beneath the surface of global change: Impacts of climate change on groundwater", *Journal of Hydrology*, Vol. 405(3-4), pp. 532–560.

Hellegers, P. et al. (2001), "Dynamics of agricultural groundwater extraction", *Ecological Economics*, Vol. 37(2), pp. 303–311.

Hernandez-Mora N. et al. (2003), "Intensive Groundwater Use in Spain", in Llamas, R. and E. Custodian (eds.), *Intensive Use of Groundwater: Challenges and Opportunities*, Balkemapp, Lisse, pp 387–414.

Hiscock, K. et al. (2008), "Evaluation of future climate change impacts in Europe on potential groundwater recharge", *Geophysical Research Abstracts*, Vol. 10, 3pp.

Hornbeck, R. and P. Keskin (2014), "The Historically Evolving Impact of the Ogallala Aquifer: Agricultural Adaptation to Groundwater and Drought", *American Economic Journal: Applied Economics*, Vol. 6(1), pp. 190–219, doi:10.1257/app.6.1.190

Howitt et al. (2014), "Economic Analysis of the 2014 Drought for California Agriculture", Center for Watershed Sciences, University of California Davis, CA.

IGRAC (2012), "Global groundwater information system, Global overview", updated May 2012, IGRAC, Delfts, the Netherlands. htpp://ggmn.e-id.nl/ggmn/GlobalOverview.html.

IGRAC (2008), "GGIS Content of IGRAC's Global Groundwater Information System as accessible since the update of 2008" (IGRAC's web site currently under reconstruction: http://www.un-igrac.org/)

INE (Instituto Nacional de Estatistico) (2011), "Use of water in Agriculture: 2011", INE, Lisbon. www.ine.pt/xportal/xmain?xpid=INE&xpgid=ine_publicacoes&PUBLICACOESpub_boui=119577896&PUBLICACOESmodo=2&xlang=en.

IPCC (Intergovernmental Panel on Climate Change) (2007), "Climate Change 2007: Impacts, Adaptation and Vulnerability", in M.L. Parry, et al. (Eds.), *Fourth Assessment Report of the Intergovernmental Panel on Climate Change*, Cambridge University Press, Cambridge.

Kemper, K.E. (2007), "Instruments and institutions for groundwater management" in Giordano and Villholth (eds.), *The Agricultural Groundwater Revolution: Opportunities and Threats to Development*, CABI, Oxford.

Koundouri, P. (2004), "Current Issues in the Economics of Groundwater Resource Management", *Journal of Economic Surveys*, Vol. 18(5), pp. 703–740.

Kundzewicz, Z.W. et al. (2007), "Freshwater resources and their management", in Parry et al. (Eds.), *Climate Change 2007: Impacts, Adaptation and Vulnerability*, Cambridge University Press, Cambridge, pp. 173–210.

Leterme, B. and D. Mallants (2011), "Climate and land-use change impacts on groundwater recharge", Proceedings of the ModelCARE 2011, 1-7. Retrieved from www.pc-progress.com/documents/customer_projects/Mallants_ModelCARE2011.pdf.

Margat, J. (2011), "National freshwater withdrawal statistics (56 countries)", unpublished.

Margat, J. (2008), "Exploitations et utilisations des eaux souterraines dans le monde", UNESCO-IHP and BRGM Report, Paris and Nancy.

Margat, J. and J. van der Gun (2013), *Groundwater around the World: A Geographic Synopsis*, CRC Press/Balkema, Taylor and Francis, London.

Marsh, T. et al. (2013), "The 2010-12 drought and subsequent extensive flooding: a remarkable hydrological transformation", Met Office, London.

Ministère de l'Écologie, du Développement Durable et de l'Énergie (MEDDE) (2012), "Hydrologie Souterraine – Synthèse", Report from the Explore 2070 project, Paris.

Molinero, J.E. et al. (2011), "Groundwater in Spain: legal framework and management issues", Real Academia de Ciencias Exactas, Físicas y Naturales Madrid, upcommons.upc.edu/handle/2117/14364.

Montginoul, M. and J. Rinaudo (2013), "Quels mécanismes de régulation des prélèvements en eau souterraine? Comparaison du point de vue des agriculteurs, des institutionnels et des citoyens" *Science Eaux et Territoires*, Vol. 11, pp. 64–69.

Morris, B.L. et al. (2003), "Groundwater and its Susceptibility to Degradation: A Global Assessment of the Problem and Options for Management", UNEP, Nairobi, Kenya.

Negrel, P. and E. Petelet- Giraud (2011), "Isotopes in groundwater as indicators of climate changes", *Trends in Analytical Chemistry*, Vol. 30, pp. 1279-1290.

NGWA (National Ground Water Association) (2013), "Groundwater use for American agribusiness", NGWA, Westerville, OH. http://www.ngwa.org/PublishingImages/Fundamentals/NGWA_Fact_sheet1.pdf.

OECD (2015a), "Policy approaches to droughts and floods", [COM/TAD/CA/ENV/EPOC(2014)43/FINAL], OECD, Paris, http://www.oecd.org/officialdocuments/publicdisplaydocumentpdf/?cote=COM/TAD/CA/ENV/EPOC(2014)42/FINAL&docLanguage=En.

OECD (2015b), *Water Resources Allocation: Sharing Risks and Opportunities*, OECD Studies on Water, OECD Publishing, Paris, http://dx.doi.org/10.1787/9789264229631-en.

OECD (2014a), *Changement climatique, eau et agriculture: Vers des systèmes résilients*, Études de l'OCDE sur l'eau, OECD Publishing, Paris. http://dx.doi.org/10.1787/9789264235076-fr.

OECD (2014b), "Modelling adaptation to climate change in agriculture", [COM/TAD/CA/ENV/EPOC(2013)19/FINAL], OECD, Paris, http://www.oecd.org/officialdocuments/publicdisplaydocumentpdf/?cote=COM/TAD/CA/ENV/EPOC(2013)19/FINAL&docLanguage=En.

OECD (2013a) "Costs and distributional impacts of inaction", in OECD, Water Security for Better Lives, OECD Publishing, Paris, http://dx.doi.org/10.1787/9789264202405-10-en.

OECD (2013b), *Making Water Reform Happen in Mexico*, OECD Studies on Water, OECD Publishing, Paris, http://dx.doi.org/10.1787/9789264187894-en.

OECD (2013c), "Compendium des indicateurs agro-environnementaux", questionnaires par pays non publiés, disponibles sur demande (tad@oecd.org).

OECD (2013d), *L'eau et l'adaptation au changement climatique: Des politiques pour naviguer en eaux inconnues*, Études de l'OCDE sur l'eau, OECD Publishing, Paris. DOI: http://dx.doi.org/10.1787/9789264200647-fr.

OECD (2013e), *Water Security for Better Lives*, OECD Studies on Water, OECD Publishing, Paris. DOI: http://dx.doi.org/10.1787/9789264202405-en.

OECD (2012a), "Environmental Outlook to 2050" [ENV/EPOC(2011)7/FINAL], OECD, Paris, http://www.oecd.org/officialdocuments/publicdisplaydocumentpdf/?cote=ENV/EPOC/WPRPW/WPEI(2011)1/FINAL&docLanguage=En.

OECD (2012b), *Meeting the Water Reform Challenge*, OECD Studies on Water, OECD Publishing, Paris, http://dx.doi.org/10.1787/9789264170001-en.

OECD (2011a), *Bénéfices liés aux investissements dans l'eau et l'assainissement: Perspectives de l'OCDE*, Études de l'OCDE sur l'eau, OECD Publishing, Paris. http://dx.doi.org/10.1787/9789264101043-fr.

OECD (2011b), *Évaluation des réformes de la politique agricole en Turquie*, OECD Publishing, Paris. DOI: http://dx.doi.org/10.1787/9789264113244-fr.

OECD (2010), *Gestion durable des ressources en eau dans le secteur agricole*, Études de l'OCDE sur l'eau, OECD Publishing, Paris.DOI: http://dx.doi.org/10.1787/9789264083592-fr.

OECD (2009a), "Agriculture water pricing: United States" [COM/TAD/CA/ENV/EPOC/RD(2008)52/FINAL], OECD, Paris, http://www.oecd.org/officialdocuments/publicdisplaydocumentpdf/?cote=COM/TAD/CA/ENV/EPOC(2013)19/FINAL&docLanguage=En.

OECD (2009b), *De l'eau pour tous: Perspectives de l'OCDE sur la tarification et le financement - Messages clés pour les décideurs*, OECD Publishing, Paris. http://dx.doi.org/10.1787/9789264060555-fr.

OECD (2008), *La performance environnementale de l'agriculture dans les pays de l'OCDE depuis 1990*, OECD Publishing, Paris. http://dx.doi.org/10.1787/9789264040946-fr.

OECD (1998), "OECD Workshop on the sustainable management of water in agriculture – the Athens Workshop – Case studies" [COM/AGR/CA/ENV/EPOC(98)87], OECD, Paris, http://www.oecd.org/officialdocuments/publicdisplaydocumentpdf/?cote=COM/AGR/CA/ENV/EPOC%2898%2987&docLanguage=En.

Scanlon, B R., et al. (2012), "Groundwater depletion and sustainability of irrigation in the US High Plains and Central Valley", *Proceedings of the National Academy of Sciences of the United States of America,* Vol. 109(24), pp. 9320–5, doi:10.1073/pnas.1200311109.

Schoengold, K. and D. Zilberman (2007), "The economics of water, irrigation, and development", *Handbook of Agricultural Economics*, Vol. 3(06).

Scott, C., S. Dall'erba and R.D. Caravantes (2010), "Groundwater Rights in Mexican Agriculture: Spatial Distribution and Demographic Determinants", *The Professional Geographer*, Vol. 62(1), pp. 1–15.

Scibek, J. et al. (2007), "Groundwater-surface water interaction under scenarios of climate change using a high-resolution transient groundwater model", *Journal of Hydrology*, Vol. 333 (2-4), pp. 165-181.

Shah, T. (2008), *Taming the anarchy: groundwater governance in South Asia, Resources for the Future*, Washington, DC, and International Water Management Institute, Colombo, Sri Lanka.

Shah, T. et al. (2007), "Groundwater: a global assessment of scale and significance", in D. Molden (ed.), *Water for Food, Water for Life: A Comprehensive Assessment of Water Management* (pp. 395–423), International Water Management Institute, Sri Lanka.

Siebert, S. et al. (2010), "Groundwater use for irrigation – a global inventory", *Hydrology and Earth System Sciences*, Vol. 14(10), pp. 1863–1880.

Sneed, M., J. Brandt and M. Solt (2013), "Land Subsidence Along the Delta-Mendota Canal in the Northern Part of the San Joaquin Valley, California, 2003-10", *Scientific Investigations Report 2013–5142*, United States Department of Interior and United States Geological Survey, Washington, DC, http://pubs.usgs.gov/sir/2013/5142/.

Sophocleous, M. (2009), "Review: groundwater management practices, challenges, and innovations in the High Plains aquifer, USA—lessons and recommended actions", *Hydrogeology Journal*, Vol. 18(3), pp. 559–575, http://www.springer.com/earth+sciences+and+geography/hydrogeology/journal/10040.

Sophocleous, M. (2012), "Conserving and extending the useful life of the largest aquifer in North America: the future of the High Plains/Ogallala aquifer", *Groundwater*, Vol. 50(6), pp. 831–9.

Steward et al. (2013), "Tapping unsustainable groundwater stores for agricultural production in the High Plains Aquifer of Kansas, projections to 2110", *Proceedings of the National Academy of Sciences*, www.pnas.org/cgi/doi/10.1073/pnas.1220351110.

Struzik, E. (2013), "Underground Intelligence: The need to map, monitor, and manage Canada's groundwater resources in an era of drought and climate change", Munk School of Global Affairs, University of Toronto, Toronto, powi.ca/wp-content/uploads/2013/05/POWIUndergroundIntelligence- Struzik-June25.pdf, consulté juillet 2013.

Taylor, R.G. et al. (2012), "Ground water and climate change", *Nature Climate Change*, Vol. 3, pp. 322-329.

UNECE (United Nations Economic Commission for Europe) (2011), "Second Assessment of Transboundary Rivers, Lakes and Groundwaters" Executive Summary, UNECE, Geneva.

UNESCO (2008), "Groundwater Resources Assessment under the Pressures of Humanity and Climate Change (GRAPHIC): A Framework Document", GRAPHIC Series Number 2, UNESCO, Paris.

USGS (United States Geological Survey) (2014), USGS Water Science School Website, USGS, Washington, DC, ga.water.usgs.gov/edu/watercyclegwdischarge.html.

van der Gun, J. (2012), "Groundwater and Global Change: Trends, Opportunities and Challenges", United Nations World Water Assessment Programme, UNESCO, Paris. www.unesco.org/new/fileadmin/MULTIMEDIA/HQ/SC/pdf/Groundwater%20and%20Global%20Change.pdf.

Vrba, J. and A. Lipponen (eds.) (2007), "Groundwater resources sustainability indicators", *IHP-VI, Series on Groundwater*, No. 14, UNESCO-IHP, Paris.

Wada, Y., L.P.H. van Beek and M.F.P. Bierkens (2012), "Nonsustainable groundwater sustaining irrigation: A global assessment", *Water Resources Research*, Vol. 9, W00L06.

Wada, Y. et al. (2010), "Global depletion of groundwater resources", *Geophysical Research Letters*, L20402.

Wijnen et al. (2012), "Managing the Invisible: Understanding and Improving Groundwater Governance", The Water Partnership Programme, Banque mondiale, Washington, DC.

Annexe 1.A1

Activités agricoles faisant appel aux ressources en eau souterraine dans les pays de l'OCDE

Cette section présente quelques graphiques complémentaires concernant les activités agricoles faisant appel aux ressources en eau souterraine. Faute de cartes représentant toutes les activités, ces graphiques ont été établis pour différents pays et à partir de différentes sources.

L'utilisation des eaux souterraines pour l'élevage et l'aquaculture

On néglige souvent de tenir compte des quantités d'eau utilisées pour l'élevage, car elles sont proportionnellement moins importantes que celles utilisées pour l'irrigation des champs. Or, cette consommation peut être non négligeable dans certains pays.

- Aux États-Unis, l'élevage représente, avec l'aquaculture, 4 % de la consommation totale d'eau souterraine, mais c'est aussi un secteur dont la valeur atteint 60 milliards USD par an, soit beaucoup plus que la contribution des cultures de plein champ (NGWA, 2013). L'élevage tributaire des eaux souterraines est l'un des piliers de l'économie des Hautes plaines (Sophocleous, 2012). On estime que l'aquifère des Hautes plaines fournit l'eau nécessaire à l'élevage de 15 millions de bovins et de 4.25 millions de porcs (Sophocleous, 2009).

- Dans les zones arides d'Australie, l'eau souterraine constitue la seule source d'eau potable pour le bétail, notamment bovins et ovins, pour une valeur estimée à 393 millions AUD (Deloitte Access 2013).

L'utilisation des eaux souterraines pour l'irrigation

Le tableau 1.5 présente les données disponibles sur l'importance de l'eau souterraine pour certaines cultures de plein champ aux États-Unis, mais d'autres cultures sont tributaires de l'irrigation à partir d'eau souterraine, comme le sorgho (production de graines ou de semences), les haricots (secs comestibles) et d'autres céréales à paille, la luzerne, la betterave sucrière, les légumes et les pommes de terre. Esnault et al. (2014) estiment l'empreinte "eau souterraine" de 19 cultures spécifiques dans les deux bassins hydrogéologiques les plus utilisés des États-Unis, l'aquifère des Hautes Plaines et la Vallée centrale de Californie. Ils constatent que le fourrage et le maïs-grain sont responsables de la plus grande partie de cette empreinte, soulignant le rôle de la production fourragère dans la surexploitation des nappes phréatiques. Le coton représente également une part non négligeable de l'empreinte mesurée dans les Hautes Plaines du Sud. Les vergers, les vignobles et les arbres à fruits secs sont d'importants utilisateurs d'eau souterraine, notamment en Californie. Cette ressource est aussi utilisée pour irriguer des prairies dans de nombreuses régions des États-Unis.

Tableau 1.A1.1. Ampleur de l'irrigation à partir d'eau souterraine pour certaines cultures de plein champ aux États-Unis

Culture	Nombre d'exploitations utilisant des eaux souterraines pour l'irrigation	Superficie irriguée (ha)	Part de la superficie totale irriguée à l'aide d'eau souterraine
Maïs	28 085	4.3 millions	32 %
Soja	21 340	2.6 millions	19 %
Blé	9 535	1.1 million	8.2 %
Coton	5 451	1.1 million	8.1 %
Riz	3 861	0.73 million	5.4 %

Source : D'après NGWA (2013). Les chiffres de la dernière colonne ont été calculés à partir des estimations de la superficie totale fournies par Margat et van der Gun (2013).

Les réponses au questionnaire 2014 de l'OCDE confirment la diversité des situations au regard de l'utilisation des eaux souterraines pour l'irrigation dans les autres pays. L'eau souterraine est utilisée pour des cultures de plein champ, comme le blé (France), le maïs (France et Mexique), le riz (Japon), le coton (Mexique), la betterave sucrière (France), les légumes (France et Italie) et les pépinières (Italie). Elle sert aussi toutefois pour des cultures permanentes ou des productions arboricoles comme les oliveraies (Italie) et les cultures de fruits à coque (Mexique).

Annexe 1.A2

Utilisation des eaux souterraines : Estimations pour 2010 et évolutions à l'échelle nationale dans les autres pays de l'OCDE

Tableau 1.A2.1. Superficie irriguée en eau souterraine et estimation des ressources utilisées dans les pays de l'OCDE en 2010

	Superficie irriguée en eau souterraine (ha)*	Part de la superficie irriguée*	Prélèvements d'eau souterraine à des fins d'irrigation (km³/an)**	Part du prélèvement total d'eau souterraine**	Prélèvement total d'eau souterraine (km³/an)**
Allemagne	184 796	78.80%	0.2332	4%	5.83
Australie	537 030	21.10%	2.32***	47%***	4.96
Autriche	28 481	83.20%	0.046***	8%***	0.55***
Belgique	1 075	58.10%	0.026	4%	0.65
Canada	n.d.	n.d.	0.084***	10.6%***	0.79***
Chili	58 900	5.40%	0.7154***	73%	0.98
Corée	49 639	5.60%	1.861***	43%***	4.31
Danemark	201 480	100.00%	0.247***	38%	0.65
Espagne	1 275 563	37.10%	4.104***	72%	5.7
Estonie	0	0.00%	0	0%	0.33
États-Unis	13 468 649	53%***	68.33***	62%***	109.65***
Finlande	765***	6.0%***	0.00027***	0.1%***	0.28
France	854 248	44.60%	0.7994***	14%	5.71
Grèce	622 765	47%***	3.1025	85%	3.65
Hongrie	32 782	22.00%	0.0666	18%	0.37
Irlande	0***	0.00%***	0***	0%***	0.21
Islande	0	0.00%	0	0%	0.16
Israël	88 969	49.00%	0.47***	38%***	1.25
Italie	893 565	41%***	6.968***	67%	10.4
Japon	232 143	8.90%	2.6256***	24%	10.94
Luxembourg	19	70.40%	0	0%	0.02
Mexique	3 000 000***	45%***	20.92***	71%***	29.45
Norvège	2 505	5.80%	0	0%	0.41
Nouvelle-Zélande	156 144	30.70%	0.48	60%	0.8
Pays-Bas	36 089	58.00%	0.060***	6%***	0.992***
Pologne	7 206	10.0%***	0	0%	2.59
Portugal	n.d.	n.d.	1.857***	76%***	2.43***
République slovaque	8 193	7.80%	0.0108***	3%	0.36
République tchèque	1 156	6.90%	0.011	3%	0.38
Royaume-Uni	53 039	39.80%	0.1944***	9%	2.16
Slovénie	201	10.70%	0.0019***	1%	0.19
Suède	18 232	34.10%	0	0%	0.35
Suisse	9 900	22.00%	0	0%	0.79
Turquie	1 729 578	49.30%	7.932***	60%	13.22
Total OCDE	23 768 066		124		223
Moyenne OCDE		33 %		56 %	

Note : n.d. Non disponible. Les données relatives aux prélèvements d'eau souterraine pour l'irrigation et aux prélèvements d'eau souterraine totaux correspondent à l'année 2009 pour le Portugal, à 2011 pour les Pays-Bas, et à 2011 (total) et 2012 (agriculture) pour le Canada. La superficie irriguée reportée par la Corée ne comprend que le riz, elle est peut être donc sous-estimée.

Source : * IGRAC (2012), ** Margat et van der Gun (2013) et OCDE (2013) pour la République tchèque, *** Questionnaire OCDE 2014 sur l'utilisation des eaux souterraines en agriculture).

Graphique 1.A2.1. Utilisation d'eau souterraine pour l'agriculture dans les autres pays de l'OCDE (1985-2013)

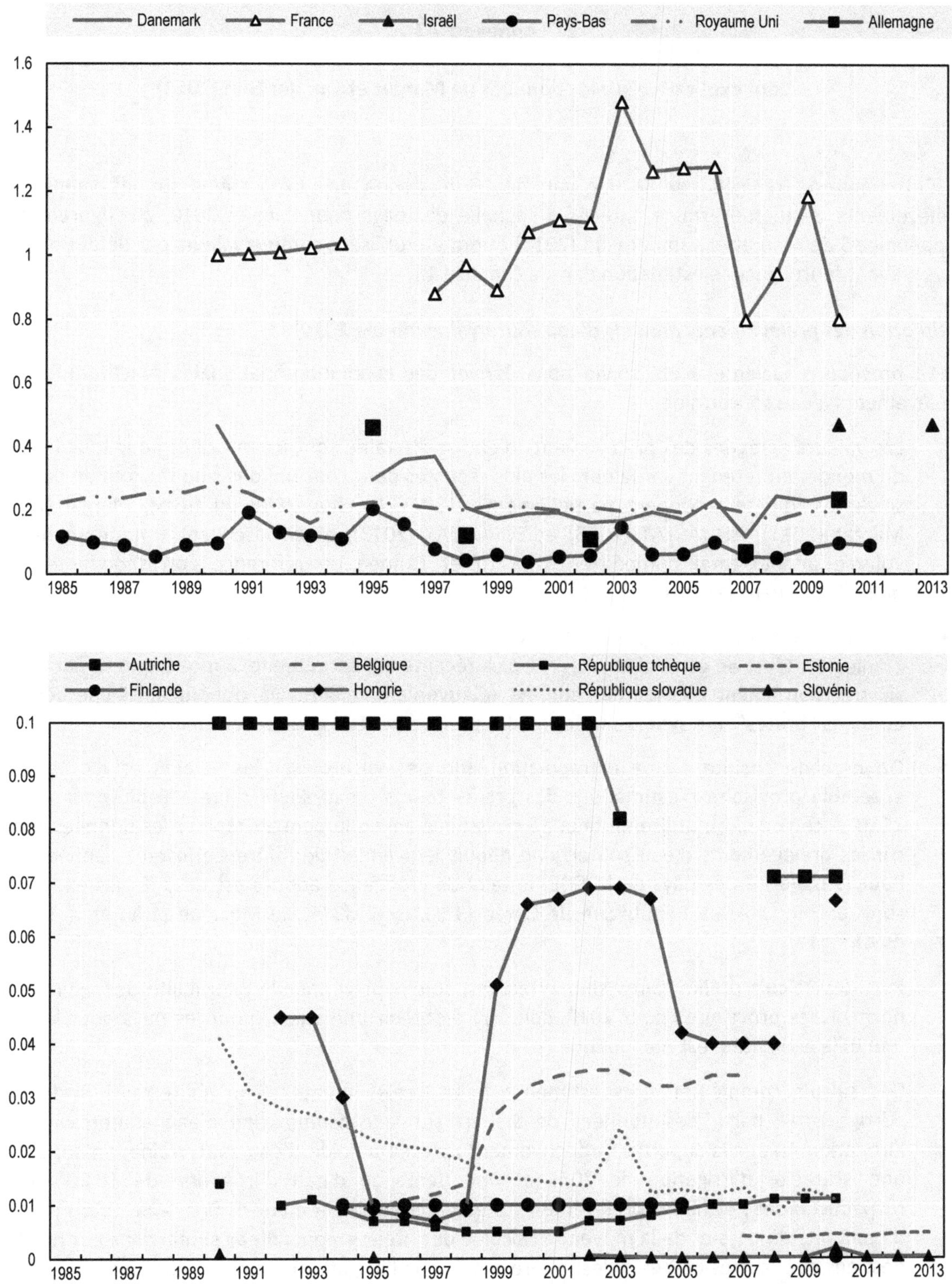

Source : OCDE (2013c), Questionnaire OCDE 2014 sur l'utilisation des eaux souterraines en agriculture et Margat et van der Gun (2013) pour 2010.

Annexe 1.A3

Note explicative sur les données de Margat et van der Gun (2013)

Cette annexe, rédigée par M. Jac van der Gun, donne des explications sur les valeurs des prélèvements d'eau souterraine agrégés à l'échelle des pays pour l'année 2010, qui figurent dans l'appendice 5 de Margat et van der Gun (2013) et ont été utilisées comme valeurs par défaut pour les pays n'ayant fourni aucune estimation dans le chapitre 1.

Estimation des prélèvements annuels d'eau souterraine (année 2010)

La procédure suivante a été suivie pour dériver des estimations nationales synchronisées des prélèvements d'eau souterraine :

- Les valeurs agrégées des prélèvements d'eau souterraine sont inventoriées pour tous les pays du monde, en retenant les valeurs les plus récentes pour chacune des cinq sources de données suivantes (qui se recoupent partiellement) : IGRAC (version 2008 du GGIS), Margat (2008), Margat (2011), AQUASTAT (2013) et EUROSTAT (2013), et en inscrivant – notamment – le volume annuel total pompé (en km^3/an) et l'année de référence correspondante, telle qu'indiquée dans la source des données.
- Sur un maximum de cinq possibilités (voir ci-dessus), on choisit pour chaque pays une valeur privilégiée. C'est en général la valeur la plus récente qui est retenue, à moins que sa fiabilité ou sa précision soient considérées comme relativement faibles. On obtient ainsi une série de données "brutes" non synchronisées sur les prélèvements d'eau souterraine.
- On procède ensuite à une extrapolation afin de synchroniser les valeurs et d'obtenir un ensemble provisoire d'estimations des prélèvements d'eau souterraine, valable pour l'année 2010. À cette fin, on utilise un taux de croissance annuelle pour extrapoler les données brutes sur les prélèvements d'eau souterraine depuis leur année de référence jusqu'à l'année 2010. Pour la majorité des pays de l'OCDE, le taux de croissance adopté est de 0 % ; les exceptions sont le Chili (1 %), la République de Corée (3 %), Israël (3 %), le Mexique (1 %) et la Turquie (3 %).
- Puis des calculs préliminaires sont effectués, soit pour vérifier la plausibilité des estimations normalisées provisoires pour 2010, soit afin d'obtenir une valeur pour les pays pour lesquels une telle estimation est manquante.
- Ces calculs complémentaires estiment : (i) les prélèvements d'eau souterraine à des fins d'irrigation à partir des données de Siebert sur la consommation d'eau souterraine pour l'irrigation ou sur la superficie effectivement irriguée à l'aide d'eau souterraine, en supposant une efficacité d'irrigation de 70 % et une demande d'eau d'irrigation de 10 000 m^3/ha, respectivement ; et (ii) les prélèvements d'eau souterraine à d'autres fins, à partir du nombre d'habitants du pays et de la moyenne calculée des prélèvements d'eau souterraine par habitant destinés aux "autres usages" (c'est-à-dire autres que l'irrigation) pour la région concernée.
- La somme du résultat de ces deux estimations complémentaires sert à remplacer non seulement les valeurs manquantes, mais aussi les valeurs provisoires lorsque celles-ci sont inférieures à 30 % de la somme mentionnée. Dans tous les autres cas, les estimations

provisoires des prélèvements d'eau souterraine deviennent les estimations finales des prélèvements d'eau souterraine pour 2010.

Estimation de la répartition des prélèvements annuels d'eau souterraine (année 2010)

On distingue trois grands secteurs d'utilisation des eaux souterraines : les usages agricoles (irrigation), les usages domestiques et les usages industriels. Chacun d'entre eux doit être interprété au sens large, afin d'assurer que les prélèvements imputables aux trois secteurs représentent bien le total des prélèvements d'eau souterraine. Il convient de noter que les statistiques disponibles en pratique ne sont pas rigoureusement structurées selon les critères correspondant à la définition des catégories d'usages de l'eau. Elles suivent en fait les principaux objectifs des dispositions prévues en matière de prélèvement d'eaux souterraines, de sorte que l'eau potable fournie par les puits d'irrigation dans les zones rurales pourra être incluse dans les statistiques relatives aux usages agricoles, tandis que l'eau fournie par les services publics d'approvisionnement en eau mais utilisée pour de petits projets d'irrigation ou des activités commerciales ou industrielles à petite échelle pourra relever des "usages domestiques". Les données relatives à la répartition des prélèvements d'eau souterraine concernant les secteurs d'utilisation de l'eau sont beaucoup plus rares que les données sur les prélèvements totaux, et les séries chronologiques sont pratiquement inexistantes. C'est pourquoi l'on suppose, dans un premier temps, que la répartition entre les secteurs d'utilisation de l'eau ne varie guère dans le temps, de sorte que même des données datant d'une dizaine d'années auparavant pourraient demeurer représentatives pour 2010.

La procédure suivante a été suivie pour obtenir des estimations optimales de la répartition des prélèvements d'eau souterraine pour 2010 entre les trois principaux secteurs d'utilisation :

- Les données relatives à la répartition des prélèvements totaux d'eau souterraine selon les secteurs d'utilisation de l'eau (pourcentages + année de référence) ont été recensées et consignées. Elles englobent les données IGRAC de 2008 (pour 117 pays) ; les données de Margat (2008) (42 pays) et les données de Margat (2011) (56 pays).
- Pour chaque pays pour lequel ces données sont disponibles, on choisit un ensemble de pourcentages parmi les possibilités offertes (éventuellement). C'est en général l'ensemble le plus récent qui est retenu, à moins que sa fiabilité ou sa précision soient considérées comme relativement faibles (par exemple si le total des pourcentages n'est pas égal à 100 %). On obtient ainsi les données adoptées sur la répartition (en %) des prélèvements d'eau souterraine dans les trois secteurs d'utilisation de l'eau.
- La répartition correspondante des prélèvements d'eau souterraine pour 2010 (en km^3/an) a pu être définie de cette façon pour 114 pays. Ces derniers représentent néanmoins 95 % des prélèvements totaux d'eau souterraine à l'échelle mondiale. Les données manquantes correspondent donc principalement à des pays qui prélèvent de faibles quantités d'eau souterraine.
- À partir de la liste des 114 pays pour lesquels des pourcentages de répartition ont été adoptés, on calcule des pourcentages moyens de répartition pour chacune des sept régions. Ces pourcentages peuvent servir à produire une première estimation grossière dans le cas des pays des différentes régions pour lesquelles des données sont manquantes.
- Note : dans le calcul des prélèvements totaux d'eau souterraine à l'échelle mondiale, quelques pays (principalement de petits pays) ont été omis. Or, ils représentent globalement 0.029 % seulement de la population mondiale ou 0.245 % de la surface terrestre du globe. C'est pourquoi l'omission de ces pays n'influe pas sensiblement sur les statistiques globales.

Chapitre 2

Comprendre les systèmes hydrogéologiques utilisés en agriculture et les défis qui leur sont associés

Ce chapitre traite de la diversité des systèmes hydrogéologiques utilisés en agriculture dans les pays de l'OCDE, dans le but de repérer les principaux facteurs à prendre en compte pour gérer ces systèmes. Compte tenu de ces caractéristiques, les principaux défis associés au pompage des eaux souterraines à des fins agricoles dans les pays de l'OCDE sont passés en revue, en considérant notamment les externalités réversibles et irréversibles qui en découlent.

Les données statistiques concernant Israël sont fournies par et sous la responsabilité des autorités israéliennes compétentes. L'utilisation de ces données par l'OCDE est sans préjudice du statut des hauteurs du Golan, de Jérusalem Est et des colonies de peuplement israéliennes en Cisjordanie aux termes du droit international.

Principaux messages

Les eaux souterraines demeurent essentiellement une ressource locale, dont les caractéristiques varient grandement et dépendent de conditions spécifiques d'utilisation au niveau des aquifères. Cette hétérogénéité soulève la question de savoir comment analyser les difficultés de gestion et trouver des réponses cohérentes d'un pays à l'autre qui ne soient pas simplistes.

Pour faire face à ce problème et permettre de différencier les réponses relevant de la gestion et celles relevant de l'action des pouvoirs publics dans le contexte de l'OCDE, une caractérisation générique des systèmes hydrogéologiques utilisés à des fins agricoles est proposée sur la base de quatre facteurs principaux : a) les conditions agroclimatiques ; b) l'accès relatif aux eaux de surface et leur disponibilité ; c) l'accès aux eaux souterraines et la disponibilité de ressources hydriques souterraines utilisables ; et d) les tendances relatives à l'utilisation des eaux souterraines et à sa rentabilité. Chacun de ces facteurs peut ensuite être associé à des variables primaires et secondaires, en particulier à des aspects géographiques, géologiques et hydrogéologiques.

Dans certains de ces systèmes, l'utilisation d'eau souterraine à des fins d'irrigation peut produire d'importants effets externes affectant à la fois l'agriculture et l'environnement. Si l'irrigation agricole peut induire une recharge des aquifères, la surexploitation des eaux souterraines peut tout d'abord faire augmenter les coûts de pompage et les externalités environnementales connexes. Des conséquences économiques importantes sont associées au tarissement des cours d'eau, à la salinité et à l'affaissement des sols. Si chacun de ces phénomènes se rencontre dans de nombreux pays de l'OCDE, ils sont associés à des systèmes spécifiques d'irrigation à partir d'eau souterraine.

Le recours permanent à des aquifères soumis à des pressions et confrontés à d'importants problèmes environnementaux amène à s'interroger sur les pratiques de gestion actuelles et a d'importantes répercussions sur l'avenir de l'agriculture irriguée et des eaux souterraines. Les principales questions portent sur les incitations économiques associées à l'agriculture faisant appel aux eaux souterraines, ainsi que sur le rôle que les politiques publiques pourraient jouer dans la gestion de ces ressources. Ces deux thématiques (incitations et politiques publiques) seront abordées dans le chapitre 3.

La grande hétérogénéité des systèmes hydrogéologiques utilisés en agriculture : une considération à dépasser

Bien que les eaux souterraines représentent la plus grande part des ressources en eau douce disponibles, et jouent un rôle majeur dans l'agriculture au niveau mondial, elles constituent aussi fondamentalement une ressource qui présente des spécificités locales (Campana, 2014). La nature hydrogéologique des systèmes aquifères est très hétérogène à l'échelle mondiale, ce qui, compte tenu de la diversité des conditions agro-climatiques et des modes de production et pratiques, se traduit par une multiplicité de systèmes d'irrigation par les eaux souterraines.

Du fait de cette hétérogénéité, il est difficile de porter une appréciation valable sur la gestion des eaux souterraines en agriculture à l'échelle nationale ou internationale. Comme il est noté dans une des premières études consacrées à la gestion des eaux souterraines en agriculture (Snyder, 1955 : vii), *"le meilleur moyen d'étudier les répercussions économiques de l'hydrologie souterraine et du droit des eaux souterraines est de se pencher sur des études de cas détaillées portant sur des bassins particuliers"*. L'Organisation des Nations Unies pour l'alimentation et l'agriculture (FAO) a en effet, par le passé, mis en doute l'utilité de dresser un panorama mondial des ressources hydriques souterraines, vue la dimension locale prononcée des enjeux dans ce domaine (Giordano, 2009). Si les combinaisons aquifère/agriculture diffèrent les unes des autres, il est difficile de tirer des conclusions générales sur leurs problèmes et, à plus forte raison, sur leur gestion.

Néanmoins, l'amélioration des connaissances relatives aux conditions hydrogéologiques, les similitudes des modes et technologies de pompage d'eau souterraine et la multiplication des études de cas aux niveaux national, régional et local rendent cet exercice de plus en plus réalisable. Plusieurs projets sont menés au niveau international pour caractériser et évaluer les ressources hydriques souterraines à l'échelle mondiale (voir par exemple, van der Gun, 2007). Le Programme intergouvernemental de coopération scientifique de l'UNESCO dans le domaine de l'hydrologie et des ressources en eau (PHI), le Partenariat mondial de l'eau et la plateforme commune créée par le Centre international d'évaluation des ressources en eau souterraine (IGRAC), entre autres, soulignent les bienfaits des efforts entrepris pour dresser un panorama complet des cas au niveau local[1]. En outre, les projets mis en œuvre dans le cadre de l'Équipe de conseillers en gestion des eaux souterraines (GW-MATE) de la Banque mondiale ont étudié l'utilisation des ressources en eau souterraine dans le secteur agricole de plusieurs pays en développement, et en ont tiré des conclusions plus ou moins généralisables à différents pays (Foster et Garduño, 2013).

L'objet de ce chapitre est en premier lieu de proposer une caractérisation opérationnelle cohérente des systèmes d'irrigation dans les pays de l'OCDE, qui puisse aussi être utile pour examiner les solutions envisageables en matière de gestion et d'action des pouvoirs publics[2]. Plus précisément, il passe en revue les typologies pertinentes figurant dans les travaux publiés et examine les critères qui se dégagent plus particulièrement et qui pourraient servir à regrouper des types de contraintes similaires, pour aboutir à une caractérisation des systèmes d'irrigation par les eaux souterraines dans les pays de l'OCDE.

Le second objectif consiste à donner un aperçu des implications et enjeux essentiels associés à l'utilisation des eaux souterraines pour l'irrigation, en s'appuyant sur la caractérisation comme base de différenciation. Plusieurs types d'externalités seront présentés. Ces problèmes serviront de référence dans le chapitre suivant, en vue de définir les politiques nécessaires.

Caractérisation des systèmes hydrogéologiques utilisés en agriculture dans les pays de l'OCDE

Typologies existantes des aquifères

Plusieurs initiatives ont été menées pour classer les systèmes aquifères, en tenant compte de divers aspects hydrogéologiques, géographiques, mais aussi sociaux, institutionnels et économiques. Toutes visaient à élaborer un cadre représentatif d'une grande variété d'aquifères. Comme l'écrivait l'économiste de l'agriculture S. von Cyriacy-Wantrup, "*dans le domaine de l'économie des eaux souterraines, toute tentative de généralisation appelle la plus grande prudence.* D'un autre côté, la généralisation fait partie intégrante des outils et des objectifs de la recherche" (Snyder, 1955). La présente section passe brièvement en revue les principaux efforts entrepris dans ce domaine, depuis les classifications internationales des systèmes aquifères jusqu'aux typologies socio-économiques de l'agriculture faisant appel à l'irrigation au moyen d'eau souterraine.

Les premières caractéristiques intéressantes concernent la nature et les propriétés physiques d'un aquifère donné. On distingue cinq grands types d'aquifères (voir encadré 2.1) : les aquifères sableux et graveleux, les aquifères gréseux, les aquifères karstiques, les aquifères volcaniques et les aquifères de socle (Margat et van der Gun, 2013). Chacun de ces types est associé à des propriétés physiques spécifiques, telles que la porosité, la conductivité hydraulique et l'épaisseur, qui déterminent les possibilités d'écoulement et de stockage qu'ils offrent. Les deux premiers types englobent les systèmes d'irrigation agricoles les plus favorables et certaines des terres les plus fertiles. Mais d'autres types d'aquifères sont également très employés pour l'irrigation.

Encadré 2.1. Cinq grands types d'aquifères

- Les aquifères sableux et graveleux englobent de grands aquifères continus largement exploités (aquifère des Hautes Plaines, vallée centrale de Californie) et des aquifères locaux de vallées alluviales, présents dans pratiquement tous les cours d'eau. Formations aquifères les plus courantes et les plus aisément accessibles, ils sont souvent libres et relativement peu profonds.
- Les aquifères gréseux sont des structures sableuses consolidées, et englobent aussi de grandes formations ; leur transmissivité est inférieure à celles des aquifères sableux et graveleux. Dans les pays de l'OCDE, on peut citer par exemple les aquifères du Grand bassin artésien (Australie) et des Grandes Plaines du Nord (Amérique du Nord), mais aussi de petites formations peu profondes comme l'aquifère côtier en Israël.
- Les aquifères karstiques constituent des structures complexes discontinues, composées de cavités formées entre différentes couches rocheuses ; ils débouchent sur des sources, affichent de bons débits (dans certains cas comparables à ceux des cours d'eau de surface), mais des capacités de stockage hétérogènes, et ils peuvent être en grande partie rechargés par les précipitations. Ce groupe comprend l'aquifère crayeux au Royaume-Uni et en France, plusieurs aquifères en Grèce, l'aquifère de Midya en Turquie et l'aquifère du Yucatan au Mexique.
- Les aquifères volcaniques sont essentiellement des aquifères fragmentés, souvent formés dans des fissures ou des structures volcaniques poreuses. Dans les pays de l'OCDE, on peut citer par exemple les aquifères de la Sierra Madre occidentale au Mexique, des Îles Canaries en Espagne et d'une partie des Andes au Chili, et plusieurs aquifères d'îles volcaniques comme l'Islande et le Japon.
- Les aquifères de socle sont constitués de roches cristallines et métamorphiques et englobent différentes structures qui ne sont pas toujours exploitables. Les formations les plus profondes comprennent des poches d'eau souterraine discontinues caractérisées par une capacité de stockage et une transmissivité limitées, tandis que les structures peu profondes peuvent avoir une plus grande capacité de stockage et une transmissivité relativement meilleure. On les trouve dans la plupart des pays scandinaves et dans une partie de l'Australie.

Sources : Synthèse effectuée par l'auteur, d'après Margat et van der Gun (2013), et Bar-Or et Matzner (2010).

Il convient toutefois d'associer ces caractéristiques à l'étendue des aquifères pour déterminer l'écoulement et le stockage potentiels : le degré de confinement, la profondeur, le niveau piézométrique et le volume sont autant d'aspects importants (encadré 1.1). Plusieurs organisations ont uni leurs efforts pour intégrer ces considérations afin d'établir une classification simplifiée de l'environnement hydrogéologique applicable à l'échelle mondiale (WHYMAP, 2004a, 2004b). Ces classifications distinguent trois catégories : a) les grands aquifères (qui représentent 35.6 % de la couverture mondiale des aquifères), b) les régions aux structures hydrogéologiques complexes (17.8 %)[3], et c) les régions abritant uniquement des aquifères locaux peu profonds (46.6 %). Ces caractéristiques sont récapitulées dans le tableau 2.1, en regard de la typologie géologique des aquifères (encadré 2.1). Les grands aquifères (a) présentent généralement un ratio stockage/transmissivité élevé, les structures aquifères complexes (b) renferment des réservoirs discontinus et présentent des ratios variables et les aquifères peu profonds (c) affichent des ratios bien inférieurs dans l'ensemble. Ces trois grandes catégories sont actuellement utilisées de façon courante dans la cartographie internationale des ressources en eau souterraine (voir graphique 1.7).

Une troisième approche a été retenue pour regrouper les types de systèmes aquifères similaires par région. Le Centre international d'évaluation des ressources en eau souterraine (IGRAC) a défini 36 régions, subdivisées en 217 provinces (Margat et van der Gun, 2013). Ce découpage a été établi en fonction des caractéristiques prédominantes des systèmes hydrogéologiques dans les régions continentales. Les quatre grandes catégories de régions hydrogéologiques sont les suivantes : *régions de socle, bassins sédimentaires, régions de hautes montagnes plissées* et *régions volcaniques.* Elles correspondent dans une large mesure aux cinq types d'aquifères présentés dans l'encadré 2.1, les deux premiers relevant de la catégorie des bassins sédimentaires et les aquifères karstiques de celle des régions montagneuses. Le tableau 2.5 figurant à l'annexe 2.A1 fournit des informations de base sur les seize régions hydrogéologiques correspondant aux pays de l'OCDE. Les régions agricoles les plus productives faisant appel aux eaux souterraines se trouvent dans les cinq régions de socle (deux en Amérique du Nord, une en Europe, une au Moyen-Orient et une en Océanie) ou dans les six régions de hautes montagnes (deux en Amérique du Nord, une en Europe, deux en Asie et une en Amérique du Sud)

Tableau 2.1. Trois catégories d'aquifères

Environnement hydrogéologique	Types d'aquifères	Caractéristiques physiques	Conséquences en matière d'utilisation agricole	Exemples dans les pays de l'OCDE
Grands aquifères	Principalement aquifères sableux, graveleux et gréseux	Stockage important, flux faibles	Possibilité d'utilisation intensive pour l'irrigation	Le Grand Bassin Artésien d'Australie (voir d'autres exemples dans le tableau 1.2).
Structures hydrogéologiques complexes	Mixtes, dont aquifères karstiques et volcaniques, et quelques aquifères de socle	Profonds ou peu profonds, ratio stock/flux variable	Possibilité d'utilisation au niveau local pour l'irrigation à des fins productives	Région de la Vallée du Pô (Italie), principaux aquifères d'Espagne, aquifères de Turquie
Aquifères locaux et peu profonds	Formations alluviales (sableuses et graveleuses) parfois superposées à des aquifères de socle	Ressources limitées et localisées, davantage de flux que de stockage	Possibilité d'utilisation limitée, en complément des eaux de surface	Europe centrale

Source : D'après WHYMAP (2004a) et Margat et van der Gun (2013).

En partant de ces classifications, les chercheurs ont abouti à une différenciation selon le degré et l'intensité d'utilisation ou leurs répercussions potentielles. En particulier, trois grandes typologies de l'utilisation des eaux souterraines ont été décrites et citées dans les travaux consacrés à l'agriculture, respectivement mises au point par les chercheurs de l'Institut international de la gestion de l'eau (IWMI), du projet GW-Mate de la Banque mondiale et de la FAO.

Le tableau 2.2 compare les principaux critères et catégories de ces systèmes de classification, et situe les pays de l'OCDE dans cet ensemble. Des informations détaillées sur ces divers systèmes figurent à l'annexe 2.A1 (tableaux 2.A1.2, 2.A1.3 et 2.A1.4). D'une part, Shah et al. (2007) se servent de plusieurs variables agricoles, géographiques et économiques comme indicateurs pour définir quatre catégories de pays, en fonction de la nature des systèmes agricoles prédominants et de leur relation avec les eaux souterraines. Ces catégories permettent de déterminer l'impact dynamique de l'utilisation intensive des eaux souterraines en agriculture. D'autre part, Foster et al. (2009) distinguent différentes conditions d'exploitation des aquifères rencontrées dans divers pays en développement, à partir desquelles ils dressent une liste comprenant trois types de conditions générales et neuf types de conditions plus particulières. Leur typologie ne s'intéresse pas explicitement aux usages agricoles mais, étant globalement axée sur le développement, elle distingue clairement différents types d'utilisation des eaux souterraines et leurs conséquences. Enfin, Siebert et al. (2010) examinent le rôle de l'irrigation à l'aide d'eau souterraine dans quatre situations, en fonction du type de climat et de la possibilité de prélever les eaux souterraines de l'aquifère.

Les trois systèmes représentent un plus large éventail de conditions agro-économiques que celles rencontrées dans la plupart des pays de l'OCDE. Comme le montre la dernière colonne du tableau 2.2, ils se prêtent sans doute mal à la caractérisation des systèmes d'irrigation à partir d'eau souterraine des pays de l'OCDE. La typologie de Siebert et al. (2010) est peut-être la seule capable de couvrir un grand nombre de systèmes d'irrigation, même si certains aquifères utilisés pour l'irrigation ne conjuguent pas nécessairement faible transmissivité et faible capacité de stockage ou transmissivité élevée et capacité de stockage élevée.

Enfin, deux caractérisations dynamiques des systèmes hydrogéologiques proposent une perspective intéressante. Plutôt que sur des caractéristiques statiques, elles sont fondées sur les stades d'évolution de l'utilisation des systèmes hydrogéologiques (voir graphique 2.1). La première met en relation l'utilisation des eaux souterraines et celle des eaux de surface pour l'irrigation lorsque ces deux ressources sont disponibles (GWP, 2012). Le recours aux eaux de surface apparaît d'abord prédominant, puis il devient non viable. Les eaux souterraines sont alors utilisées de façon intensive, et cette utilisation augmente jusqu'à atteindre un pic, après quoi les deux ressources font l'objet d'une utilisation combinée durable (ou gestion conjointe des eaux souterraines et de surface). La deuxième typologie est axée sur une évolution politico-économique schématique du système (Garrido et al., 2006). Cinq variables économiques et cinq grands stades politico-économiques sont considérés, chacun étant associé à une période particulière de l'utilisation des eaux souterraines dans des pays donnés. Ces deux modèles ne visent pas à offrir une représentation parfaitement fidèle et détaillée de l'évolution des systèmes d'irrigation à partir d'eau souterraine, notamment compte tenu de l'importance des variations régionales et institutionnelles. En revanche, ils donnent une idée des étapes essentielles dans l'évolution de ces systèmes telle qu'elle ressort d'un certain nombre d'études de cas internationales.

Tableau 2.2. Comparaison des principales typologies socio-économiques

	Principaux aspects pris en compte	Principaux critères ou variables retenus	Types	Catégorie des pays de l'OCDE
Shah et al. (2007)	Géographiques, économiques et sociaux	Superficie irriguée à partir d'eau souterraine, climat, ressources hydriques, population, organisation de l'agriculture, facteurs influant sur l'irrigation à partir d'eau souterraine, importance de ce type d'irrigation pour l'économie	(1) : Systèmes agricoles arides ; (2) : Systèmes agricoles industriels ; (3) : Petite agriculture ; (4) : Pastoralisme extensif faisant appel aux eaux souterraines	Type (2) pour tous les pays, sauf Turquie (type (1)).
Foster et al. (2009)	Risque de dégradation de l'aquifère, probabilité de conflit et degré de connaissance de l'aquifère et des conditions hydrogéologiques	Outre les principaux aspects, état de développement et "d'exploitation", qualité et niveau d'épuisement	(1) Exposés à une dégradation très poussée et quasi irréversible ; (2) exposés à un risque de conflit entre usagers, mais pas à un risque de dégradation quasi irréversible ; et (3) faisant l'objet d'une insuffisance (ou exploitation inadéquate) des connaissances scientifiques pour orienter la politique et le processus de développement	Certains aquifères (1) pour d'autres (3).
Siebert et al. (2010)	Climat favorable ou non et conditions de prélèvement des eaux souterraines	Recharge des nappes souterraines (faible ou élevée) transmissivité et stockage (faibles ou élevés)	(a) Irrigation à partir d'eau de recharge ou d'eau non renouvelable tirée de puits profonds ; (b) irrigation à partir d'eau de surface issue de zones où les conditions climatiques sont favorables ; (c) irrigation à partir d'eau souterraine renouvelable ; (d) irrigation à partir d'eau de surface	(a) Grands aquifères des régions arides ; (b) Sud-Ouest des États-Unis ; (c) Plaines d'Europe ; (d) Ouest du Canada

Source : Synthèse effectuée par l'auteur, d'après Foster et al. (2009), Shah et al. (2007) et Siebert et al. (2010), et présentée en détail à l'annexe 2.A1.

Graphique 2.1. Représentation schématique de l'évolution des systèmes d'agriculture irriguée à partir d'eau souterraine

En haut : Évolution dans le temps de l'utilisation des eaux souterraines et de surface dans le cas de systèmes hydriques mixtes
En bas : Stades socio-économiques de l'utilisation de systèmes hydrogéologiques

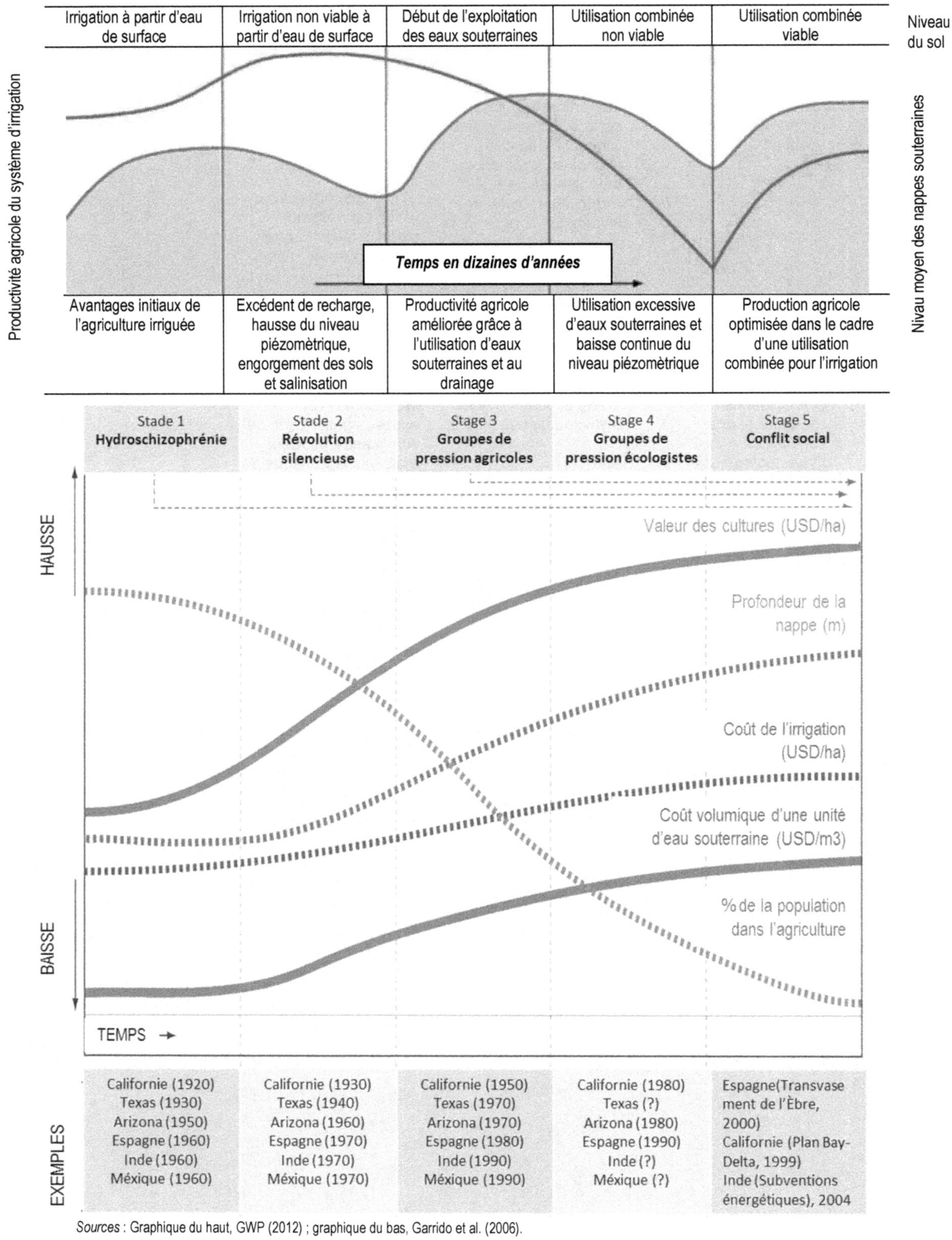

Sources : Graphique du haut, GWP (2012) ; graphique du bas, Garrido et al. (2006).

Principaux critères importants pour l'agriculture dans les pays de l'OCDE

Plusieurs conditions doivent être réunies pour justifier l'utilisation d'eau souterraine en agriculture dans les pays de l'OCDE. Comme Shah (2008) le souligne (voir encadré 2.2), le climat, les ressources et les activités agricoles sont autant de facteurs déterminants. En outre, la relation entre eaux superficielles et eaux souterraines revêt bien entendu de l'importance, comme indiqué dans la typologie de Siebert et al. (2010). Schématiquement, quatre conditions sont nécessaires pour que l'utilisation intensive des eaux souterraines pour l'agriculture irriguée soit rationnelle[4], à savoir a) des précipitations insuffisantes ou irrégulières, b) un accès inadapté ou insuffisant aux ressources en eau de surface, c) des ressources en eau souterraine accessibles, disponibles et utilisables et d) une rentabilité durable de l'utilisation des eaux souterraines pour l'irrigation, en particulier par comparaison aux utilisations concurrentes.

Encadré 2.2. Quatre règles pratiques en matière d'irrigation à partir d'eau souterraine

Shah (2008) définit quatre règles applicables à l'utilisation intensive de ces ressources pour l'irrigation :

1. L'exploitation intensive des eaux souterraines pour l'irrigation concerne en priorité les régions arides et semi-arides qui réunissent d'autres conditions indispensables à une agriculture productive, mais où les précipitations ou les ressources en eau de surface sont insuffisantes (région des Grandes plaines aux États-Unis, Espagne ou Mexique central).
2. Cette pratique est peu courante dans les régions humides caractérisées par une forte humidité des sols et des ressources en eau de surface abondantes (Amérique du Sud, Afrique centrale).
3. Elle est rare dans les régions possédant des aquifères pauvres, coûteux à exploiter et procurant une eau de qualité souvent médiocre avec des rendements faibles et incertains (Afrique australe).
4. Elle décline naturellement dans les régions où les aquifères épuisés fournissent une eau de mauvaise qualité, dont le captage pour l'irrigation entraîne des coûts prohibitifs (certaines régions de l'Ouest des États-Unis, Arabie Saoudite).

Source : Shah (2008).

Le caractère nécessaire de ces conditions est facile à démontrer, l'absence de l'une d'elles suffisant à éliminer toute justification du recours à l'irrigation par les eaux souterraines. Si la pluviométrie est importante pendant la période de végétation, il est inutile de chercher d'autres ressources en eau. Si l'accès aux eaux superficielles[5] est stable, suffisant et efficient, nul besoin d'investir dans la prospection et l'exploitation de ressources hydriques souterraines. L'absence d'aquifères accessibles ou la présence de ressources en eau souterraine insuffisantes ou inutilisables constituent bien entendu un frein à leur exploitation. Enfin, la dégradation rapide de la rentabilité des aquifères ou l'intensification de la concurrence d'autres secteurs peuvent dissuader tout investissement dans l'utilisation de ces ressources à des fins agricoles.

Chacune de ces conditions qualitatives peut être transformée en variable pour caractériser les ressources en eau souterraine et les aquifères. Là encore, le climat et les ressources hydriques souterraines sont importants, tout comme le degré d'utilisation et la relation avec les eaux de surface. L'avantage comparatif de l'irrigation à l'aide d'eau souterraine par rapport à celle utilisant les eaux de surface dépendra d'un certain nombre de facteurs. L'encadré 2.3 en présente certains des principaux éléments en fonction de l'interface et des différences entre ces deux modes d'irrigation. Parmi les facteurs exogènes pour les agriculteurs, il importe de tenir compte des coûts comparatifs de l'accès à l'une et/ou l'autre de ces options.

Encadré 2.3. Irrigation à partir d'eau de surface et d'eau souterraine

Les eaux souterraines sont utilisées conjointement aux eaux de surface pour l'irrigation dans plusieurs pays (au Japon, par exemple, voir FAO, 1999), en particulier à titre de "stockage tampon" en cas de sécheresse (Green et al., 2011, ICID, 2010). Ce n'est cependant pas toujours le cas. Aux États-Unis, moins de 20 % des exploitations agricoles et 25 % des superficies irriguées ont accès à plusieurs sources d'eau (OCDE, 2010). De vastes régions du nord du Mexique ne disposent pas de ressources en eau de surface et sont par conséquent tributaires des eaux souterraines comme l'unique source d'irrigation (Scott et al., 2010).

Il existe entre ces deux types de systèmes d'irrigation plusieurs différences d'ordre physique, économique et institutionnel qui font qu'ils peuvent se substituer les uns aux autres ou se compléter.

1. *L'accès physique* aux eaux de surface ou aux eaux souterraines est un facteur déterminant pour l'irrigation. L'irrigation à partir d'eau de surface exige un accès durable aux cours d'eau, ce qui dépendra de l'état et de l'entretien des infrastructures locales et du bassin hydrographique ainsi que des régimes de précipitation saisonniers. À l'inverse, les eaux souterraines sont moins dépendantes de ces deux aspects mais exigent le plus souvent des exploitants qu'ils investissent dans le forage et l'entretien des puits.

2. La *structure des coûts d'accès* aux eaux souterraines par rapport aux eaux de surface peut varier d'un utilisateur à l'autre. Les eaux souterraines supposent des coûts fixes, les coûts variables pouvant dépendre de l'évolution des ressources et des sources d'énergie. Les coûts fixes et les coûts variables sont souvent supportés par les agriculteurs agissant comme des entrepreneurs (Garrido et al., 2006). Dans le cas des eaux de surface, l'essentiel des coûts peut être pris en charge par des organismes publics externes, et les coûts variables dépendent des redevances, qui font parfois l'objet de subventions (Garrido et al., 2006). Il n'est généralement pas nécessaire de consommer de l'énergie pour irriguer au moyen d'eau de surface

3. Si toutes deux peuvent être considérées comme des ressources à gestion partagée, les eaux de surface et les eaux souterraines *diffèrent quant à la répartition et à l'égalité d'accès*. L'accès aux ressources en eau de surface est directement et visiblement tributaire des mécanismes de coopération à l'échelle du bassin, et certains utilisateurs (ceux situés en amont) bénéficient d'un avantage sur les autres. Les ressources en eau souterraine ne nécessitent pas toujours une coopération entre utilisateurs, chaque opérateur contrôlant ses propres pompes, mais elles sont souvent disponibles pour plusieurs acteurs, sans contrôle visible ni surveillance croisée (Wijnen et al., 2012).

4. *Les aspects juridiques en matière d'accès et de droits d'utilisation* sont également importants. Les deux types de ressources peuvent être soumis à des droits d'utilisation, les eaux de surface pouvant être gérées dans le cadre de systèmes d'allocation particuliers qui diffèrent considérablement des cadres institutionnels et juridiques régissant les eaux souterraines. L'application de la "règle du droit de prise", par exemple, qui confère aux agriculteurs un droit d'accès et d'utilisation sur toute ressource en eau souterraine située sous leurs terres, est toujours prédominante dans certaines régions des États-Unis (voir Peck, 2007). En vertu de cette règle, tout propriétaire terrien est, en théorie, libre d'utiliser ces ressources sans restriction.

5. La gestion des eaux souterraines et celle des eaux de surface diffèrent aussi en grande partie en ce qui concerne *l'accès à l'information*. L'asymétrie de l'information à laquelle sont confrontés les responsables de la réglementation est beaucoup plus grande lorsqu'il s'agit des ressources en eau souterraine.

Compte tenu de ces caractéristiques, l'utilisation combinée d'eau superficielle et d'eau souterraine peut, le cas échéant, offrir une certaine souplesse aux agriculteurs (Kemper, 2007), accroître la productivité globale (Giordano, 2009) et abaisser les risques associés au caractère aléatoire de la fourniture d'eau et à la volatilité du climat (Schoengold et Zilberman, 2007 ; Taylor et al., 2012).

Source : Synthèse établie par l'auteur, d'après FAO (1999), Garrido et al. (2006), Giordano (2009), Green et al. (2011), ICID (2010), Kemper (2007), OCDE (2010), Peck (2007), Schoengold et Zilberman (2007), Scott et al. (2010), Taylor et al. (2012), et Wijnen et al. (2012).

Les utilisations concurrentes à l'agriculture influent également sur l'état et l'évolution des ressources en eau souterraine. Comme le montre le schéma du graphique 2.2, aussi bien les eaux souterraines que les eaux de surface peuvent répondre aux quatre principales sources de demande que sont : le secteur agricole ; les utilisations urbaines (assainissement) et la fourniture d'eau potable ; l'industrie et les activités extractives ; et les débits écologiques. Si ces deux types de ressources peuvent être employés dans tous ces cas, ils sont rarement utilisés conjointement pour répondre exactement au même type de demande. L'eau potable et les eaux urbaines proviennent souvent des eaux souterraines, tandis que l'industrie et l'agriculture font plus souvent appel aux eaux superficielles[6]. Dans certains cas, les utilisations concurrentes peuvent contribuer aux pressions exercées sur les eaux souterraines (OCDE, 2014a). On a ainsi constaté que, dans le secteur de l'énergie, les nouvelles activités recourant à la fracturation hydraulique utilisaient des volumes considérables d'eau souterraine localement, en particulier dans certaines des régions agricoles irriguées des États-Unis déjà soumises à un stress hydrique (Freyman, 2014). La croissance de la population, notamment dans les zones urbaines, peut aussi accentuer les pressions exercées par les activités agricoles de la région sur les ressources, notamment dans les zones arides ou semi-arides.

Graphique 2.2. Utilisations des eaux souterraines et superficielles

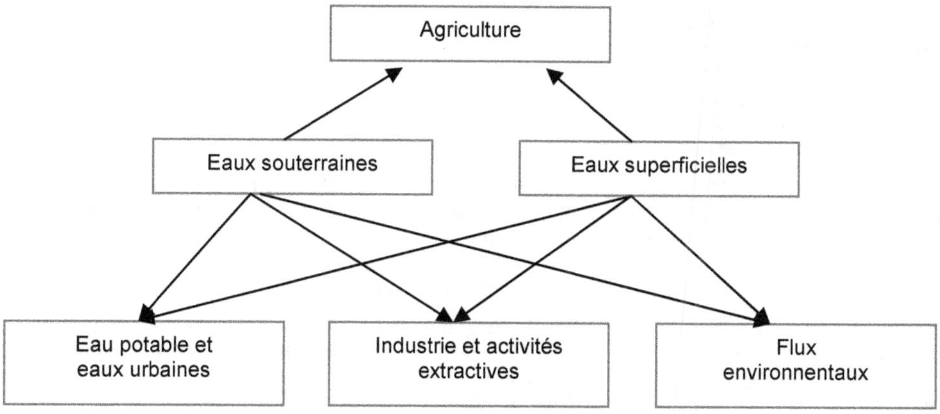

Note : L'agriculture est séparée des autres secteurs d'utilisation à titre illustratif.

Des variables primaires et des éléments associés des systèmes d'irrigation à partir d'eau souterraine peuvent être ajoutés à ces quatre conditions. En particulier, les facteurs suivants semblent ressortir des typologies recensées : recharge et caractère renouvelable, stockage (ou coefficient de stockage) et transmissivité de l'aquifère, stade de l'utilisation et degré d'épuisement. Le nombre d'utilisateurs par aquifère peut aussi revêtir de l'importance. En effet, deux systèmes aquifères présentant des caractéristiques identiques mais dont l'un alimente trois utilisateurs et l'autre 3 000 donneront lieu à des types de questions et à des réponses radicalement différents (Giordano, 2009).

Caractérisation proposée

Quatre principes directeurs pourraient aider à établir une caractérisation exploitable : i) la nécessité de garantir une couverture complète, aussi représentative que possible des systèmes hydrogéologiques des pays de l'OCDE, ii) l'absence de lacunes majeures ne pouvant être justifiées, iii) l'absence de chevauchements majeurs des critères, dont un découlerait systématiquement de la présence d'un autre et iv) l'existence de limites bien définies et applicables qui répondent à l'objectif visé.

À partir des quatre conditions nécessaires employées comme facteurs principaux et des variables primaires et secondaires mentionnées, le tableau 2.3 propose une caractérisation des systèmes hydrogéologiques. Les trois premiers facteurs couvrent essentiellement des variables d'état décrivant le contexte de tout système hydrogéologique, qui détermine son potentiel pour l'irrigation. Le dernier facteur englobe des variables exogènes relatives à l'évolution de la demande et de l'utilisation globale, qui peuvent avoir une incidence sur les possibilités actuelles et futures d'irrigation à l'aide d'eau souterraine. Ces variables servent de variables de mesure indirecte de la rentabilité potentielle relative du système.

Tableau 2.3. Proposition de caractérisation des systèmes agricoles d'irrigation à partir d'eau souterraine

Principaux facteurs	Variables primaires d'intérêt	Variables secondaires	Exemples de caractéristiques des systèmes hydrogéologiques utilisés en agriculture dans les pays de l'OCDE
Conditions agroclimatiques actuelles et futures	Précipitations pendant la période de végétation et perspectives de changement climatique	Systèmes de culture	Régions arides, semi-arides ou humides
Accès aux systèmes d'irrigation à partir d'eau de surface	Disponibilité et coût relatif des ressources en eau de surface	État des infrastructures d'eau de surface, emplacement dans les bassins hydriques.	Ressources en eau de surface disponibles et aisément accessibles ou non-disponibilité de ressources en eau de surface
Disponibilité de ressources en eau souterraine accessibles et exploitables	Transmissivité et capacité de stockage ; état de la ressource et recharge ; topographie et type de paysage ; et préoccupations quant à la qualité	Type géologique de l'aquifère, contexte hydrogéologique et géographique, profondeur et degré de confinement ; taux de prélèvement ; proximité de cours d'eau, de lacs ou d'océans.	Aquifère accessible, capacité de stockage élevée, transmissivité et taux de recharge faibles. Ressources en eau souterraine accessibles à partir d'un aquifère peu profond, faible niveau de réserve en zone côtière. Ressources accessibles limitées, aquifère confiné profond, structure hydrogéologique complexe en zone montagneuse. Aquifère côtier de qualité médiocre (eau saumâtre).
Évolution de l'utilisation et de la rentabilité de l'irrigation à partir d'eau souterraine par rapport à d'autres utilisations	Coût d'accès aux ressources en eau souterraine Ampleur de l'utilisation pour l'irrigation Intensité d'utilisation pour l'irrigation Évolution des utilisations concurrentes	Coûts fixes et coûts variables exogènes Nombre d'utilisateurs et superficie irriguée Évolution globale de l'utilisation et de l'indice GDS ; stade d'utilisation de la ressource et niveau de stress Croissance démographique, évolution de la demande d'eau	Diminution du recours à l'irrigation à partir d'eau souterraine en raison de l'épuisement des stocks Poursuite de l'utilisation de ressources en eau souterraine et demande extérieure accrue Augmentation de l'utilisation pour l'irrigation et expansion des zones irriguées.

Aucun cas particulier n'est présenté, mais ce cadre peut fournir une vue d'ensemble des systèmes hydrogéologiques prédominants dans les pays de l'OCDE. Si l'on considère les principaux facteurs, on constate que de nombreux systèmes d'irrigation à partir d'eau souterraine faisant l'objet d'une utilisation intensive dans les pays de l'OCDE (États-Unis, Mexique, Europe du Sud, Australie) se trouvent dans des régions arides ou semi-arides, que certains utilisent des eaux de surface (utilisation combinée) et d'autres non, et qu'ils disposent de ressources en eau souterraine abondantes et accessibles mais soumises à un stress croissant. Cependant, l'analyse des variables primaires peut aider à cerner les singularités de ces différents aquifères, et notamment de déterminer ceux qui ont atteint un stade d'utilisation avancé, le degré d'épuisement de l'aquifère, l'évolution des utilisations concurrentes et les possibilités qui s'offrent d'accroître ou non le recours aux eaux de surface. À l'inverse, certains systèmes hydrogéologiques moins exploités et néanmoins importants dans les pays de l'OCDE (parties d'Europe centrale et du Nord, Japon, Corée, Canada et Chili) peuvent se situer dans des régions relativement plus humides, disposant de ressources en eau souterraine abondantes mais morcelées utilisées conjointement aux eaux de surface. Ces régions, où l'agriculture n'est pas nécessairement le principal secteur utilisateur, subissent des phénomènes de stress hydrique localisés et temporaires. Par ailleurs, une hausse rapide de l'utilisation des eaux souterraines en étendue et en volume, sous l'effet des demandes concurrentes, par exemple, se répercuterait bien entendu sur l'état et le potentiel de la ressource.

L'objet de la caractérisation est d'apporter des éléments de différenciation utiles à l'analyse. De toute évidence, l'utilisation effective et potentielle des eaux souterraines dépend des quatre facteurs principaux, et il serait utile de déterminer dans quelle mesure. En général, les systèmes d'irrigation à partir d'eau souterraine les plus exposés à un risque de surexploitation sont ceux a) qui sont associés à des climats arides ou semi-arides et à des cultures à fort besoin en eau, b) dont les ressources en eau de surface sont irrégulières, indisponibles ou insuffisantes, c) qui ont largement accès à des ressources en eau souterraine dont la capacité de recharge est potentiellement limitée, et d) dont l'exploitation continue de se développer en termes d'étendue (irrigation ou autre) ou d'intensité.

Le système de caractérisation proposé pourrait aussi servir à évaluer l'effet des variations de ces principaux facteurs. Le changement climatique peut avoir une incidence sur les eaux de surface et, partant, sur le recours probable aux eaux souterraines dans plusieurs régions (voir par exemple Famiglietti et al., 2011 ; chapitre 1), mais n'entraînera pas nécessairement de modifications importantes de l'état des ressources à court terme. Cependant, il est aussi possible que le développement d'infrastructures ou une réforme institutionnelle se traduisent par une évolution de la disponibilité des ressources en eau de surface, ce qui peut avoir des répercussions sur l'utilisation de ces ressources. Un choc externe sur l'infrastructure hydrogéologique (séisme) pourrait affecter le potentiel d'utilisation des eaux souterraines. Pour compléter la caractérisation, cette section s'intéresse aux principales difficultés liées à l'exploitation des eaux souterraines pour l'irrigation.

Principales implications de l'utilisation des eaux souterraines en agriculture

Pour compléter la caractérisation, cette section s'intéresse aux principales difficultés et impacts liés à l'exploitation des eaux souterraines pour l'irrigation. Trois types d'évolution des ressources hydriques souterraines faisant l'objet d'une utilisation intensive sont observés : utilisation régulière adaptée au taux de recharge, surexploitation progressive et extraction irréversible. Les conséquences de ces stratégies sur le niveau des nappes sont résumées dans le graphique 2.3. S'il est facile de définir ces conséquences et plus difficile de les mesurer, la question qui se pose est celle du choix de la meilleure stratégie.

À l'instar de "renouvelable", dont la définition peut varier d'un praticien à l'autre (voir encadré 1.1), le terme "surexploitation" est aussi employé dans différents contextes, en fonction de la définition de ce qui constitue une trajectoire d'exploitation normale ou acceptable. Les travaux publiés font souvent référence à un rendement durable (ou à l'absence de surexploitation) pour définir ce qui constitue une exploitation acceptable, mais nombre d'auteurs font valoir que cette définition n'a pas de sens en économie. De fait, il peut être préférable d'extraire les eaux souterraines d'aquifères non renouvelables pour créer du capital et préparer l'avenir plutôt que de préserver le stock en tant que tel (GWP, 2012). En surexploitant dans une certaine mesure les aquifères, les agriculteurs et les collectivités peuvent réaliser des gains considérables, qui leur permettront ultérieurement de se doter des moyens de s'adapter aux contraintes hydriques futures. De leur côté, Llamas et Garrido (2007) proposent une autre définition : *"un aquifère est dit surexploité quand les coûts économiques, sociaux et environnementaux découlant d'un niveau donné de prélèvement des eaux souterraines sont supérieurs aux avantages procurés".* Cela implique d'appréhender un système par le biais d'une analyse dynamique coûts-bénéfices, ce qui présente certains avantages mais soulève aussi des difficultés. En pratique, les organismes de gestion de l'eau définissent les états de référence quantitatifs auxquels ils comparent le niveau des ressources en eau souterraine (AEE, 2013). Certains pays fixent même plusieurs seuils piézométriques pour l'intervention (Séguin, 2009).

Graphique 2.3. Régimes de prélèvement des ressources en eau souterraine

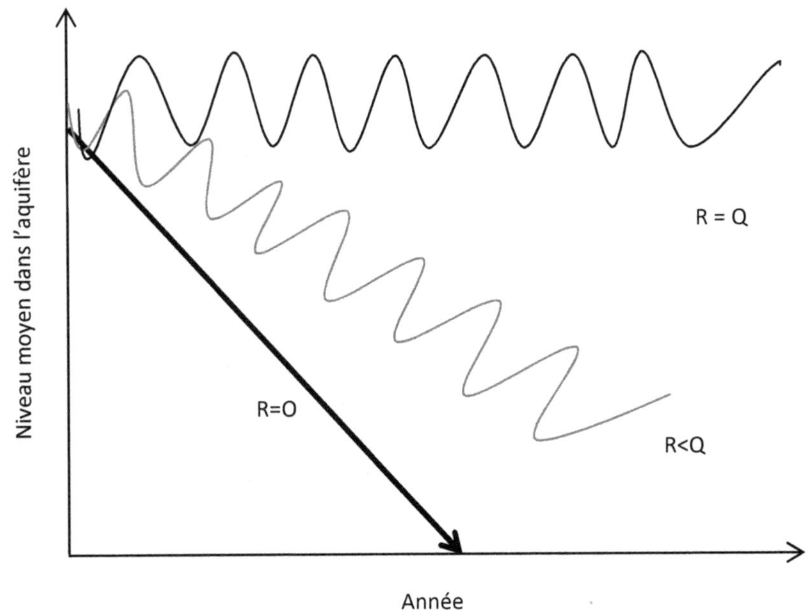

Note **: R=Q:** recharge nette=décharge naturelle et/ou prélèvements
R<Q: la décharge naturelle et les prélèvements excèdent la recharge nette.
R=0: prélèvements en absence de recharge (situation des zones arides).

Source: BGS (2009), http://www.bgs.ac.uk/.

La question sous-jacente associée à ces concepts est de déterminer dans quelle mesure l'intensité de l'exploitation des eaux souterraines entraîne des conséquences indésirables. Cette limite est atteinte lorsque l'utilisation d'eau souterraine se traduit par des externalités négatives. On observe dans ce cas deux principaux types d'externalités : les externalités environnementales et celles liées aux coûts d'extraction (Esteban et Dinar, 2012). Le tableau 2.4 décrit ces effets de façon plus détaillée en fonction de leur degré de réversibilité. Le graphique 2.4 montre le pourcentage des régions hydrogéologiques agricoles mentionnées dans le questionnaire de l'OCDE qui affichent une ou plusieurs de ces externalités.

Tableau 2.4. Principales conséquences réversibles et irréversibles des prélèvements intensifs d'eau souterraine

Type	Conséquences de prélèvements intensifs	Facteurs affectant la sensibilité
Réversible	Augmentation des dénivelés et des coûts de pompage	Caractéristiques de réponse de l'aquifère Rabattement en deçà de l'horizon productif
	Baisse du rendement des puits tubulaires	Caractéristiques de stockage de l'aquifère
	Baisse du débit des sources et du débit de base des cours d'eau	
Réversible ou irréversible	Stress de la végétation (naturel et agricole)	Profondeur de la nappe phréatique
	Pénétration d'eau polluée (en provenance d'un autre cours d'eau ou aquifère)	Proximité d'eau polluée

Tableau 2.4. Principales conséquences réversibles et irréversibles des prélèvements intensifs d'eau souterrain (*suite*)

Irréversible	Intrusion d'eau saline Tassement du système aquifère et réduction de sa transmissivité Affaissement des sols et conséquences associées	Proximité d'eau saline Compressibilité de l'aquifère Compressibilité verticale des aquitards sus-jacents/interstratifiés

Source : Foster et al. (2013).

Graphique 2.4. Proportion de régions affichant au moins une externalité, parmi celles ayant répondu au questionnaire qui prélèvent de l'eau souterraine pour l'agriculture dans les pays de l'OCDE

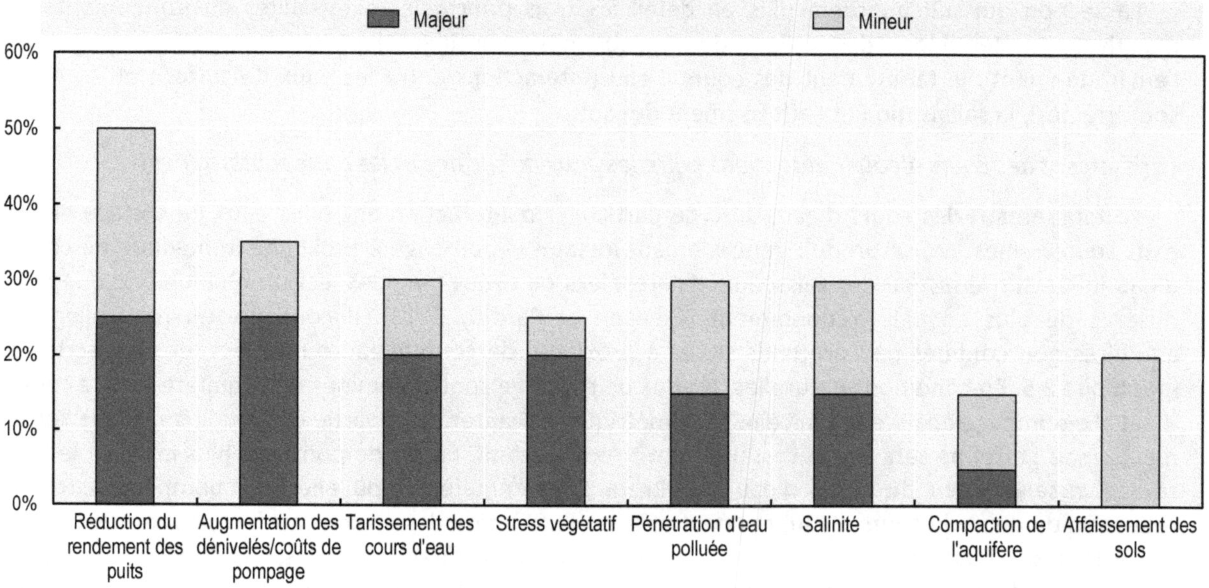

Source : D'après le Questionnaire OCDE 2014 sur l'utilisation des eaux souterraines en agriculture.

Externalités liées au coût d'extraction

La première catégorie d'externalités, qui implique une baisse du rendement des puits et une augmentation des coûts de pompage, est la plus courante dans les régions répondantes. Ces externalités sont par exemple considérées comme un problème majeur et de plus en plus grave dans la Galilée occidentale en Israël et dans la Región Lagunera au Mexique (Questionnaire OCDE 2014 sur l'utilisation des eaux souterraines en agriculture). Par suite du pompage systématique des eaux souterraines, les épaisseurs saturées et les rendements des puits peuvent être considérablement réduites. Dans certains cas, la viabilité de l'aquifère a diminué au point qu'il a fallu progressivement revenir d'une agriculture irriguée à une agriculture pluviale (notamment dans certaines parties de l'ouest du Kansas aux États-Unis). Dans d'autres régions, comme le nord du Texas, il demeure possible d'irriguer les cultures, mais il est clair que cette méthode ne pourra pas être pratiquée à l'avenir avec la même intensité (caractérisée par les superficies irriguées et les taux d'application).

Même réversible, le pompage peut entraîner une hausse des coûts et une baisse des volumes pour l'ensemble des agents. Son ampleur dépend bien entendu de la nature des aquifères, et parfois des connaissances que possèdent les utilisateurs sur l'état des ressources (Saak et Peterson, 2007). Dans la caractérisation proposée, les externalités liées au pompage sont plus problématiques dans le cas des systèmes d'irrigation à partir d'eau souterraine marqués par un climat aride, un accès limité aux eaux de surface et des ressources accessibles situées dans de vastes aquifères dont les flux, et surtout la capacité de stockage, sont limités, mais qui doivent répondre aux besoins de multiples utilisateurs[7].

En ce qui concerne les externalités environnementales, plusieurs conséquences peuvent se produire, certaines réversibles et d'autres non, certaines ayant des répercussions directes sur les activités agricoles et d'autres uniquement sur l'environnement. Le stress végétatif peut toucher tous les végétaux, tandis que la pénétration de polluants peut dépendre d'autres activités, et n'aura pas toujours de conséquences visibles sur les cultures, selon la concentration et le type de polluants, mais pourra affecter les sources d'eau potable.

Externalités environnementales

La section qui suit abordera plus en détail les trois principales externalités environnementales négatives susceptibles de créer des problèmes considérables pour l'agriculture et/ou l'environnement : le tarissement des cours d'eau (interactions entre les eaux de surface et les eaux souterraines), la salinisation et l'affaissement des sols.

Tarissement des cours d'eau (interactions entre les eaux de surface et les eaux souterraines)

Le tarissement des cours d'eau, un type particulier d'interaction entre les eaux de surface et les eaux souterraines, qui se produit généralement lorsque le pompage à proximité immédiate de cours d'eau influe sur le niveau des ruisseaux, rivières, lacs ou zones humides, est un phénomène que l'on observe de plus en plus fréquemment (Gleeson et Cardiff, 2013). Il concerne en particulier les aquifères non confinés peu profonds situés à proximité de cours d'eau ou de lacs, et est décrit au graphique 2.5. En conditions naturelles, les flux de recharge sont acheminés de l'aquifère vers le cours d'eau. Le pompage abaissera le niveau piézométrique, et captera une partie du flux dirigé vers le cours d'eau, mais l'effet ne sera pas nécessairement très important. En cas de pompage plus intensif, le flux sera inversé et l'eau du cours d'eau s'infiltrera dans l'aquifère d'où elle sera pompée. Outre la réduction du débit du cours d'eau, qui peut affecter l'utilisation des eaux de surface, y compris par les écosystèmes (EUWIMed, 2007), le tarissement des cours d'eau peut aussi se traduire par une dégradation de la qualité (Sophocleous, 2012), du fait de l'augmentation des concentrations de polluants.

Cette question est de plus en plus problématique dans plusieurs pays de l'OCDE, notamment dans les régions qui font une utilisation intensive des eaux souterraines. Six des quinze régions agricoles ayant recours aux eaux souterraines qui ont répondu au questionnaire déclarent rencontrer ces problèmes, et quatre les considèrent comme d'importance majeure : la nappe de Beauce en France, la Galilée occidentale en Israël (où le problème s'aggrave), la Mancha Occidental en Espagne et la région de l'aquifère des Hautes Plaines du Nord aux États-Unis.

Ce phénomène est très répandu aux États-Unis dans l'aquifère des Hautes Plaines (voir, par exemple, Sophocleous, 2012). Dans le Nebraska, si l'on estime que le stockage d'eau souterraine n'a baissé que de 1 %, des modèles ont montré que la baisse du débit de la rivière Platte et d'autres cours d'eau sous l'effet du pompage des eaux souterraines pouvait atteindre 50 % (Scanlon et al., 2012). Le tarissement des cours d'eau, qui a suscité des différends intra et inter-États (Kuwayama et Brozović, 2013), peut avoir des répercussions sur les systèmes d'irrigation, réduisant les options qui s'offrent aux agriculteurs. Les systèmes d'irrigation à partir d'eau souterraine concernés en premier lieu sont ceux qui utilisent conjointement des eaux de surface, les eaux souterraines étant situées à proximité de masses d'eau superficielle et connectées à ces dernières.

Graphique 2.5. Représentation schématique des interactions eaux de surface-eaux souterraines

A : Conditions naturelles ; B : Pompage modéré ; C : Pompage intensif

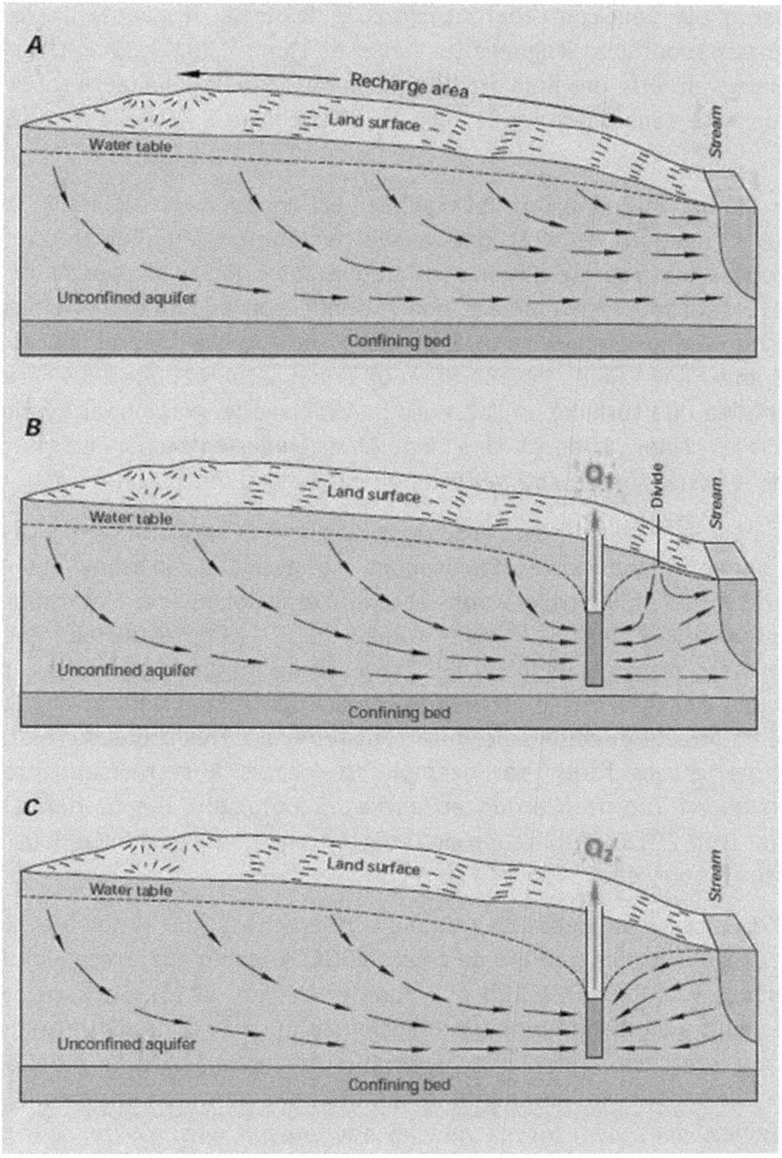

Recharge area : Aire de recharge
Land surface : Surface du sol
Water table : Surface piézomètrique
Unconfined aquifer : Aquifere non confiné
Confining bed : Couche confinée
Stream : Cours d'eau
Divide : Division des flux

Source : Winter et al. (1998). http://pubs.usgs.gov/circ/circ1139/pdf/circ1139.pdf.

Salinité des eaux souterraines

La salinité[8] est l'un des plus importants problèmes auxquels l'agriculture irriguée se heurte avec une acuité croissante. Elle peut concerner jusqu'à 20 % des terres irriguées et, à long terme, menace près de la moitié des superficies irriguées (Le Kama et Tomini, 2012). Chaque année, un million et demie d'hectares peuvent être mis hors production en raison de la salinité du sol et le coût total pour les producteurs dépasse sans doute les 11 milliards USD par an à l'échelle mondiale (Schoengold et Zilberman, 2007).

Même si l'intrusion d'eau saline dans les aquifères est en grande partie liée à l'utilisation des eaux souterraines pour l'irrigation, ce n'est pas le seul facteur en jeu (Balderacchi et al., 2012). Le graphique 2.6 propose une représentation synthétique des principales sources de salinité des eaux souterraines. Sur les sept sources identifiées, quatre sont la conséquence directe du pompage, à savoir l'apport d'eaux souterraines salines suite à un pompage intense (dépression conique), l'intrusion profonde d'eau souterraine saline[9], l'évaporation de la nappe phréatique sous l'effet d'une irrigation intensive (à partir d'eau de surface) en l'absence de drainage (engorgement hydrique), et l'intrusion d'eau de mer dans les régions côtières. Une cinquième catégorie (fractionnement des sols) est liée à l'irrigation des sols, mais pas nécessairement au pompage d'eau souterraine.

La salinisation peut se révéler désastreuse pour les activités agricoles. Le processus physiologique est relativement simple : quand des végétaux sont arrosés avec de l'eau saline, ils absorbent l'eau mais le sel qu'elle contient s'accumule dans la zone racinaire et le sol devient ainsi rapidement salin, et de moins en moins perméable à l'eau (Le Kama et Tomini, 2012). Les végétaux meurent rapidement et les cristaux de sels restent piégés dans le sol. En l'absence de mesures correctives, seules les cultures tolérantes au sel peuvent survivre. Le sel peut être extrait du sol par un drainage adéquat, mais il est rarement éliminé en totalité et cette procédure peut se révéler très coûteuse (Foster et al., 2013). La prévention peut porter ses fruits, par exemple le recours à la recharge artificielle des eaux souterraines, comme en Tunisie (Garrido et Iglesias, 2006), ou à des barrières, comme en Israël (Margat et van der Gut, 2013). L'utilisation de l'irrigation au goutte-à-goutte peut aussi contribuer à ralentir le processus (Cooley et al., 2009)[10].

L'intrusion d'eau de mer dans les régions côtières est un problème qui se pose tout particulièrement dans un certain nombre de pays de l'OCDE (comme la Grèce, voir EASAC, 2010a ; ou les plaines italiennes, voir EASAC, 2010b et Napoli et Vanino, 2011). Dans ce cas, la difficulté ne consiste pas seulement à éviter un pompage intensif mais aussi à maintenir un volume suffisant d'eau douce dans les aquifères, pour ralentir la pénétration d'eau salée. Le long de la côte centrale de Californie, région très productive, les sources d'eau douce servent non seulement à éviter le recours aux eaux souterraines, mais aussi à recharger les aquifères et ainsi assurer leur pérennité (Levy et Christian-Smith, 2011). Dans certains cas, par exemple dans la région de Laguna Nueva en Espagne, l'intrusion d'eau de mer peut aussi atteindre les zones humides, touchant les végétaux et autres espèces des écosystèmes locaux (Amores et al., 2013). Dans d'autres cas, comme les zones côtières de faible altitude des Pays-Bas, l'intrusion d'eau marine dans les eaux souterraines peut infiltrer les eaux de surface, affectant les lacs, les cours d'eau et l'ensemble des hydrosystèmes de la région (de Louw, 2013).

D'après la caractérisation proposée, les systèmes les plus touchés sont ceux qui ont davantage tendance à largement exploiter les eaux souterraines (comme indiqué ci-dessus), mais aussi ceux situés à proximité de ressources en eau salée. Il s'agit notamment de systèmes hydrogéologiques côtiers relativement peu alimentés en eau douce superficielle et soumis à une utilisation relativement intensive, comme l'aquifère côtier d'Hermosillo au Mexique (Custodio, 2003) et plusieurs régions de Grèce (EASAC, 2010b). On peut également citer les régions où le niveau des nappes est proche des eaux de surface (plaines d'Europe, voir l'annexe 2.A1). Les zones proches de ressources en eaux souterraines salines, notamment les aquifères alluviaux peu profonds de Nouvelle-Zélande et les paléocanaux de l'ouest de l'Australie, sont aussi confrontées à des problèmes de stress salin (Magat et van der Gun, 2013). En outre, il est probable que dans ces régions, la salinité augmentera sous l'effet du changement climatique (Green et al., 2011).

Graphique 2.6. Principales sources de salinité des eaux souterraines

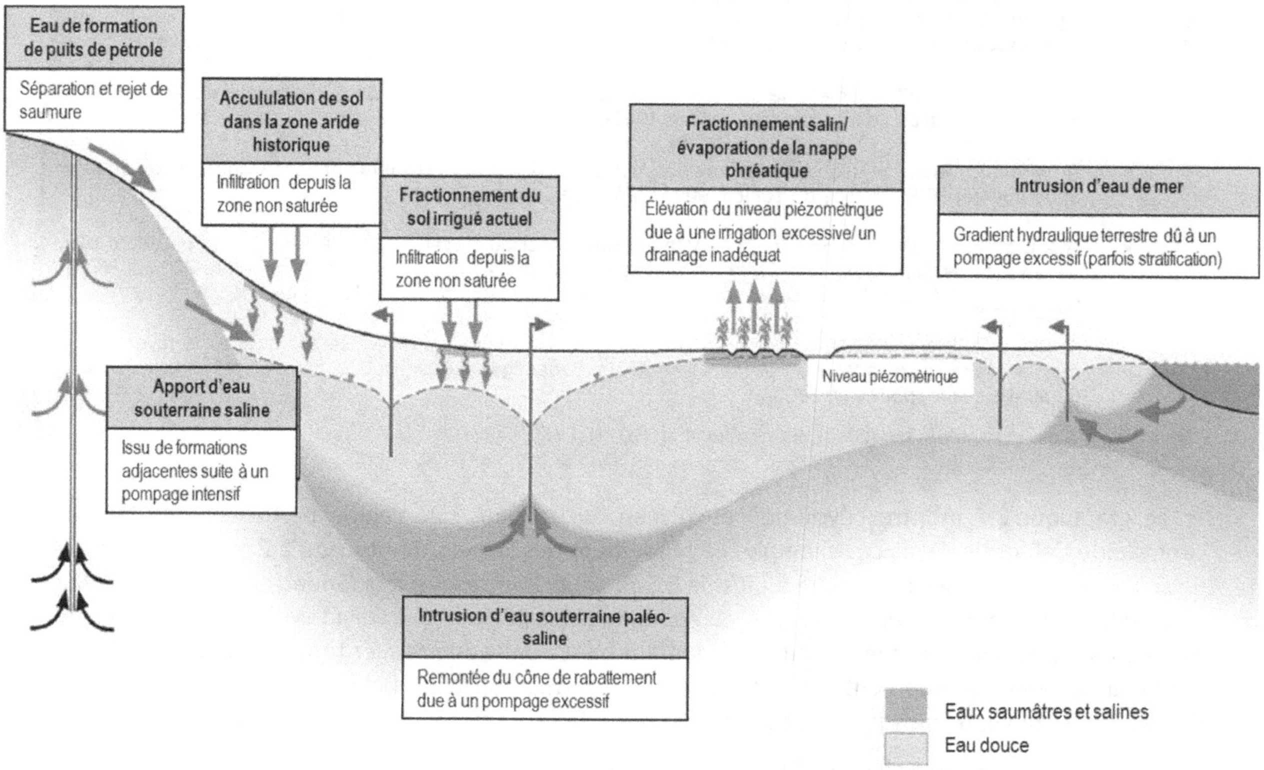

Source : Foster et al. (2013).

Affaissement des sols

L'affaissement des sols est une autre conséquence possible très importante des prélèvements intensifs d'eau souterraine. Extraire l'eau d'aquifères constitués de structures géologiques non consolidées et poreuses, notamment de complexes sédimentaires, peut entraîner un tassement non négligeable des aquifères, qui conduit parfois à un affaissement des sols en surface (Margat et van der Gun, 2013). De multiples répercussions peuvent en résulter, depuis la détérioration d'infrastructures, de bâtiments, voire des systèmes de pompage, jusqu'au déplacement des cours d'eau et des réseaux d'énergie, à la destruction d'arbres, à des phénomènes d'érosion, etc. Les dégâts totaux peuvent être très importants ; en Californie et au Texas, ils ont été estimés à plus de 100 millions USD par an (OCDE, 2013).

Les affaissements de terrain surviennent dans différents contextes, nombre d'entre eux sans rapport avec l'agriculture. L'encadré 2.4 présente des cas notoires rapportés dans les pays de l'OCDE. Les principales zones urbaines du Japon ont connu des événements majeurs de ce type, mais ils étaient liés à un pompage intensif destiné à des utilisations urbaines et non à l'agriculture (Taniguchi et al., 2008). De même, en Italie, des affaissements de terrain se sont produits dans le delta du Pô, mais ils étaient essentiellement la conséquence du développement urbain et industriel (Teatini et al., 2006). Cependant, plusieurs exemples dans des régions d'utilisation intensive sont directement imputables à l'irrigation par des eaux souterraines. C'est ainsi que l'irrigation agricole a contribué aux affaissements importants observés dans l'État de Guanajuato au Mexique (Custodio, 2003) et dans la vallée centrale de Californie (FAO, 2011).

Encadré 2.4. Affaissements de sols liés aux prélèvements d'eau souterraine dans les pays de l'OCDE

L'UNESCO (1984) a dressé l'inventaire, au niveau mondial, des cas d'affaissement des sols liés à l'utilisation intensive des eaux souterraines. Quarante-deux cas ont ainsi été recensés, principalement dans des agglomérations urbaines, ce qui s'explique peut-être par la meilleure qualité des mesures. Des travaux récents ont permis d'identifier des dizaines de nouveaux cas. Les principaux exemples concernant les pays de l'OCDE sont notamment les suivants :

- En Italie : Milan (affaissement de 0.2 m entre 1952 et 1972), Venise (plus de 0.2 m depuis les années 1930) et delta du Pô (plus de 3 m dans les années 1950) ;
- Au Mexique : Mexico (jusqu'à 10 m depuis les années 1920, jusqu'à 0.4 m/an dans le Centre ; et 300 mm/an entre 2004 et 2006) ; vallée de Toluca (90 mm/an entre 2003 et 2008) ;
- Aux États-Unis : Denver, Houston, Las Vegas, San Francisco, Tucson ; jusqu'à 2–9 m dans plusieurs villes de la vallée de San Joaquin en Californie ; vallée de Coachella en Californie (70 mm/an entre 2003 et 2009) ; bassin de Bolsón del Hueco aux environs d'El Paso au Texas (0.3 m depuis les années 1950) ;
- Au Japon : Tokyo (jusqu'à 4 m depuis 1910, la surface du sol s'est enfoncée à 1 m sous le niveau de la mer) ; Osaka (jusqu'à 2.5 m) ; plaine alluviale de Sagamigawa (jusqu'à 0.32 m entre 1975 et 1995) ; et 62 autres cas rapportés en 1998.

Sources : Margat et van der Gun (2013), Famiglietti et al. (2011), UNESCO (1984).

Le graphique 2.7 montre l'évolution du niveau du sol dans une région particulière de la vallée centrale de Californie. Dans cet exemple, l'affaissement des sols a atteint jusqu'à 2 m sur une période de soixante-dix ans, mais est estimé à plus de 8.5 m dans d'autres régions (Sneed et al., 2013). L'allure et le rythme des affaissements survenus au cours de cette période ont suivi l'évolution de l'utilisation des eaux souterraines, dont le niveau a rapidement baissé dans un premier temps, baisse qui a ensuite ralenti avec le développement des infrastructures d'irrigation à partir d'eau de surface, avant de s'accélérer à nouveau au cours des récentes périodes de sécheresse (Sneed et al., 2013).

Les conséquences pour l'agriculture ne sont peut-être pas toujours aussi directement visibles que dans le cas de la salinité, mais les effets à long terme peuvent compromettre toute activité agricole sur ces terres, dégrader les écosystèmes, décourager les investissements et pénaliser les collectivités rurales. L'affaissement des sols peut aussi se traduire par une intrusion d'eau salée due à l'élévation du niveau de la mer et aux inondations associées, et entraîner un engorgement des sols et la salinisation des eaux, y compris dans les plaines de delta (Custodio, 2003 ; de Louw, 2012). L'affaissement des sols sous l'effet du pompage des eaux souterraines a même été associé au soulèvement saisonnier de la Sierra Nevada et à la recrudescence de l'activité sismique en Californie (Amos et al., 2014).

La prévention de tels phénomènes, comme la salinité, passe par l'amélioration de la gestion des réserves d'eau souterraine, soit par une interruption complète des prélèvements— stratégie qui a fait ses preuves à Venise en Italie (Margat et Van der Gut, 2013) — soit par un accroissement de la recharge. Le recours à des systèmes de recharge artificielle, notamment l'utilisation d'aquifères comme "banques d'eau", peut y contribuer (Maliva, 2014).

Les principales caractéristiques des systèmes d'irrigation à partir d'eau souterraine potentiellement concernés sont liées à leur structure hydrogéologique et au degré d'épuisement de leurs ressources. Comme dans le cas de la salinité, les aquifères constitués de matériaux compressibles, notamment ceux situés dans des bassins sédimentaires (sableux et graveleux), et faisant l'objet de prélèvements totaux importants (de la part de l'agriculture et d'autres sources éventuelles) par rapport à la recharge, figurent sans doute parmi les plus susceptibles de faire l'objet d'un affaissement des sols. En raison de la sensibilité de certains des aquifères les plus productifs à ces aspects, il est légitime de se demander si leur utilisation intensive serait justifiée si l'on tenait compte de ces externalités.

Graphique 2.7. Données montrant l'affaissement progressif des sols en Californie

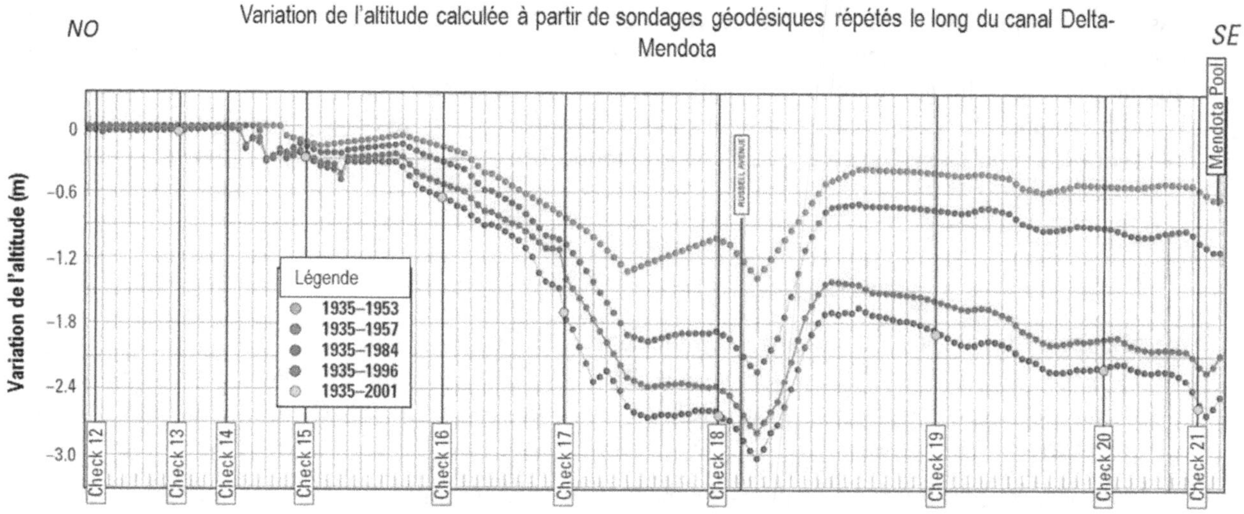

Source : Sneed et al. (2013). http://pubs.usgs.gov/sir/2013/5142/pdf/sir2013-5142.pdf.

Effets de l'irrigation sur la recharge des nappes souterraines

Enfin, il existe un aspect qui n'est pas considéré comme un problème mais assimilable à une externalité positive, à savoir le fait que l'utilisation des terres pour l'agriculture, en particulier irriguée (basée sur l'utilisation des eaux de surface ou des eaux souterraines), peut contribuer sensiblement à la recharge des masses d'eau y compris souterraines (Scott et Shah, 2004). L'utilisation de tout type d'eau dans les champs, principalement pour compenser les pertes par évapotranspiration, peut aussi donner lieu à une infiltration partielle dans les sols, ce qui favorise la recharge des aquifères.

Ce phémonène est bien connu dans un bon nombre de pays de l'OCDE. Dans la première partie du XXe siècle, la simple conversion des terres à l'agriculture pluviale dans le sud-est de l'Australie et le sud-ouest des États-Unis a entraîné une augmentation significative de la recharge et du stockage d'eau souterraine (Taylor et al., 2012). Dans le centre de l'Espagne, le pompage intensif d'eau souterraine dans le bassin supérieur du Guadiana a contribué à une augmentation nette de la disponibilité d'eau à des fins de consommation (Llamas et Garrido, 2007). Ce type de mécanisme se retrouvera en particulier dans les régions d'aquifères libres peu profonds à recharge rapide.

La recharge induite par l'irrigation est particulièrement importante dans les pays cultivant du riz en culture inondée (OECD, 2014b). Au Japon, il a été estimé que les cultures de riz irriguées contribuait plus de 23% de la recharge totale des aquifères (Mitsubishi Research Institute, 2001). Certaines villes japonaises ont supporté la culture inondée du riz à proximité des zones de recharge, pour ralentir l'abaissement des nappes phréatiques et l'affaissement des terres auquel elle peut etre associée (voir encadré 4.4 au chapitre 4, et OECD, 2015 pour des exemples spécifiques).

Il est intéressant de noter que la recharge liée à l'irrigation est encore plus importante dans le cas des systèmes d'irrigation inefficients (Giordano, 2009). Il existe en effet une relation inverse entre l'utilisation de systèmes d'irrigation efficaces, qui permettent d'économiser les ressources hydriques, et le niveau de recharge des aquifères qu'ils induisent. Par exemple, GWP (2012) démontrent qu'un système d'irrigation par goutte à goutte augmente la recharge, mais pas autant qu'un système inefficace d'irrigation par inondation. Cependant, cet effet ne s'observe à une échelle intéressante dans ces aquifères que lorsque la recharge liée à l'irrigation est importante par rapport à la recharge naturelle.

Pourtant, ce type de recharge peut aussi se révéler problématique si les eaux souterraines ne sont pas suffisamment utilisées (Margat et van der Gun, 2013). Dans certains systèmes d'irrigation combinée, en particulier ceux comprenant des aquifères libres, l'irrigation à partir d'eau de surface augmentera la recharge au point que le niveau de la nappe phréatique approchera la surface du sol (voir graphique 2.1, graphique supérieur). Cette situation peut favoriser l'engorgement des sols, l'évaporation et la salinisation des eaux (voir graphique 2.6) et exige un drainage approprié.

Notes

1. Pour de plus amples informations, voir www.unesco.org/new/en/natural-sciences/environment/water/ihp pour le PHI ; www.gwp.org/ pour le Partenariat mondial de l'eau et www.un-igrac.org/ pour l'IGRAC. Voir van der Gun (2007) pour une liste d'autres institutions.
2. Les aspects communs ont aussi été analysés dans le cadre de travaux sur les indicateurs, comme les Indicateurs de la durabilité des ressources en eaux souterraines de l'UNESCO (Vrba et Lipponen, 2007).
3. Il s'agit de régions « de structure géologique complexe, comportant des aquifères très productifs situés dans des zones plissées ou faillées à proximité immédiate de formations non aquifères » (WHYMAP, 2004b).
4. On exclut les superficies agricoles productives dont l'irrigation ne se justifie pas du point de vue économique (vastes régions du Canada et d'Europe du Nord, par exemple).
5. En l'absence de contraintes d'allocation impératives.
6. Au sein de l'Union européenne, les eaux souterraines représentent par exemple 70 % de la consommation d'eau des ménages et seulement 20 % de l'eau d'irrigation (OCDE, 2012b).
7. Une autre externalité, qui n'est pas abordée ici, réside dans la concurrence entre utilisateurs dont peut faire l'objet un même aquifère. L'ampleur d'un tel phénomène comportemental, notamment dans le contexte des grands aquifères, reste sujette à discussion. Ainsi, Pfeiffer et Lin (2013) concluent empiriquement à l'existence de comportements stratégiques dans l'aquifère des Hautes Plaines. Toutefois, d'autres travaux théoriques et expérimentaux favorisent un comportement plus myope des acteurs dans un tel contexte (par exemple, Rubio et Casino, 2003 ; Gardner et al. 1997).
8. La salinité peut être définie sur la base de la concentration totale de solides dissous. L'eau est définie « saumâtre » si cette concentration est supérieure à 1 000 mg/L et « saline » au delà de 10 000 mg/L (Margat et van der Gun, 2013).
9. Comme indiqué dans le tableau 1.1, quelque 60 % des réserves totales d'eau souterraine sont saumâtres ou salines.
10. Il existe également des programmes de sélection végétale visant à accroître la tolérance des cultures au sel dans un certain nombre de pays, mais leurs résultats ne sont pas satisfaisants.

Références

AEE (Agence européenne pour l'environnement) (2013), "Assessment of cost recovery through water pricing" AEE, *Technical Report*, vol. 2013, n° 16, Copenhague.

Amores, M.J. *et al.* (2013), "Biodiversity impacts from salinity increase in a coastal wetland", *Environmental Science & Technology*, Vol. 47, n° 12, pp. 6384–92.

Amos, C.B., et al. (2014), "Uplift and seismicity driven by groundwater depletion in central California", *Nature*, Vol. 509, pp. 483-486. doi: 10.1038/nature13275.

Balderacchi et al. (2012), "Groundwater Pollution and Quality Monitoring Approaches at the European Level", *Critical Reviews in Environmental Science and Technology*, Vol. 43, n°4, pp. 323-408.

Bar-Or, Y. et O. Matzner (dir. pub.) (2010), "State of the Environment in Israel, Indicators, Data, and Trends", Ministère de l'environnement, État d'Israël, Jérusalem.

British Geological Survey (BGS) (2009), "Groundwater Information Sheet", Londres, Royaume-Uni.

Campana, M. (2014), "Groundwater Management: Quo Vadis?", dans Fitch, E.J. et R. A. Engberg (dir. pub.), "AWRA at 50: The Future of Water Resources in the United States", *Water Resources IMPACT*, vol. 16, n° 1, pp. 26-28, http://aquadoc.typepad.com/files/impact_gwm_quo-vadis_campana-1.pdf.

Cooley, H., J. Christian-Smith et P. Gleick (2009), "Sustaining California Agriculture in an Uncertain Future", Pacific Institute, Oakland, CA.

Custodio, E. (2003), "Intensive groundwater development: A water cycle transformation, a social revolution and a management challenge", dans L. Martinez-Cortina, A. Garrido et E. Lopez-Gunn (dir. pub.), "Water Workshop on Re-thinking Water and Food Security Paradigms", CRC Press, Londres, Royaume-Uni, http://www.rac.es/ficheros/doc/00734.pdf.

de Louw, P. (2013), "Saline seepage in deltaic areas", Vrije Universiteit Amsterdam, Pays-Bas, tiré de http://dare.ubvu.vu.nl/bitstream/handle/1871/48937/title_page.pdf?sequence=5.

EASAC (European Academies Science Advisory Council) (2010a), "Groundwater in the Southern Member States of the European Union: an assessment of current knowledge and future prospects- Country report for Greece", EASAC, Bruxelles. www.easac.eu/fileadmin/PDF_s/reports_statements/Greece_Groundwater_country_report.pdf.

EASAC (2010b), "Groundwater in the Southern Member States of the European Union: an assessment of current knowledge and future prospects – Country report for Italy", EASAC, Bruxelles. www.easac.eu/fileadmin/PDF_s/reports_statements/Italy_Groundwater_country_report.pdf.

Esteban, E. et A. Dinar (2012), "Cooperative Management of Groundwater Resources in the Presence of Environmental Externalities", *Environmental and Resource Economics*, Vol. 54, n° 3, pp. 443–469.

EUWIMed (European Union Water Initiative-Mediterranean region)(2007), "Mediterranean Groundwater Report", Technical report on groundwater management in the Mediterranean and the Water Framework Directive, EUWI, Bruxelles.

Famiglietti et al. (2011), "Satellites measure recent rates of groundwater depletion in California's Central Valley", *Geophysical Research Letters*, vol. 38, n° 3.

FAO (Organisation des Nations Unies pour l'alimentation et l'agriculture) (1999), "Irrigation in Asia in Figures", FAO, Rome.

FAO (2011), "The State of the World's Land and Water Resources for Food and Agriculture: Managing systems at risk", FAO, Rome.

Foster, S. et al. (2009), "Sustainable Groundwater Management Contributions to Policy Promotion", Banque mondiale, Washington, DC.

Foster, S. et H. Garduño (2013), "Irrigated agriculture and groundwater resources-towards an integrated vision and sustainable relationship", *Water Science & Technology*, Vol. 67, n° 6, p. 1165.

Foster, S., J. Chilton, G.-J. Nijsten et A. Richts (2013), "Groundwater—a global focus on the "local resource"", *Current Opinion in Environmental Sustainability*, Vol. 5, n° 6, pp. 685–695.

Freyman, M. (2014), "Hydraulic fracturing and water stress: Water demand by the numbers. Shareholders, lenders and operators guide to water sourcing", Ceres Consulting, Boston, MA.

Gardner, R., M.R. Moore et J.M. Walker (1997), "Governing a groundwater commons: a strategic and laboratory analysis of western water law", *Economic Inquiry*, Vol. 35, pp. 218-223.

Garrido, A et A. Iglesias (2006), "Groundwater's role in managing water scarcity in the Mediterranean Region", Symposium international sur la durabilité des ressources en eaux souterraines (ISGWAS), p. 113–138.

Garrido, A., P. Martínez-Santos et M. R. Llamas (2006), "Groundwater irrigation and its implications for water policy in semiarid countries: the Spanish experience", *Hydrogeology Journal*, Vol. 14, n° 3, pp. 340-349.

GIEC (Groupe d'experts intergouvernemental sur l'évolution du climat) (2007), «Bilan 2007 des changements climatiques – Conséquences, adaptation et vulnérabilité", dans M.L. Parry, *et al.* (dir. pub.), quatrième Rapport d'évaluation du Groupe d'experts intergouvernemental sur l'évolution du climat, Cambridge University Press, Cambridge.

Giordano, M. (2009), "Global Groundwater? Issues and Solutions", *Annual Review of Environment and Resources*, Vol. 34, n° 1, pp. 153–178.

Gleeson, T. et M. Cardiff (2013), "The return of groundwater quantity: a mega-scale and interdisciplinary "future of hydrogeology"?", *Hydrogeology Journal*, Vol. 21, n° 6, pp. 1169–71.

Green, T. R. *et al.* (2011), "Beneath the surface of global change: Impacts of climate change on groundwater", *Journal of Hydrology*, Vol. 405, n° 3-4, pp. 532–560.

GWP (Global Water Partnership) (2012), "Groundwater Resources and Irrigated Agriculture", GWP, Stockholm, Suède.

IGRAC (International Groundwater Resources Assessment Centre) (2004), "Short descriptions of global groundwater regions", IGRAC, Delft, Pays-Bas, www.un-igrac.org/dynamics/modules/SFIL0100/view.php?fil_Id=59.

IGRAC (2012), "Global groundwater information system - Global overview", mis à jour en 2012, IGRAC, Delft, Pays-Bas, http://ggmn.e-id.nl/ggmn/GlobalOverview.html.

Kemper, K.E. (2007), "Instruments and Institutions for Groundwater Management", dans Giordano, M. et K. Villholth (dir. pub.), *The Agricultural Groundwater Revolution: Opportunities and Threats to Development*, CABI, Oxford, Royaume-Uni.

Kuwayama, Y. et N. Brozović (2012), "Analytical hydrologic models and the design of policy instruments for groundwater-quality management", *Hydrogeology Journal*, vol. 20, n° 5, pp. 957–972.

Le Kama, A.A. et A. Tomini (2013), "Water Conservation Versus Soil Salinity Control", *Environmental Modeling & Assessment*, Vol. 18 (6), pp. 647-660.

Levy, M. et J. Christian-Smith (2011), "Groundwater Management in the Pajaro Valley", Pacific Institute, Oakland, CA.

Llamas, M. R. et A. Garrido (2007), "Lessons from intensive groundwater use in Spain: Economic and social benefits and conflicts", dans Giordano, M. et K. Villholth (dir. pub.), *The Agricultural Groundwater Revolution: Opportunities and Threats to Development*, CABI, Oxford.

Maliva, R.G. (2014), "Groundwater banking: opportunities and management challenges", *Water Policy*, vol. 16, n° 1.

Margat, J. et J. van der Gun (2013), *Groundwater around the World: A Geographic Synopsis,* CRC Press/Balkema, Taylor and Francis, Londres, Royaume-Uni.

Mitsubishi Research Institute, Inc. (2001), "Evaluation of Multifunctionality associated with Agriculture and Forestryrelated with the Global Environment and Human Life (in Japanese)", Mitsubishi Research Institute Inc., Tokyo.

Napoli, R. et S. Vanino (2011), "Valutazione del rischio di salinizzazione dei suoli e di intrusione marina nelle aree costiere delle regioni Meridionali in relazione agli usi irrigui", Istituto Nazionale di Economia Agraria (INEA), Rome.

OCDE (2015), *Water and cities: Ensuring sustainable futures*, OECD Studies on Water, OECD Publishing, Paris. DOI: http://dx.doi.org/10.1787/9789264230149-en

OCDE (2014a), "Global irrigation water demand projections to 2050: An analysis of convergences and divergences", [ENV/EPOC/WPBWE(2012)2/FINAL], OCDE, Paris .

OCDE (2014b), "Public goods and externalities: Agri-environmental policy measures in Japan" [COM/TAD/CA/ENV/EPOC(2013)56/FINAL], OECD, Paris.

OCDE (2013) "Costs and distributional impacts of inaction", in OECD, *Water Security for Better Lives*, OECD Publishing, Paris. DOI: http://dx.doi.org/10.1787/9789264202405-10-en

OECD (2010), *Gestion durable des ressources en eau dans le secteur agricole*, Études de l'OCDE sur l'eau, OECD Publishing, Paris. http://dx.doi.org/10.1787/9789264083592-fr.

Peck, J.C. (2007), "Groundwater management in the High Plains Aquifer in the USA: Legal problems and innovations", dans Giordano, M. et K. G. Villholth (dir. pub.) (2007), *The Agricultural Groundwater Revolution: Opportunities and Threats to Development*, CABI, Oxford.

Pfeiffer, L. et C.-Y. C. Lin, (2012), "Groundwater pumping and spatial externalities in agriculture", *Journal of Environmental Economics and Management*, Vol. 64, n° 1, pp. 16–30.

Rubio, S.J., et B. Casino (2003), "Strategic Behavior and Efficiency in the Common Property Extraction of Groundwater", *Environmental and Resource Economics*, Vol. 26, pp. 73-87.

Saak, A. E. et J. M. Peterson (2007), "Groundwater use under incomplete information", *Journal of Environmental Economics and Management*, Vol. 54, n° 2, pp. 214–228.

Scanlon, B. R. *et al.* (2012), "Groundwater depletion and sustainability of irrigation in the US High Plains and Central Valley", Proceedings of the National Academy of Sciences of the United States of America, Vol. 109, n° 24, pp. 9320–5, doi:10.1073/pnas.1200311109.

Schoengold, K. et D. Zilberman (2007), "The Economics of Water, Irrigation, and Development", *Handbook of Agricultural Economics*, Vol. 3, n° 6.

Scott, C.A. et T. Shah (2004), "Groundwater overdraft reduction through agricultural energy policy: insights from India and Mexico", *International Journal of Water Resources Development*, Vol. 20, n° 2, pp. 149–164.

Scott, C., S. Dall'erba et R.D. Caravantes (2010), "Groundwater Rights in Mexican Agriculture: Spatial Distribution and Demographic Determinants", *The Professional Geographer*, Vol. 62, n° 1, pp. 1-15.

Séguin, J.J., E. Gomez et A. Wuilleumier (2009), "Les indicateurs piézométriques: un outil dans la gestion des hydrosystèmes. Orientations méthodologiques", BRGM, Nancy.

Shah, T. (2008), "Taming the anarchy: groundwater governance in South Asia, Resources for the Future", Washington, DC, et International Water Management Institute, Colombo, Sri Lanka.

Shah, T, J. Burke, K.Villholth et M. Angelica (2007), "Groundwater: A Global Assessment of Scale and Significance", dans D. Molden (dir. pub.), "Water for Food, Water for Life: A Comprehensive Assessment of Water Management", pp. 395-423, International Water Management Institute, Sri Lanka.

Siebert, S. *et al.* (2010), "Groundwater Use for Irrigation – A Global Inventory", *Hydrology and Earth System Sciences*, Vol. 14, n° 10, pp. 1863–1880.

Sneed, M., J. Brandt et M. Solt (2013), "Land Subsidence Along the Delta-Mendota Canal in the Northern Part of the San Joaquin Valley, California, 2003-10", *Scientific Investigations Report* 2013–5142, United States Department of Interior and United States Geological Survey, Washington, DC, États-Unis, http://pubs.usgs.gov/sir/2013/5142/.

Snyder, J. (1955), "Ground Water in California: The Experience of Antelope Valley", *Giannini Foundation Ground Water Series* n° 2, http://ageconsearch.umn.edu/bitstream/147028/2/Snyder%20-%20Antelope%20Valley%20-%201955%20ocr%20version.pdf.

Sophocleous, M. (2012), "Conserving and extending the useful life of the largest aquifer in North America: the future of the High Plains/Ogallala aquifer", *Ground water*, Vol. 50, n° 6, pp. 831-9.

Taniguchi, M., W.C. Burnett et G.D. Ness (2008), "Integrated research on subsurface environments in Asian urban areas", *Science of the Total Environment*, Vol. 404, pp. 377-392.

Taylor, R. G. *et al.* (2012), "Ground water and climate change", *Nature Climate Change*, Vol.3, pp. 322-329, avril.

Teatini, P., M. Ferronato et G. Gambolati (2006), "Groundwater pumping and land subsidence in the Emilia-Romagna coastland, Italy: Modeling the past occurrence and the future trend", *Water Resources Research*, Vol. 42, W014066.

UNESCO (Organisation des Nations Unies pour l'éducation, la science et ka culture) (1984), Guidebook to studies of land subsidence due to ground-water withdrawal, publié par J.F. Poland, UNESCO-PHI, Paris.

van der Gun, J. (2012), "Groundwater and Global Change: Trends, Opportunities and Challenges", Programme mondial pour l'évaluation des ressources en eau, UNESCO, Paris. www.unesco.org/new/fileadmin/MULTIMEDIA/HQ/SC/pdf/Groundwater%20and%20Global%20Change.pdf.

Vrba, J. et A. Lipponen (dir. pub.) (2007), "Groundwater resources sustainability indicators", PHI-VI, Series on Groundwater, n° 14, UNESCO-PHI, Paris.

WHYMAP (World-wide Hydrogeological Mapping and Assessment Programme) (2004a), "Groundwater Resources of the World 1:50000", Bundesanstalt für Geowissenschaften und Rohstoffe (BGR), Hanovre. www.whymap.org/whymap/EN/Home/whymap_node.html.

WHYMAP (2004b), "Statistics", Bundesanstalt für Geowissenschaften und Rohstoffe (BGR), Hanovre. www.whymap.org/whymap/EN/Statistics/statistics_node_en.html.

Wijnen *et al.* (2012), "Managing the Invisible: Understanding and Improving Groundwater Governance", The Water Partnership Programme, Banque mondiale, Washington, DC.

Winter, T. C. *et al.* (1998). "Ground Water and Surface Water", *U.S. Geological Survey Circular* No. 1139, USGS, Denver, CO.

Annexe 2.A1

Typologies existantes relatives aux eaux souterraines et aux systèmes d'irrigation

Tableau 2.A1.1. Les régions hydrogéologiques IGRAC des pays de l'OCDE et leurs caractéristiques

Région IGRAC	Pays de l'OCDE	Catégorie	Principales caractéristiques géologiques	Climat	Ressources en eau souterraine
1. Ceinture montagneuse occidentale d'Amérique centrale et du Nord	Canada, États-Unis, Mexique	Région de hautes montagnes plissées	Socle de roches sédimentaires et métamorphiques et de roches volcaniques	Permafrost à climat océanique et aride	Ressources variables. Aquifère fluvial (Vallée centrale de Californie). Aquifères côtiers. (Baja California)
2. Plaines centrales d'Amérique centrale et du Nord	Canada, États-Unis, Mexique	Région de bassins sédimentaires	Épaisses couches de roches sédimentaires	Principalement sec	Ressources riches, aquifères majeurs : Ogallala, Grandes plaines du Nord
3. Bouclier canadien	Canada	Région de socle	Roches cristallines et quelques bassins sédimentaires	Neige, permafrost	Ressources limitées
4. Hautes terres des Appalaches	Canada, États-Unis	Région de hautes montagnes plissées	Roches métamorphiques et bassins sédimentaires	Humide	Ressources variables, surtout dans des roches carbonatées et des aquifères gréseux, ainsi que des aquifères alluviaux peu profonds
5. Îles des Caraïbes et plaines côtières d'Amérique centrale et du Nord	États-Unis, Mexique	Région de bassins sédimentaires	Plaines sédimentaires alluviales et marines, surmontées de roches volcaniques (Caraïbes)	Humide	Ressources abondantes dans des bassins sédimentaires alluviaux, aquifères généralement karstiques et parfois carbonatés et volcaniques
6. Ceinture andine	Chili	Région de hautes montagnes plissées	Roches métamorphiques, granitiques, volcaniques et sédimentaires	Variable, de humide à sec	Variables. Aquifères côtiers sédimentaires et volcaniques.
10. Boucliers baltique et celtique	Estonie, Finlande, Suède, Norvège, Islande, Irlande, Royaume Uni, France	Région de socle	Principalement roches cristallines, sédimentaires (EST, IRL), volcaniques (ISL).	Modérément à très humide	Ressources limitées. Aquifères locaux karstiques et volcaniques.
11. Plaines d'Europe	Royaume Uni, France, Belgique, Luxembourg, Pays-Bas, Danemark, Allemagne, Pologne	Région de bassins sédimentaires	Plaines composées de couches sédimentaires épaisses	Modérément humide	Ressources abondantes. Aquifère majeur (Bassin parisien), aquifère calcaire (aquifère crayeux au Royaume-Uni), aquifères gréseux.
12. Montagnes d'Europe centrale et du Sud	Portugal, Espagne, France, Allemagne, Suisse, Autriche, Italie, République tchèque, République slovaque, Slovénie, Hongrie, Grèce.	Région de hautes montagnes plissées	Structures cristallines, volcaniques et sédimentaires	Sec à humide (Alpes)	Ressources variables, importants bassins sédimentaires (vallée du Pô, plaines de Hongrie)

Source : IGRAC (2004) et Margat et van der Gun (2013).

Tableau 2.A1.2. Typologie de l'économie des eaux souterraines proposée par Shah et al. (2007)

	Systèmes agricoles arides	Systèmes agricoles industriels	Petite agriculture	Pastoralisme extensif faisant appel aux eaux souterraines
Pays	Algérie, Égypte, Iran, Irak, Libye, Maroc, Tunisie, Turquie	Afrique du Sud, Australie, Brésil, Cuba, Espagne, États-Unis, Italie, Mexique,	Afghanistan, Bangladesh, Népal, Pakistan, République populaire de Chine (Nord)	Afrique du Sud, Botswana, Burkina Faso, Éthiopie, Ghana, Kenya, Malawi, Mali, Namibie, Niger, Nigéria, Sénégal, Tanzanie, Tchad, Zambie
Superficie irriguée à partir d'eau souterraine	Moins de 6 millions d'hectares	6-70 millions d'hectares	71-500 millions d'hectares	Plus de 500 millions d'hectares desservis par des puits pour l'abreuvement du bétail
Climat	Aride	Semi-aride	Semi-aride à humide, de mousson	Régions arides à semi-arides
Niveau global des ressources hydriques nationales	Très faible	Bon à très bon	Bon à modéré	Systèmes mixtes d'élevage et de culture non irriguée
Pression de la population sur l'agriculture	Faible à moyen	Faible à très faible	Élevé à très élevé	Faible densité de population mais forte pression sur les zones de pâturage
Part des terres cultivées dans le territoire national[1]	1-5 %	10-50 %	40-60 %	5-8 %
Part des surfaces cultivées sous irrigation[1]	30-90 %	2-15 %	40-70 %	<5 %
Part des surfaces irriguées à partir d'eau souterraine dans les surfaces irriguées[1]	40-90 %	5-20 %	10-60 %	<1 %
Part de la superficie géographique totale sous irrigation à partir d'eau souterraine[1]	0.12-4.0 %	0.001-1.5 %	1.6-25.0 %	<0.001 % mais les zones de pâturage tributaires des eaux souterraines représentent 17 % environ du total
Organisation de l'agriculture	Petites et moyennes exploitations pratiquant une agriculture commerciale	Moyennes et grandes exploitations pratiquant une agriculture industrielle d'exportation	Très petites exploitations, agriculture de subsistance, systèmes d'exploitation paysanne mixte	Petit pastoralisme, souvent en relation saisonnière avec la petite agriculture
Facteur influant sur l'irrigation à partir d'eau souterraine	Absence d'autre forme d'irrigation ou moyen de subsistance	Forte rentabilité de l'agriculture commerciale	Nécessité d'absorber l'excédent de main-d'œuvre agricole en recourant à des technologies permettant d'accroître les superficies	Abreuvement du bétail

Tableau 2.A1.2. Typologie de l'économie des eaux souterraines proposée par Shah et al. (*suite*)

	Systèmes agricoles arides	Systèmes agricoles industriels	Petite agriculture	Pastoralisme extensif faisant appel aux eaux souterraines
Importance de l'irrigation à partir d'eau souterraine pour l'économie nationale	Faible (<2-3 % du PIB)	Faible (<0.5 % du PIB)	Modérée (5-20 % du PIB)	Modérée (5-20 % du PIB)
Importance de l'économie de l'irrigation à partir d'eau souterraine pour le bien-être de la population nationale	Faible à modérée	Faible à très faible	Très élevée (l'irrigation à partir d'eau souterraine concerne 40 à 50 % de la population rurale et 40 à 80 % de la production alimentaire)	Faible en termes de nombre d'éleveurs concernés, parfois modérée en termes d'approvisionnement alimentaire national
Importance de l'irrigation à partir d'eau souterraine pour la réduction de la pauvreté	Modérée	Très faible	Très élevé	Les eaux souterraines jouent un rôle central dans les systèmes de subsistance pastoraux, mais les possibilités d'y recourir davantage pour lutter contre la pauvreté sont limitées
Valeur brute de la production bénéficiant de l'irrigation à partir d'eau souterraine	6-8 milliards USD	100-120 milliards USD	100-110 milliards USD	2-3 milliards USD

Note : 1. Les fourchettes d'estimation fournies sur ces lignes correspondent au classement de Shah et al. (2007) ; elles ne reflètent pas nécessairement des estimations réelles (mais plutôt les approximations de ces auteurs).

Source : Shah et al. (2007).

Tableau 2.A1.3. Typologie GW-MATE des systèmes hydrogéologiques

Typologie générale des masses d'eaux souterraines	Subdivisions par type de situation ou processus en jeu
(1) Exposé à une dégradation très poussée et quasi-irréversible, ainsi qu'à un risque de conflit entre usagers	(a) Soumis à une exploitation intensive (b) Vulnérable à la pollution diffuse d'origine terrestre (c) Subissant un appauvrissement des réserves non renouvelables
(2) Exposé à un risque de conflit entre usagers, mais non à un risque de dégradation quasi-irréversible	(a) Soumis à des prélèvements croissants à grande échelle (b) Vulnérable à la pollution de source ponctuelle (c) Ressources internationales/interétats partagées
(3) Insuffisance (ou exploitation inadéquate) des connaissances scientifiques pour orienter la politique et le processus de développement	(a) Mais susceptible d'améliorer le bien-être et les moyens de subsistance des populations rurales (b) Présence de problèmes de qualité à l'état naturel (c) Mais possibilités de planifier une utilisation combinée à grande échelle

Source : Foster et al. (2009).

Tableau 2.A1.4. Typologie proposée de l'utilisation des ressources en eau souterraine et de surface pour l'irrigation, en fonction des conditions climatiques

	Conditions favorables aux prélèvements d'eau souterraine (coefficient de transmissivité et volume de stockage élevés)	**Conditions défavorables aux prélèvements d'eau souterraine** (coefficient de transmissivité et volume de stockage faibles)
Conditions climatiques défavorables (faible taux de recharge des nappes)	Irrigation à partir d'eau de recharge provenant de masses d'eau superficielles et souterraines (si des eaux de surface provenant de zones où les conditions climatiques sont favorables sont disponibles) ou irrigation à partir d'eau souterraine non renouvelable tirée de puits profonds	Irrigation à partir d'eau superficielle de ruissellement (provenant de canaux, cours d'eau ou réservoirs) issues de zones où les conditions climatiques sont favorables
Conditions climatiques favorables (fort taux de recharge des nappes)	Irrigation faisant principalement appel à des ressources en eau souterraine renouvelables tirées de sources et de puits	Irrigation à partir d'eau de surface (provenant de canaux, cours d'eau ou réservoirs)

Source : Siebert et al. (2010).

Chapitre 3

Quels instruments de politique pour gérer l'utilisation des eaux souterraines de manière durable ?

Ce chapitre présente une analyse normative des politiques de gestion des eaux souterraines en agriculture. À travers un prisme économique, il examine la justification des politiques et de la gestion publiques des eaux souterraines, et expose les avantages et inconvénients des principaux instruments utilisés pour gérer l'utilisation des eaux souterraines dans l'agriculture.

Les données statistiques concernant Israël sont fournies par et sous la responsabilité des autorités israéliennes compétentes. L'utilisation de ces données par l'OCDE est sans préjudice du statut des hauteurs du Golan, de Jérusalem Est et des colonies de peuplement israéliennes en Cisjordanie aux termes du droit international.

Principaux messages

Des politiques publiques sont nécessaires pour remédier aux externalités produites par l'utilisation intensive des eaux souterraines et faire face à l'épuisement à long terme de ces ressources. Dans d'autres cas, comme l'épuisement temporaire ou la gestion des ressources en eau souterraine renouvelables utilisées en complément des eaux de surface, la spécificité des systèmes hydrogéologiques locaux (chapitre 2) et des contraintes associées devrait déterminer le moment où l'intervention des pouvoirs publics devient nécessaire.

Parmi l'éventail des instruments disponibles pour relever ces défis, il convient de privilégier les instruments agissant sur la demande, qui offrent des incitations à plus long terme, et de les compléter par des instruments visant l'offre. De multiples moyens d'intervention ont été conçus soit pour réduire la demande, soit pour augmenter l'offre d'eau pour les irrigants, directement ou indirectement. Parmi ces instruments, ceux qui visent la demande, comme la réduction quantitative, la réglementation des puits ou la tarification, agissent sur les incitations adressées aux utilisateurs, tandis que les instruments axés sur l'offre, comme la recharge ou le stockage d'eau de surface, ne font qu'atténuer une pression sans influer sur les incitations sous-jacentes qui déterminent les systèmes de production.

S'agissant de la gestion des eaux souterraines, aucun moyen d'intervention en particulier ne peut permettre à lui seul de faire face aux différents contextes. À l'échelle d'une même région, le classement des différentes mesures possibles considérées sous l'angle du bien-être peut varier selon les objectifs environnementaux et hydrologiques retenus. Pour pouvoir procéder à une analyse efficace des instruments de gestion, il est nécessaire de comprendre les facteurs économiques qui influencent le processus de prise de décision concernant l'utilisation des eaux souterraines, les effets potentiels de différents types d'intervention sur le bien-être et l'environnement et leurs implications pour la gestion à long terme des aquifères.

Les responsables des politiques publiques devraient privilégier une démarche de gestion globale et adaptative. L'amélioration de la collecte et du suivi des informations, l'abaissement des coûts de transaction et la conception de variantes adaptées au contexte local dans les cadres réglementaires en place. La participation des acteurs locaux, pourraient contribuer à renforcer l'efficacité et la mise en œuvre des moyens d'intervention.

Les différentes approches ont un rôle à jouer dans un cadre de gestion et devraient être adaptées au contexte local.

- Du côté de la demande, les dispositions réglementaires se heurtent généralement à des contraintes en matière d'information qui empêchent de mettre en place une réglementation ciblée et efficace ; les mesures économiques peuvent produire des résultats efficaces, mais avoir des coûts de transaction élevés ; et les systèmes de gestion collective sont fondamentalement adaptés aux contraintes locales, mais ils dépendent de la participation et de l'adhésion des utilisateurs.
- Les approches axées sur l'offre peuvent offrir un moyen complémentaire de s'affranchir de contraintes fortes mais peuvent aussi être coûteuses et par conséquent nécessiter des financements et des investissements considérables.
- Chacun de ces instruments exige également la collecte de données et d'informations et des mécanismes efficaces de suivi des utilisateurs et de sanction.

Le chapitre 4 passera en revue les types de mesures employés pour gérer les eaux souterraines utilisées à des fins agricoles dans les pays de l'OCDE, tandis que le chapitre 5 portera sur leurs performances à la lumière des conclusions ci-dessus.

À la recherche de solutions de gestion efficaces et efficientes

L'eau souterraine est une ressource importante pour les utilisateurs agricoles, car elle représente un quart des prélèvements d'eau douce à l'échelle mondiale et contribue largement à l'irrigation dans plusieurs pays de l'OCDE (chapitre 1). L'utilisation de cette ressource n'est souvent assujettie à aucun contrôle ni à aucune réglementation. Toutefois, comme on l'a vu au chapitre 2, la surexploitation des eaux souterraines peut avoir des conséquences négatives dans certains systèmes hydrogéologiques, notamment sur les puits voisins et les cours d'eau adjacents, ainsi que sur les ressources en eau auxquelles auront accès à l'avenir des populations de plus en plus nombreuses (chapitre 2).

Il est essentiel pour les responsables de l'action publique agricole et environnementale, de plus en plus préoccupés par ces problèmes, de trouver le moyen de s'y attaquer d'une manière économiquement efficiente. Ce chapitre examine les aspects économiques de la gestion des eaux souterraines utilisées à des fins agricoles. En s'appuyant sur les leçons tirées des études consacrées à ce domaine et sur un modèle économique simplifié, il passe en revue et analyse les principaux moyens d'intervention, et plus particulièrement ceux visant à faire face à l'épuisement des ressources en eau souterraine et aux externalités. Il ne vise pas à présenter un examen détaillé des politiques et des pratiques de gestion des eaux souterraines — c'est là l'objet du chapitre 4. Il s'agit plutôt d'aider à comprendre et évaluer les politiques publiques entourant la gestion des eaux souterraines en agriculture[1].

La première section de ce chapitre traite du champ couvert par la gestion des eaux souterraines. La deuxième section présente une vue d'ensemble des approches de gestion et la troisième section fait apparaître, à partir d'un modèle économique simple, les facteurs qui ont de l'importance. Les quatrième et cinquième sections analysent les principaux moyens d'intervention utilisés pour la gestion des eaux souterraines sous l'angle de l'offre et de la demande.

Champ de l'action publique : gérer l'épuisement à long terme des ressources et les externalités qui en découlent

La première question fondamentale qu'il importe de se poser avant de procéder à une analyse des politiques consiste à se demander si une intervention est justifiée. La théorie de l'économie publique soutient la poursuite d'actions en présence d'imperfections et de défaillances du marché. La définition des biens publics par opposition aux biens privés n'est, par contre, pas toujours claire dans le cas de l'eau (voir par exemple, OCDE, 2015), et peut-être encore plus complexe dans le cas particulier des eaux souterraines (Mechlem, 2012).

Les eaux souterraines sont souvent considérées comme des ressources à gestion partagée (Foster et al., 2009; Lopez-Gunn et al., 2012a), c'est-à-dire des ressources caractérisées par la difficulté d'exclure des bénéficiaires potentiels et la soustractibilité des unités. Toute unité extraite par un utilisateur n'est plus disponible pour un autre utilisateur (Schlager, 2007). Néanmoins, cette définition peut toutefois être trompeuse. Les ressources à gestion partagée et les biens privés au sens strict se trouvent aux extrêmes d'un spectre, et la plupart des aquifères se situent en un point quelconque de ce continuum. Il n'est donc souvent pas pertinent de qualifier les eaux souterraines de ressources à gestion partagée, car leur statut dépend de la nature de l'aquifère (Brozovic et al., 2006). Un aquifère ayant un coefficient d'emmagasinement élevé[2] et une faible transmissivité se rapproche davantage d'un bien privé que d'une ressource à gestion partagée (Huang et al., 2012). En conséquence, les avantages produits par des mesures de gestion peuvent être moins importants que prévu et très variables (Brozovic et al., 2006). Le degré de connexion avec les systèmes d'eaux de surface peut par ailleurs contribuer à déterminer dans quelle mesure les eaux souterraines peuvent être considérées comme des biens privés ou des ressources à gestion partagée.

Les ressources à gestion partagée posent des problèmes d'offre et d'appropriation qui tiennent, respectivement, aux difficultés associées au maintien et à la préservation des ressources et aux défis liés à leur allocation. Il existe différentes réponses institutionnelles à ces problèmes, qui vont d'institutions de gestion coopératives à des institutions réglementaires non coopératives ou exogènes (Madani et Dinar, 2013). Si les problèmes d'offre nécessitent le plus souvent une intervention de l'État, les difficultés d'allocation peuvent dans certains cas être résolues par les utilisateurs eux-mêmes (Schlager, 2007).

Á quel moment la gestion engendre des gains de bien-être ? Dans le cas de la gestion des eaux souterraines en tant que ressource renouvelable, la littérature n'apporte pas de réponse générale. Cet aspect a fait l'objet d'un certain nombre d'articles économiques (Koundouri, 2004 ; Roumasset et Wada, 2013), le plus souvent sous l'angle des prélèvements d'eau souterraine, ou à titre d'exemple de gestion d'une ressource renouvelable, dans un contexte relativement simplifié, et en supposant l'absence de toute externalité, l'existence de droits de propriété relativement bien définis et des aquifères relativement importants (capacité d'emmagasinement élevée, faible transmissivité) (voir, par exemple, Gisser et Sanchez, 1980). La conclusion de ces travaux est que les avantages de la gestion de l'irrigation à partir d'eau souterraine ne sont pas toujours importants, et qu'ils dépendent dans une très large mesure de paramètres économiques, hydrologiques et agronomiques (Koundouri, 2004).

Toutefois, comme dans d'autres domaines des politiques environnementales, il est incontestablement essentiel de gérer les eaux souterraines utilisées à des fins agricoles lorsqu'il existe des externalités négatives qui ne sont pas prises en compte par les utilisateurs. D'importantes études ont été consacrées aux critères qui pourraient être retenus pour déterminer à quel stade le pompage des eaux souterraines devient nuisible (voir le chapitre 2 et Llamas et Garrido, 2007). Ainsi, il s'avère rarement approprié de lutter contre l'épuisement de toutes les ressources (Giordano, 2009 ; GWP, 2012). Faire face aux externalités induites par les activités de pompage est toutefois un objectif couramment défini dans la littérature (par exemple, Garduño et Foster, 2010 ; Llamas, 2004 ; Llamas et Martinez-Santos, 2005 ; OCDE, 2013a). Comme on l'a vu au chapitre 2, il existe de multiples types d'externalités, entraînant différents degrés de dommages, et uniquement applicables à des systèmes hydrogéologiques particuliers. Or, même les cas les plus courants de baisse du rendement des puits et d'augmentation des coûts de pompage peuvent appeler une gestion, surtout si leur aggravation risque d'entraîner des conséquences plus importantes.

Parallèlement, l'épuisement à long terme des ressources en eau souterraine (ou des aquifères relativement grands) nécessitera aussi en général une intervention des pouvoirs publics. Dans de tels cas, le caractère de ressource à gestion partagée peut prendre le dessus à mesure que la ressource moyenne disparaît. Les problèmes de qualité et les externalités affectant les écosystèmes sont aussi susceptibles d'augmenter à mesure que le niveau baisse. En outre, le problème d'approvisionnement que pose l'épuisement des ressources peut nécessiter une planification et une gestion à long terme pour éviter les futurs problèmes d'appropriation.

Ces justifications reflètent les pratiques actuelles. Depuis une dizaine d'années, l'évolution de la politique de gestion des eaux souterraines a été motivée par deux grands types de préoccupations, en particulier dans les pays membres de l'OCDE. Premièrement, les préoccupations suscitées par la dégradation des systèmes aquifères concernent les changements observés en termes de quantité et de qualité des eaux souterraines disponibles, ainsi que la possibilité d'affaissements de terrain irréversibles (voir, par exemple, Konikow, 2013). Deuxièmement, les interactions entre les systèmes d'eaux souterraines et d'eaux de surface contribuent également dans une très large mesure à l'évolution des politiques concernant les eaux souterraines. Les préoccupations suscitées par le tarissement des cours d'eau ont ainsi donné lieu à l'adoption de réglementations portant sur l'utilisation des eaux souterraines dans un certain nombre de bassins fluviaux communs à plusieurs États aux États-Unis, comme les bassins des rivières Pecos (Texas et Nouveau-Mexique), Arkansas

(Kansas et Colorado) et Republican (Kansas, Nebraska et Colorado) ou, dans d'autres pays, comme le bassin du Guadalquivir en Espagne. Les effets dommageables du tarissement des cours d'eau sur les habitats et les espèces menacées ont aussi donné lieu à l'adoption de réglementations, notamment dans plusieurs États des États-Unis.

En revanche, si de nombreuses études économiques ont été consacrées au cours de ces trente dernières années aux interférences entre des puits de pompage adjacents, et aux comportements stratégiques que peuvent adopter les producteurs lorsque de telles interférences se produisent, ces interférences n'ont guère suscité de modifications contraignantes des politiques de gestion des eaux souterraines, à quelques exceptions près. Cela pourrait tenir au fait que – du moins dans le cas de l'agriculture irriguée pratiquée dans de nombreux pays membres de l'OCDE – les puits sont suffisamment espacés pour que les effets externes du pompage subis par les propriétaires des puits voisins soient relativement faibles par rapport au rabattement provoqué par les pompages effectués à partir du puits considéré (Brozović et al., 2010). De fait, les règlements relatifs à l'espacement des puits constituent un type de mesure localement adapté de façon précise pour réduire le risque d'interférence entre les puits. Par ailleurs, les producteurs interrogés ne semblent guère se préoccuper, dans l'ensemble, du comportement stratégique que pourraient adopter leurs voisins (Dixon 1989). Aussi ce chapitre ne sera-t-il pas axé sur les comportements stratégiques en tant que motif fondamental des producteurs agricoles ni en tant que facteur déterminant de l'évolution des politiques[3].

Le choix des instruments d'action : un large éventail d'options

La gestion des eaux souterraines exige de bien comprendre les flux et les effets directement associés au pompage, afin de déterminer quel impact peut avoir l'action des pouvoirs publics. L'encadré 3.1 décrit un modèle théorique simple d'aquifère non confiné lié à des systèmes d'eaux de surface pour illustrer différents aspects essentiels du couple nature-êtres humains et la dynamique de ce couple. Ce modèle simplifié montre : a) que de multiples flux coexistent au sein des systèmes hydrogéologiques, b) que différents puits peuvent avoir différents effets, en fonction de leur emplacement et de leur profondeur relatifs, et c) que les pratiques d'irrigation des cultures peuvent aussi jouer.

Même s'il existe des différences spécifiques entre les objectifs et les systèmes, il est indispensable de mettre en place des mécanismes pour contrôler le pompage et/ou l'accès accru à d'autres sources d'eau afin de remédier à l'épuisement des ressources hydrogéologiques et/ou aux externalités associées. Deux types de politiques pourront donc être mises en œuvre :

- Des politiques *agissant sur la demande* pour réduire la consommation d'eau. Les instruments peuvent être axés sur l'autorisation d'utiliser des puits (et agir sur la marge extensive) ou sur l'utilisation réelle de ces puits (marge intensive), au moyen d'approches directes ou indirectes. Des mesures de contrôle agricole spécifiques, notamment l'utilisation des terres, le choix des cultures, le type d'irrigation or les contrats énergétiques, peuvent servir de leviers indirects supplémentaires pour maîtriser l'utilisation des eaux souterraines. Les politiques concernant l'agriculture et la conservation ainsi que les pratiques associées peuvent également influer sur cette utilisation.
- Des politiques *agissant sur l'offre* pour accroître les ressources en eau disponibles pour l'irrigation et d'autres usages. Ces stratégies viseront à augmenter le stockage d'eau souterraine et/ou à exploiter d'autres sources d'eau (par exemple, eaux de surface, eaux usées traitées). Améliorer l'accès aux eaux de surface pour l'irrigation, grâce à des investissements dans les infrastructures, ainsi que l'utilisation ou le stockage des eaux usées recyclées, figure parmi les

approches encouragées récemment. Le recours à la désalinisation et aux "banques d'eau" reste encore peu répandu en agriculture en raison du coût d'entrée associé.

Encadré 3.1. Un modèle simple des interactions êtres humains-nature dans un aquifère

Graphique 3.1. Diagramme transversal des interactions dans un système associant eaux de surface et eaux souterraines

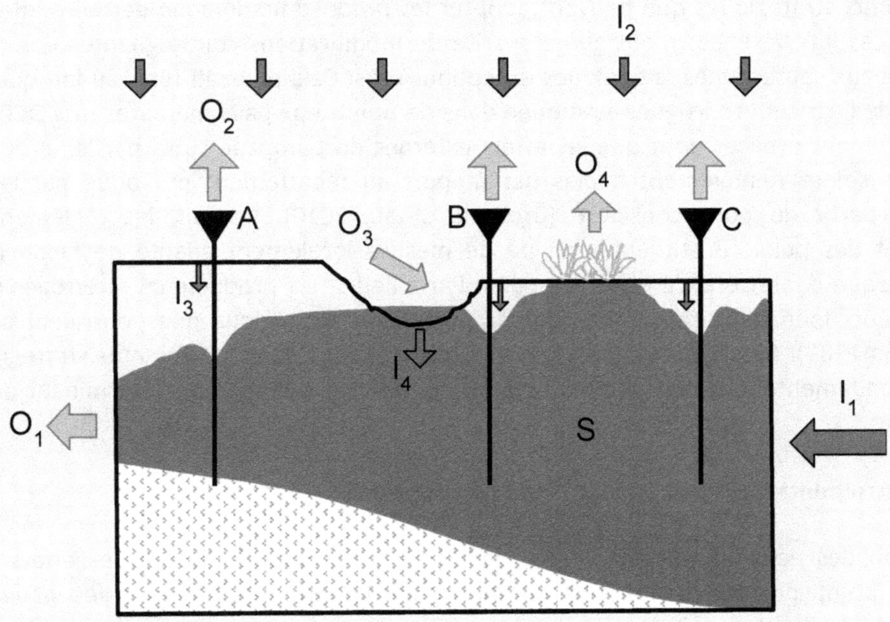

Note : A, B et C indiquent l'emplacement de trois puits. S représente l'aquifère et la zone hachurée située sous S représente une lentille d'eau salée. Les coûts unitaires de pompage sont plus élevés pour le puits A parce que la distance entre la surface et les eaux souterraines est plus grande que pour les autres puits. L'épaisseur de la zone saturée de l'aquifère est en outre plus faible sous le puits A que sous les puits B et C, ce qui signifie que le puits A aura le rendement le plus faible (taux d'application instantanée).

Le graphique 3.1 représente une coupe transversale d'un système hypothétique associant eaux de surface et eaux souterraines. Elle indique trois puits (désignés par les lettres **A**, **B** et **C**) qui sont utilisés pour pomper des eaux souterraines à des fins agricoles. Le système d'aquifère régional est alimenté par différentes sources. Le débit entrant d'eaux souterraines régionales dans la zone sous gestion est indiqué par la lettre $\mathbf{I_1}$, et la proportion des précipitations rechargeant l'aquifère (percolation des précipitations) est dénotée par $\mathbf{I_2}$. Les rejets d'eau d'irrigation sont indiqués par $\mathbf{I_3}$, et $\mathbf{I_4}$ indique la recharge résultant des interactions entre le système de cours d'eau et l'aquifère. $\mathbf{O_1}$ désigne le débit sortant des eaux souterraines de la région, $\mathbf{O_2}$ désigne l'évapotranspiration des cultures, $\mathbf{O_3}$ indique les écoulements des eaux de surface et des eaux souterraines dans le réseau hydrographique, et $\mathbf{O_4}$ est l'eau d'évapotranspiration de la végétation naturelle qui est nécessaire au maintien des écosystèmes tributaires des eaux souterraines. Le bilan massique de l'aquifère à une période donnée est représenté par la relation entre la somme des entrées $(\mathbf{I_1} - \mathbf{I_4})$, la somme des sorties $(\mathbf{O_1} - \mathbf{O_4})$, et la variation des volumes d'eau disponibles emmagasinés dans l'aquifère (ΔS)

$$\sum_{n=1}^{4} \mathbf{I_n} - \sum_{n=1}^{4} \mathbf{O_n} = \Delta \mathbf{S}$$

Cette équation du bilan massique ne précise pas la durée de la période considérée, de sorte qu'elle vaut tout autant pour les analyses à court terme que pour les analyses à long terme. Le graphique théorique nous permet d'analyser les impacts régionaux et locaux de l'utilisation des eaux souterraines à des fins agricoles sur le système eaux de surface-eaux souterraines. Le bilan massique montre clairement que, pour que l'aquifère soit en situation d'équilibre — situation qui se produit lorsque la quantité d'eau emmagasinée ne se modifie pas, c'est-à-dire lorsque $\Delta S = 0$ — il faut que les entrées et les sorties dans le système s'équilibrent. Si les sorties totales du système eaux de surface-eaux souterraines sont supérieures aux entrée totales, la variation des quantités emmagasinées est négative, et l'aquifère se tarit. Si les entrées totales sont supérieures aux sorties totales, l'aquifère se recharge.

suite

Encadré 3.1. Un modèle simple des interactions êtres humains-nature dans un aquifère *(suite)*

Dans une optique régionale, si le débit entrant des eaux souterraines dans le système (I_1) ou les précipitations (I_2) diminuent, même si les prélèvements d'eau souterraine (O_2) n'augmentent pas, il se produira soit une diminution du débit sortant du système, soit une diminution de la contribution des eaux souterraines au débit de base des cours d'eau (O_3) ou aux écosystèmes tributaires des eaux souterraines (O_4). Une réduction des débits peut avoir des répercussions sur les habitats des cours d'eau et provoquer des conflits en aval ou des conflits transfrontaliers concernant l'allocation des eaux de surface communes. Si les producteurs agricoles accroissent l'efficacité de leurs systèmes d'irrigation tout en continuant de pomper les mêmes quantités d'eau, la recharge I_3 diminue, et il se produit dans ce cas encore une réduction des quantités sortantes, des quantités emmagasinées ou des deux. Fait important, durant les années de sécheresse, toutes les entrées d'eau diminuent, tandis que la demande d'eau des cultures et de la végétation s'accroît, de sorte que l'on assiste à une réduction de l'écoulement fluvial des rivières qui sont raccordées à l'aquifère dans le cadre du système hydrologique, ainsi qu'à une réduction des quantités d'eau disponibles pour les autres écosystèmes tributaires des eaux souterraines.

Outre les impacts régionaux qu'il peut avoir sur le système des eaux souterraines, le pompage de ces ressources peut avoir des impacts localisés. Ces externalités géographiques peuvent comprendre le tarissement des cours d'eau et l'abaissement de la nappe d'eau locale. Par ailleurs, étant donné que **B** est plus proche de la rivière que les puits **A** et **C**, les opérations de pompage auront un impact plus important pour chaque unité d'eau pompée à partir du puits **B** qu'à partir des autres puits. En revanche, aussi bien les puits B que C peuvent avoir des répercussions sur les écosystèmes tributaires des eaux souterraines (responsables d'O_4 dans le graphique 3.1) si leurs cônes de dépression respectifs abaissent le niveau de la nappe d'eau dont l'écosystème est tributaire.

Si de l'eau salée se trouve en dessous de l'aquifère d'eau douce, le processus d'épuisement de l'aquifère peut entraîner une réduction de la qualité de l'eau au puits où elle est prélevée, et compromettre l'irrigation des cultures. Par exemple, dans le graphique 3.1, une lentille d'eau salée (représentée par la zone hachurée) est située sous l'aquifère d'eau douce. La diminution de la quantité d'eau douce emmagasinée dans l'aquifère permet à l'eau salée de remonter. Lorsque l'eau salée atteint une zone se trouvant à l'intersection de la partie du puits équipée du filtre — comme on peut le voir pour le puits **A** — la qualité de l'eau diminue rapidement.

Le tableau 3.1 donne un rapide aperçu des approches et des instruments appliqués. Par souci de cohérence et de commodité, on distingue trois grands types d'approches de la gestion, réglementaire, économique et collective, sachant qu'un certain nombre d'autres classifications sont proposées dans la littérature[4]. En pratique, ces catégories peuvent se chevaucher dans une certaine mesure ; ainsi, l'application rigoureuse des réglementations sert souvent de base à l'établissement de mécanismes économiques, et ces derniers doivent pouvoir s'appuyer sur un cadre réglementaire suffisamment développé. De plus, les instruments sont plus souvent combiné qu'appliqués individuellement. Chacune des cellules du tableau propose des exemples d'instruments publics susceptibles d'influer sur la gestion des eaux souterraines en agriculture. Les approches privées fondées sur des instruments juridiques — comme l'adjudication ou les actions en justice — n'y figurent pas car elles n'entrent dans aucune des catégories indiquées ci-dessus.

Du fait du grand nombre d'instruments potentiels énumérés au tableau 3.1, des arbitrages et des orientations seront nécessaires. Ainsi qu'on l'a noté au chapitre 2, tout comme les systèmes hydrogéologiques sont divers et associés à des défis particuliers, toutes les options ne seront pas utiles dans tous les contextes. Les aspects économiques de la gestion des eaux souterraines offrent une base de discussion utile. La section suivante propose les éléments d'un modèle devant permettre d'identifier les facteurs de différenciation à prendre en compte pour choisir les moyens d'action. Ce cadre servira ensuite pour évaluer certaines des principales approches de gestion envisageables.

Tableau 3.1. Principaux types d'instruments employés pour la gestion des eaux souterraines en agriculture

		Approches réglementaires	Instruments économiques	Gestion collective
Approches axées sur la demande	***Marge extensive (puits)***	Permis obligatoire pour les puits	Taxes sur les puits	Partage des investissements et des décisions de forer des puits
	Marge intensive (utilisation)	*Directes* : Droits sur l'eau, obligation de surveillance, quotas, efficacité minimale *Indirectes :* Réglementations concernant la terre, la préservation ou l'utilisation de l'énergie[1]	*Directs :* Tarification de l'eau souterraine, plafonds et échange de droits sur l'eau souterraine, mécanismes en faveur d'une utilisation rationnelle de l'eau *Indirects :* Programmes d'aide à l'agriculture, paiements écoconditionnels et mécanismes volontaires de conservation, mesures énergétiques et mesures foncières fondées sur la fiscalité et le marché[1]	*Directe :* Mécanismes volontaires élaborés par les parties concernées afin de réduire le pompage d'eau souterraine
Approches axées sur l'offre	***Offre supplémentaire destinée au stockage***	Objectifs réglementaires concernant le stockage assortis d'amendes et de pénalités	Programmes de partage des coûts, prêts, mécanismes de banques d'eaux souterraines subventionnés	Construction d'infrastructures à coûts partagés, programmes de stockage et récupération en aquifère
	Offre supplémentaire destinée à l'utilisation	Réallocation de l'eau de surface	Financement d'infrastructures (barrages, traitement, désalinisation).	Plans de gestion collective, utilisation d'eau recyclée pour l'irrigation

1. Les instruments indirects sont présentés ici comme des approches intentionnelles, mais peuvent aussi être mis en œuvre à d'autres fins et influer involontairement sur l'utilisation des eaux souterraines.

Quels facteurs comptent dans le choix des instruments ?

Un modèle économique simplifié pour saisir des éléments d'appréciation essentiels

Nous présentons ici les principales caractéristiques et résultats d'un modèle simple d'utilisation d'eau souterraine à des fins agricoles pour permettre de saisir des éléments d'appréciation essentiels concernant d'autres politiques de gestion des eaux souterraines. Le modèle est présenté plus en détail à l'annexe 3.A.1. Il est fondé sur les travaux de Brozović et Young (2014), et met principalement l'accent sur l'utilisation d'instruments agissant sur la demande pour modifier les pratiques adoptées par les exploitants situés dans un bassin hydrogéologique afin de faire face à une contrainte externe (en l'occurrence l'épuisement global des ressources ou le tarissement des cours d'eau, mais ce n'est qu'un exemple, le modèle pourrait s'adapter). Un certain nombre de réserves s'appliquent à ce modèle, généralement mentionnées dans les travaux publiés :

- Il concerne principalement les quantités d'eau globales utilisées pendant l'intégralité de la période de végétation.
- Il est une simplification de la dynamique des aquifères et de comportements stratégiques complexes (voir, par exemple, Saak et Peterson 2007, Athanassoglou et al., 2012).[5]
- Il part de l'hypothèse que les eaux souterraines sont mesurables.

- Les fonctions des bénéfices de chaque puits sont supposées indépendantes, de sorte que les opérations de pompage effectuées à partir d'un puits n'ont pas d'effet sur les opérations de pompage effectuées à partir d'autres puits.[6]
- Les utilisateurs sont supposés avoir une attitude neutre à l'égard des risques.

L'inclusion d'évolutions dynamiques géographiques plus réalistes produit des résultats similaires sur le plan qualitatif dans des conditions d'optimalité plus complexes (voir, par exemple, Brozović et al., 2010 ; Kuwayama et Brozović, 2013). L'aspect stratégique produit effectivement des résultats théoriques intéressants, mais ne correspond peut-être pas à la situation d'une grande majorité d'aquifères.

Le noyau du modèle micro-économique est fondé sur l'optimisation du comportement de pompage pour chaque puits. Il s'appuie par conséquent sur une population de puits, représentant des utilisateurs, la fonction des bénéfices pour le pompage dépendant pour chacun des paramètres propres au puits considéré (type de sol, technologie d'irrigation, choix de gestion des cultures au niveau des parcelles) et intégrant une fonction de production agricole. Toutes choses étant égales par ailleurs, les coûts de production des producteurs augmentent, par exemple, avec la profondeur des eaux souterraines ou la diminution du rendement du puits. Les plantes cultivées sur un sol sablonneux ont besoin de plus d'eau pour produire le même rendement que celles qui sont cultivées dans un champ dont le sol a un grain plus fin. La fonction de bénéfices intègre également des paramètres qui affectent tous les utilisateurs, notamment les prix des intrants et des produits et les conditions météorologiques[7]. Il faut ainsi s'attendre à ce que les bénéfices engendrés par l'arrosage des cultures, quelle que soit la quantité d'eau considérée, soient plus importants durant une année sèche que durant une année humide.

Dans ce contexte, la fonction globale des bénéfices nets est égale à la somme des bénéfices individuels. Le problème général de la gestion des eaux souterraines consiste à maximiser la somme des bénéfices économiques du pompage d'eaux souterraines à des fins agricoles à partir de chaque puits, compte tenu des contraintes liées aux impacts hydrologiques des pompages effectués à des fins agricoles[8].

Ajuster l'utilisation des eaux souterraines en agriculture pour limiter l'épuisement global des aquifères

Si la gestion des ressources a principalement pour objet d'éviter l'épuisement de l'aquifère, les réglementations doivent viser à ramener, chaque année, les quantités d'eau pompées à un niveau inférieur à une quantité donnée spécifiée par un modèle hydrologique, c'est-à-dire la quantité nécessaire pour maintenir le débit de base ou préserver les niveaux piézométriques nécessaires aux écosystèmes tributaires des eaux souterraines. Dans une optique de gestion, il peut être commode de fixer le plafond des quantités pompées au même niveau chaque année, bien que cela ne soit pas nécessaire[9].

Le problème présenté ici n'est pas le meilleur moyen d'atteindre un optimum social pour le système constitué par le couple nature-être humain (encadré 3.1). Pour procéder à la meilleure optimisation possible, il serait nécessaire d'évaluer de manière explicite tous les services environnementaux associés aux ressources en eau souterraine, à l'heure actuelle et à l'avenir. En pratique, la société décide du niveau de services hydrologiques qui est souhaitable, de sorte que le problème économique consiste à atteindre ce niveau en retenant une solution qui permet de maximiser les avantages pour les utilisateurs de l'eau. Ce processus donne lieu à une évaluation implicite, mais non explicite, des services environnementaux. Ce type de processus de prise de décision cadre mieux avec le problème de gestion des eaux souterraines qui se pose en réalité que la méthode consistant à rechercher la meilleure optimisation possible.

Dans le cas le plus simple, il est possible de poser en hypothèse que toutes les activités de pompage ont le même impact sur l'épaisseur saturée de l'aquifère. Ce sera le cas par exemple d'un aquifère composé d'une cellule unique comme celui modélisé par Gisser et Sanchez (1980) ou d'aquifères plus complexes dans le cas desquels les responsables de l'action publique se préoccupent uniquement de la quantité globale d'eau emmagasinée dans le système. Le problème de gestion peut donc être ramené à un problème de maximisation des bénéfices sous une contrainte globale de pompage.

Il peut donc être démontré que l'allocation optimale des ressources en eau entre tous les utilisateurs d'eaux souterraines assujettis à une contrainte est l'allocation qui permet d'assurer l'égalité des bénéfices marginaux des différents utilisateurs à chaque période. En particulier, en l'absence d'une contrainte de pompage, ce modèle prédit que chaque producteur pompera jusqu'à ce que la valeur du produit marginal de l'eau (ou du bénéfice marginal du pompage) devienne nulle. Lorsque la contrainte de pompage devient plus restrictive, la valeur du produit marginal de l'eau augmente. Le choix optimal du bénéfice marginal dépend de la mesure dans laquelle les quantités pompées doivent être restreintes pour qu'il soit possible d'atteindre l'objectif de pompage global : plus la valeur souhaitée pour l'objectif est faible, plus la valeur du bénéfice marginal nécessaire pour l'atteindre est élevée, car il est nécessaire d'assujettir chaque producteur à des contraintes plus restrictives.

Si les contraintes hydrologiques sont plus complexes, par exemple si les propriétés de l'aquifère varient dans l'espace, ou s'il est souhaitable de limiter dans une plus large mesure les quantités pompées dans certaines zones localisées, par exemple aux abords des sources d'eau de boisson, la contrainte hydrologique générale peut être modifiée de manière à prendre en compte l'hétérogénéité géographique requise. Tant que les impacts des activités de pompage sont réellement indépendants, les conditions optimales sont respectées lorsque *le ratio du bénéfice marginal à l'impact marginal sur la contrainte hydrologique est égal pour tous les utilisateurs*. Lorsqu'un puits a un impact relativement élevé sur l'aquifère, le bénéfice marginal au niveau d'allocation optimal nécessaire pour remplir la condition d'optimalité sera probablement plus élevé ; en d'autres termes, les quantités pompées autorisées seront moins importantes.

Une gestion dynamique pour lutter contre l'épuisement des aquifères ou le tarissement des cours d'eau

Dans ce cas, l'objectif supposé de la gestion des eaux souterraines posé en hypothèse consiste à choisir une série de trajectoires de pompage permettant de remédier soit à l'épuisement de l'aquifère soit au tarissement des cours d'eau. Le problème de gestion général peut donc être posé comme un problème de maximisation des bénéfices pour chaque utilisateur à chaque période de temps, compte tenu des contraintes hydrologiques et des caractéristiques établies pour chaque utilisateur et pour chaque période à une date donnée. Les variables clés définies ci-dessus peuvent varier dans le temps. Le climat étant extrêmement variable aussi bien durant les périodes de végétation qu'entre ces périodes, la valeur économique, pour les producteurs agricoles, de la possibilité d'arroser leurs cultures varie aussi par conséquent énormément durant l'année[10].

Les externalités associées au tarissement des cours d'eau sous l'effet du pompage des eaux souterraines peuvent nécessiter l'adoption de mesures de gestion s'il existe des obligations juridiques en aval ou transfrontalières concernant l'utilisation des eaux de surface, ou si les activités de pompage ont un impact sur les habitats des cours d'eau. Dans le cas des obligations liées aux eaux de surface en aval ou transfrontalières, les réglementations visent généralement à réduire les quantités d'eau pompées de manière à limiter la réduction cumulée des débits sur un intervalle de temps fixe, par exemple une ou plusieurs années. Dans le deuxième cas, c'est-à-dire la dégradation des habitats des cours d'eau, les réglementations visent à maintenir les débits minima nécessaires tout au long de l'année.

Les interactions entre les eaux de surface et les eaux souterraines se caractérisent principalement par le fait que le tarissement des cours d'eau est un processus géographique et dynamique qui, comme les eaux souterraines sont un système diffusionnel, se produit également avec un certain décalage (Glover et Balmer, 1954 ; Sophocleous, 2002). L'examen des effets de la poursuite des activités de pompage sur les débits doit donc prendre en compte les activités de pompage antérieures et non pas seulement les activités poursuivies sur la période en cours. L'impact total sur les cours d'eau des activités de pompage des eaux souterraines à un moment donné postérieur au début des activités de pompage est donc égal à la somme des effets décalés enregistrés à ce moment par suite de toutes les activités de pompage avant ou au moment considéré, compte tenu des distances séparant les puits considérés des cours d'eau.

Il est ensuite possible d'utiliser les fonctions de réponse hydrologique des cours d'eau pour modéliser la relation exacte entre les quantités pompées et le débit fluvial. Des méthodes analytiques ainsi que des méthodes quantitatives sont utilisées dans le cadre de la réglementation en vigueur pour déterminer la réaction des cours d'eau au pompage des eaux souterraines. Lorsque les données requises sont disponibles, les modèles quantitatifs détaillés des eaux souterraines permettent de déterminer l'impact des activités de pompage sur le tarissement des cours d'eau. Lorsque ce n'est pas le cas, il est nécessaire de recourir à des méthodes analytiques et graphiques basées sur des solutions du problème des régimes d'écoulement des eaux souterraines appliqué au cas des interactions entre les eaux de surface et les eaux souterraines (comme indiqué dans l'encadré 3.2).

Les hydrologues ont établi des fonctions de réponse des cours d'eau qui peuvent être utilisées dans toute une gamme de contextes hydrologiques. La solution analytique de Glover et Balmer (1954), bien qu'elle soit l'une des plus simples, a été largement utilisée dans le contexte de la formulation des politiques publiques (voir Jenkins, 1968 ; Nebraska DNR, 2007). Cette équation permet de calculer le tarissement d'un cours d'eau causé par un puits particulier après une période de pompage déterminée pour un taux d'impact constant en fonction du débit de pompage, la distance par rapport au cours d'eau, les coefficients de l'aquifère (stockage, transmissivité) et une fonction d'erreur complémentaire (voir l'annexe 3.A1 pour de plus amples détails). Il est possible de modifier l'équation pour prendre en compte les pompages saisonniers. Il existe également des versions plus complexes de l'équation précédente qui permettent de prendre en compte les interactions entre les eaux de surface et les eaux souterraines, et qui font intervenir des puits à pénétration partielle ou le colmatage du lit de la rivière (voir par exemple, Hunt, 1999 ; Hunt, 2012).

Lorsqu'on utilise l'équation de Glover-Balmer pour résoudre le problème défini ci-dessus, on aboutit à une solution optimale dans laquelle le *ratio du bénéfice marginal à l'externalité marginale associés au pompage devrait être avoir la même valeur pour tous les sites des puits*. Ce ratio uniforme peut alors être interprété comme étant le prix optimal des droits d'utilisation (en valeur actuelle). Dans le contexte de l'utilisation des eaux souterraines en agriculture, Kuwayama et Brozović (2013) ont également montré que si les dommages marginaux dus aux externalités sont les mêmes pour toutes les exploitations, il est possible de déduire ce résultat dans le cas de droits commercialisables négociés au cas par cas, les coûts d'atténuation marginaux de toutes les exploitations étant égaux au produit des dommages marginaux par ce ratio. En revanche, si la fonction des bénéfices marginaux est la même à chaque site de pompage, les puits qui sont les plus proches du cours d'eau seront toujours assujettis à des contraintes plus lourdes que les puits qui en sont plus éloignés.

Ces modèles peuvent aussi être utilisés pour concevoir des réglementations relatives aux eaux souterraines. L'annexe 3.A2 présente une étude de cas complète sur un modèle économique appliqué à la comparaison du rapport coût-efficacité de différents moyens d'intervention, comme le retrait des terres, les quotas ou les permis négociables. Les solutions économiques présentées constituent une solide base pour évaluer les avantages et les inconvénients des moyens d'intervention, qui font l'objet des deux prochaines sections (approches axées sur la demande et axées sur l'offre).

Encadré 3.2. L'application de modèles analytiques au tarissement des cours d'eau : exemples provenant des États-Unis

Plusieurs États des États-Unis définissent des zones dans lesquelles les eaux souterraines ont une connexion hydrologique avec les rivières adjacentes, et utilisent cette définition à des fins réglementaires. Dans certains cas, le concept de connexion hydrologique est employé pour désigner des bassins versants dans leur intégralité, mais dans d'autres, c'est une définition géographique et temporelle qui est retenue. Ainsi, le Département des ressources naturelles (Department of Natural Resources - DNR) du Nebraska applique la "règle 10/50" (Nebraska DNR, 2007), qui établit des zones distinctes et, par conséquent, des réglementations pour les puits dont l'application est déterminée par le fait que les eaux souterraines pompées sur une période de 50 ans comprendront ou non au moins 10 % d'eau provenant d'un cours d'eau adjacent. Le Nebraska applique aussi dans certains cas la règle dite des 28/40. Cette règle établit des zones aux alentours de puits qui devraient pomper au moins 28 % de leurs eaux à partir de ressources provenant de cours d'eau adjacents sur une période de 40 ans (Nebraska DNR, 2004). La réduction du débit allant en s'intensifiant avec le temps et la proximité du cours d'eau, toutes choses étant égales par ailleurs, la règle 10/50 est plus restrictive que la règle 28/40 et couvre une plus grande superficie adjacente aux cours d'eau dont le ralentissement du débit est jugé préoccupant. Au Nebraska, des méthodes quantitatives sont employées dans le bassin de la rivière Republican et dans celui de la rivière Big Blue (basées sur MODFLOW), ainsi que dans le bassin de la rivière Platte (basées sur COHYST).

Les méthodes d'analyse, non seulement servent à formuler des réglementations applicables aux eaux souterraines, mais aussi sont employées par les praticiens pour procéder à des évaluations générales du tarissement des cours d'eau. Au Kansas, des méthodes d'analyse ont servi à déterminer s'il serait possible de prélever des quantités d'eaux souterraines supplémentaires. Dans le cas du bassin inférieur de la Republican et de la Formation Belleville au Kansas, la méthode de Jenkins (démarche graphique basée sur les équations de Glover-Balmer ; Jenkins, 1968) a servi à estimer le volume cumulé du tarissement du cours d'eau pendant l'année à compter du premier jour du pompage des eaux souterraines, pour déterminer si des prélèvements additionnels seraient acceptables (Kansas Department of Agriculture, 2010). La méthode de Glover et Balmer a été employée dans le Colorado pour évaluer le tarissement actuel et prévu des cours d'eau sous l'effet du pompage et du rejet d'eau durant les opérations de production de méthane de houille (Papadopulos and Associates et Colorado Geological Survey, 2007).

Source : Jenkins (1968), Kansas Department of Agriculture (2010), Nebraska DNR (2004; 2007), Papadoulos and Associates et Colorado Geological Survey (2007).

Des moyens d'intervention axés sur la demande pour gérer l'utilisation des eaux souterraines

Il importe également de noter, sur la base des études consacrées à ce sujet, qu'aucun moyen d'intervention particulier n'est "supérieur" aux autres ; le choix dépend d'une bonne compréhension de l'hydrologie locale, des institutions et des externalités particulières auxquelles les responsables de l'action publique souhaitent remédier (Kuwayama et Brozović, 2013 ; voir aussi l'annexe 3.A2). Par ailleurs, même si l'on ne considère qu'un seul site, le choix du moyen d'intervention dépend aussi de l'ampleur de la réduction de la consommation d'eau souhaitée : le classement des moyens d'intervention n'est pas nécessairement invariable par rapport à l'évolution de la consommation totale d'eau ou des conditions hydrologiques souhaitées (Palazzo and Brozović, 2014).

Les sous-sections suivantes passent en revue les principaux instruments de gestion, regroupés dans les trois grandes catégories définies au tableau 3.1 : approches réglementaires, instruments économiques et gestion collective. Si elles sont présentées de manière individuelle, à des fins de clarté, il est important de noter que plusieurs d'entre eux sont appliqués de manière combinée. D'autres conditions connexes importantes sont ensuite évoquées, comme les mécanismes de contrôle et de sanction et la cohérence avec les autres instruments.

Instruments réglementaires : droits de pompage, quotas et zonage

La gestion des eaux souterraines s'appuie généralement sur des instruments réglementaires. L'une des démarches essentielles consiste à allouer la quantité d'eau souterraine qui peut être pompée à chaque puits. Ces allocations, ou droits d'utilisation, peuvent être basées sur les données historiques concernant les superficies irriguées et sur les besoins en eau escomptés des cultures, ou sur la consommation observée aux périodes antérieures. Les allocations par unité de superficie irriguée peuvent être fixées au même niveau ou à des niveaux différents en fonction de la zone hydrologique ou de la technologie d'irrigation employée.

D'un point de vue économique — d'après les résultats provenant du modèle présenté précédemment — l'imposition de restrictions quantitatives uniformes (ou quotas) n'est pas une méthode efficace par rapport aux coûts d'atteindre un objectif hydrologique quelconque, à moins que les producteurs aient des fonctions de bénéfice identiques et le même impact sur le système eaux de surface-eaux souterraines. En effet, en règle générale, l'attribution de la même allocation à chaque utilisateur ne permet pas d'assurer l'égalité des bénéfices marginaux de l'utilisation de l'eau, comme indiqué dans la description du modèle présentée ci-dessus. Les quotas sont toutefois généralement considérés comme une réglementation équitable, car ils frappent de la même manière tous les titulaires des droits aux allocations[11]. À ce titre, si l'on escompte de faibles variations géographiques des impacts des producteurs sur le système hydrologique et des fonctions des bénéfices similaires, un quota uniforme peut être un instrument efficace de gestion des eaux souterraines. À mesure que la complexité du système hydrologique et que l'hétérogénéité des producteurs augmentent, les quotas doivent être ciblés avec une précision croissante et les informations nécessaires pour établir des réglementations efficaces s'accroissent rapidement.

Le zonage est un autre instrument réglementaire de gestion des eaux souterraines qui impose des restrictions à certains types d'activités dans des zones déterminées. Par exemple, les opérations de pompage d'eau peuvent être limitées à l'intérieur d'une zone située à moins d'une certaine distance d'un cours d'eau constituant un habitat essentiel, ou à moins d'une certaine distance de la source d'approvisionnement en eau potable d'une agglomération urbaine. Les règles d'espacement des puits, qui limitent leur densité, constituent également un type de réglementation de zonage. Le zonage, qui est généralement décidé par les hydrologues, les géologues ou les ingénieurs spécialistes de l'environnement travaillant pour une entité réglementaire publique, est par conséquent souvent influencé par les conditions hydrologiques locales. Par exemple, les restrictions imposées à l'espacement entre les puits sont fréquemment définies de manière explicite sur la base des propriétés hydrologiques locales de manière à éviter des interférences prononcées entre les puits. Il s'ensuit qu'au-dessus des régions de l'aquifère caractérisées par des transmissivités plus fortes et des capacités d'emmagasinement plus faibles, l'espacement requis entre les puits est proportionnellement plus importants (voir Brozović et al., 2010).

Instruments économiques : remédier aux incitations des agriculteurs

Les instruments économiques diffèrent des instruments réglementaires en ce qu'au lieu d'imposer des limites absolues aux comportements des producteurs, ils fournissent des signaux de prix qui ont pour objet d'encourager les producteurs à modifier leur comportement de manière à produire le résultat hydrologique souhaité. Ces systèmes à caractère incitatif peuvent générer des recettes pour l'entité réglementaire (taxes), être coûteux pour ladite entité (subventions), ou donner lieu à des paiements uniquement entre producteurs (échanges). Les grandes catégories d'instruments considérés ici sont les taxes (que ces dernières frappent les volumes d'eau pompés ou une variable de remplacement), les systèmes de permis transférables et les acquisitions de terrains ou les droits d'utilisation d'eau.

Il existe entre les diverses catégories d'instruments économiques une importante différence, qui tient à la mesure dans laquelle elles nécessitent d'imposer un contrôle généralisé des eaux souterraines. Pour appliquer des instruments offrant des incitations axées sur les quantités physiques d'eau souterraine utilisées, comme des taxes frappant les volumes pompés et certains systèmes de permis transférables, il faut pouvoir contrôler les quantités d'eau utilisées de manière précise et confirmer que les changements intervenus dans la consommation d'eau sont dus aux incitations fournies. Il peut être plus facile de mettre en place et de faire respecter des instruments offrant des incitations liées aux superficies irriguées, car un système de contrôle ayant pour objet d'évaluer les différents éléments nécessaires au calcul de l'impôt foncier est généralement déjà en place.

Il est difficile d'employer des instruments à caractère incitatif et de quantifier leurs résultats dans les régions où aucune réglementation contraignante ne s'applique à l'utilisation des eaux souterraines. Il importe donc, lorsqu'on s'efforce de déterminer en pratique les différents instruments d'intervention qui pourraient être utilisés pour gérer les eaux souterraines, de comprendre que des instruments à caractère incitatif sont souvent mis en œuvre, non pas de manière indépendante, mais conjointement à des approches réglementaires de base qui permettent le contrôle et la mise en application effective des dispositions.

Tarification : l'arbitrage efficience-acceptabilité des taxes et subventions

Du point de vue de la modélisation économique, il est aisé de montrer qu'un producteur tenu d'acquitter une taxe unitaire sur les quantités d'eau souterraine qu'il consomme en tant que facteur de production décidera d'utiliser la quantité pour laquelle le profit marginal qu'il tire de l'utilisation de l'eau (c'est-à-dire la valeur du produit marginal de l'eau) est égal à la taxe. Par conséquent, toute taxe choisie de manière à remplir les conditions d'optimalité formulées dans modèle permettra d'atteindre un objectif hydrologique quelconque d'une manière efficace par rapport à son coût. Si l'entité réglementaire se préoccupe principalement de la quantité totale d'eau pompée dans l'aquifère, la taxe sera uniforme. Si les conditions hydrologiques souhaitées sont associées à certaines préoccupations d'ordre géographique, la taxe variera aussi selon le site géographique et sera normalisée en fonction de l'impact hydrologique. Les taxes unitaires seront plus élevées pour les puits qui ont un impact plus important sur le système eaux de surface-eaux souterraines.

Du point de vue d'une entité réglementaire, il peut être souhaitable de percevoir des taxes, car ces dernières peuvent, d'une part, constituer une solution optimale au problème de gestion et, d'autre part, générer des recettes, mais d'importantes réserves sont à formuler[12]. La première tient au fait que l'imposition de nouvelles taxes sur un facteur de production agricole peut être très mal accueillie par les producteurs, et que toutes les institutions de gestion ne sont pas investies du pouvoir juridique nécessaire à cette fin. Autre inconvénient des taxes, la demande d'eau d'irrigation peut être très inélastique (voir, par exemple, Koundouri, 2004 ; Schoengold et al., 2006)[13]. Hendricks et Peterson (2012), dont l'analyse porte sur l'État du Kansas (États-Unis) où les eaux souterraines de l'aquifère des Hautes Plaines sont pompées à des fins d'irrigation, ont calculé que cette élasticité était de -0.1, et que les réactions se produisent à la marge intensive, ce qui indique que les agriculteurs pourraient ne pas accepter de modifier leur comportement lorsque les conditions se modifient. Zhu et al. (2012) considèrent également que la valeur de -0.10 constitue une élasticité moyenne raisonnable pour la consommation agricole globale d'eau souterraine. Plusieurs études font aussi ressortir l'absence de preuve de tout effet exercé par l'imposition d'une taxe sur l'utilisation des eaux souterraines (voir, par exemple, EEA, 2013).[14] Cela signifie, en termes généraux, qu'il pourrait être nécessaire d'imposer des taxes élevées par unité pompée pour modifier sensiblement les comportements en ce domaine de manière à atténuer notablement l'impact hydrologique. Il se peut toutefois que l'imposition de taxes élevées soit impraticable pour des raisons politiques.

Même s'il n'est pas possible de taxer la consommation d'eau, on peut envisager être possible de taxer certains autres facteurs de production associés à l'eau dans le processus de production, par exemple les superficies irriguées. Ces taxes sont parfois qualifiées de taxes d'occupation. Dans ce cas encore, il peut falloir imposer des taxes d'un niveau élevé (voir, par exemple, Schoengold et al., 2006 ; Hendricks et Peterson, 2012), ce qui peut être politiquement très impopulaire.

Une autre option consiste à recourir à des moyens indirects, en taxant l'énergie afin de réduire les activités de pompage d'eau souterraine, mais les résultats d'une telle mesure ne sont pas non plus garantis. Il ressort d'une simulation globale qu'un doublement des prix de l'énergie n'entraînerait qu'une réduction limitée de l'utilisation d'eau souterraine (-7.5 % du tarissement des eaux souterraines, voir Zhu et al., 2012). Aux États-Unis, Hendricks et Peterson (2012) ont déterminé qu'une augmentation du prix de l'énergie (par le biais, notamment, d'une taxe) ne serait pas, en moyenne, une méthode de gestion efficace de l'utilisation des eaux souterraines à l'échelle de l'aquifère des Hautes Plaines. Par contre, Pfeiffer et Lin (2014), qui ont étudié une zone déterminée de ce très important aquifère et qui ont examiné plus particulièrement les prix de l'électricité, ont déterminé que les élasticités étaient plus élevées en valeur absolue (-0.26) que les valeurs mentionnées précédemment, ce qui signifie qu'une hausse des prix dans la région entraînerait, en fait, une modification des comportements ayant pour effet de réduire l'utilisation des eaux souterraines à des fins agricoles (la question de la tarification de l'énergie est décrite plus en détail dans la section consacrée à l'intersection des politiques)[15].

Les subventions accordées pour encourager une diminution des quantités d'eau souterraine utilisées peuvent avoir globalement un impact sur le bien-être et sur l'environnement similaire à celui des taxes, mais elles donnent lieu à des transferts de fonds de l'entité réglementaire aux producteurs. Il n'est donc guère surprenant que, sur le plan politique, les subventions soient jugées préférables aux taxes par les producteurs. Tels qu'ils sont actuellement structurés, la plupart des programmes de subvention intégrés dans les systèmes de gestion des eaux souterraines ne subventionnent pas directement la réduction des quantités d'eau pompées, mais ils offrent aux producteurs des incitations à partager les coûts liés à l'adoption de nouvelles pratiques de gestion qui auront pour effet de réduire la consommation d'eau (voir, par exemple, UNL Extension, 2014). Le partage des coûts des technologies de détection du taux d'humidité des sols ou de la mise à niveau des technologies d'irrigation est un exemple de subvention. Dans ce cas, il peut être essentiel de cibler les utilisateurs et les objectifs qui conviennent, bien que cela soit difficile en cas d'asymétrie de l'information. Les programmes de subvention peuvent être efficaces, mais ils restent très onéreux pour l'entité réglementaire même lorsqu'ils sont bien ciblés. Par ailleurs, lorsqu'un ciblage géographique très précis est requis pour atteindre les objectifs environnementaux souhaités, il peut être difficile d'appliquer un système de subventions, car ce dernier est généralement assorti d'une incitation dont l'acceptation est volontaire.

Les subventions accordées dans le but d'accroître l'efficacité des mécanismes d'irrigation, comme en Australie, peuvent constituer un instrument de gestion des eaux souterraines à double tranchant. Les gains d'efficacité peuvent être positifs pour les ressources en eau souterraine et pour l'agriculture (Pacific Institute et NRDC, 2014), mais ils ont pour effet de réduire la recharge, et peuvent même entraîner une augmentation du nombre d'utilisateurs d'eau en l'absence de contraintes extérieures. En effet, ce type de subvention accroît la consommation d'eau, car l'augmentation du rendement des cultures accentue l'évapotranspiration, de sorte qu'il ne se produit aucun rejet d'eau ou aucune recharge des aquifères (OCDE, 2010a). Les comportements engendrés par ces gains d'efficacité peuvent de surcroît ôter toute efficacité à ces programmes. Un programme adopté pour améliorer l'efficacité de l'irrigation dans l'ouest du Kansas, région irriguée à l'aide d'eau souterraine et située au-dessus de l'aquifère des Hautes Plaines aux États-Unis, a amené les agriculteurs à planter davantage et à adopter des cultures demandant plus d'eau, ce qui s'est traduit, en fin de compte, par une augmentation des quantités d'eau utilisées (Pfeiffer et Lin, 2014). Il est possible d'éviter certains de ces effets en établissant un lien entre l'efficacité de l'irrigation et les quotas globaux de prélèvement d'eau. L'imposition de restrictions aux prélèvements peut aussi, en soi, encourager les économies d'eau et promouvoir une augmentation de l'efficacité de l'irrigation.

Il convient de noter que l'exemption fiscale (ou la sous-tarification) de l'eau d'irrigation peut être considérée comme une subvention implicite à l'utilisation d'eau souterraine, et que ne pas prendre en compte la rareté de la ressource et les externalités peut avoir pour effet de réduire le coût d'opportunité marginal de l'eau et, par conséquent, d'encourager une utilisation inefficace des eaux souterraines. Aux Pays-Bas, par exemple, les exploitants agricoles sont exempt de la taxe frappant les eaux souterraines à hauteur d'un certain plafond, ce qui les a encouragé à utiliser de nombreuses pompes de petite capacité (OCDE, 2008).

Marchés de l'eau souterraine : un bon rapport coût-efficacité, mais des coûts de transaction

Dans les régions où les prélèvements d'eau souterraine font déjà l'objet de restrictions réglementaires, on pourrait envisager d'adopter des instruments permettant aux producteurs de transférer entre eux les droits qui sont en leur possession. Ces systèmes de marchés offrent un moyen efficace par rapport aux coûts d'obtenir une réduction déterminée de l'utilisation d'eau pour atteindre une cible hydrologique, car ils permettent d'égaliser les valeurs des produits marginaux (Kuwayama et Brozović, 2013 ; Palazzo et Brozović, 2014). D'importantes conditions préalables doivent toutefois être satisfaites pour assurer le succès d'un marché des eaux souterraines : la présence de solides systèmes de droits de propriété, un robuste mécanisme de détermination des prix fondé sur la disponibilité d'informations, et des infrastructures adéquates (Skurray et al., 2013).

De manière générale, et en l'absence de coûts de transaction, les systèmes de droits transférables peuvent produire des résultats identiques aux instruments fiscaux. En effet, aussi bien les systèmes de droits transférables que les instruments fiscaux permettent en principe, et en l'absence de complexité spatiale, d'égaliser les coûts d'atténuation marginaux (que l'on considère ou non les externalités marginales) à l'échelle de tous les utilisateurs d'eau (Montgomery, 1972 ; Kuwayama et Brozović, 2013). Même si ces systèmes peuvent ne pas produire de revenus pour les entités réglementaires,[16] ils donnent lieu à des transferts de fonds entre les acquéreurs et les vendeurs des droits d'utilisation d'eau. Si l'objectif réglementaire consiste à réduire la quantité totale d'eau utilisée, le système de droits d'utilisation aboutit à l'établissement d'un prix d'équilibre du marché unique et égal à la taxe qui aboutirait au même prélèvement d'eau. Dans ce cas, les bénéfices marginaux tirés de l'eau sont égaux pour toutes les parties intéressées par les droits d'utilisation, et un système de droits transférables sans friction permet, par définition, d'assurer l'allocation optimale (voir, par exemple, Montgomery 1972, Sunding et al., 2002, Jaeger 2004). Plus la limite imposée à la quantité totale d'eau utilisable est restrictive, plus le prix d'équilibre des droits est élevé. Si l'objectif réglementaire consiste à remédier à une externalité géographique, le prix des droits sur le marché de l'eau est ajusté de manière à ce que le ratio du profit marginal à l'externalité marginale ait la même valeur à tous les sites des transferts de droits. Dans ce dernier cas, on n'aboutira peut-être pas à un prix d'équilibre du marché unique.

Les systèmes de droits transférables sont des dispositifs à caractère volontaire qui profitent aussi bien aux acquéreurs qu'aux vendeurs, mais le niveau des coûts de transaction revêt de l'importance. Dans la région des Hautes Plaines aux États-Unis, certains systèmes de droits transférables ont donné des résultats relativement satisfaisants tandis que d'autres n'ont guère produit de résultat ; la différence tient notamment aux coûts de transaction (Brozović et Young, 2014). S'il existe déjà des moyens de contrôle et de mise en application effective des droits sur l'eau, les coûts de transaction associés à la mise en place d'un mécanisme de droits transférables peuvent être faibles. En revanche, s'il faut en premier lieu se doter de tels moyens, le système de droits transférables peut être onéreux à administrer et peut également susciter une opposition politique des parties prenantes. Le nombre de parties intéressées a un impact sur les coûts de transaction, mais tous les utilisateurs concernés doivent être inclus pour éviter les fuites. Il peut en outre être nécessaire de surmonter des obstacles juridiques, institutionnels et environnementaux (Garrido et al., 2012)[17].

Même en l'absence d'un système de comptage de la consommation d'eau souterraine, on peut envisager de mettre en place un système de droits transférables. Par exemple, si la réglementation plafonne la superficie irriguée totale située dans un district d'eau à un niveau inférieur à la superficie totale qui pourrait être cultivée, il devient possible de réaffecter le droit d'irriguer des unités de terrain au moyen d'un système de droits. Toutefois, dans le cas d'un système de permis associés aux terres, les quantités d'eau globales pompées après le transfert sont entachées d'une certaine incertitude. Cela peut être acceptable si la variation escomptée des externalités marginales est beaucoup plus forte que la variation escomptée des taux d'application (Young, 2014). Il n'en demeure pas moins nécessaire de contrôler les superficies irriguées et de faire respecter les limites imposées pour assurer le bon fonctionnement de ces systèmes.

Contrôle indirect : le retrait des droits d'irrigation est un outil de conservation dont le coût dépend du ciblage

Les programmes de retrait des terres fonctionnent par le biais des marchés financiers en place. Les terres agricoles assorties d'un droit d'irriguer sont achetées, puis les droits d'irrigation sont retirés. Les terres autrefois irriguées sont alors consacrées à une agriculture sèche (c'est-à-dire uniquement pluviale). L'utilisation d'eau globale dans la zone de gestion des eaux souterraines est donc réduite d'une quantité égale aux volumes totaux sur lesquels portaient les droits associés aux terrains achetés. Il serait aussi possible d'acheter directement le droit d'irriguer et de le retirer indépendamment du terrain. Sur le plan économique, les programmes de retrait de terres ou de droits d'irrigation sont des solutions relativement onéreuses, car ils s'appliquent en général à la marge extensive et non à la marge intensive (c'est-à-dire à la superficie irriguée et non à l'utilisation d'eaux souterraines sur la superficie considérée)[18]. De surcroît, le nombre de droits pouvant être offerts à la vente à tout moment est limité.

Les coûts de transaction liés au retrait des droits peuvent toutefois être faibles parce qu'un seul propriétaire terrien est impliqué à la fois. Les programmes de retrait des droits peuvent être ciblés sur les terres dont le prix est le plus faible (pour réduire les superficies irriguées le plus rapidement possible), sur les ressources en eau les moins onéreuses (pour réduire le volume global des prélèvements le plus rapidement possible), ou en fonction de l'impact sur le système hydrologique (pour fermer les puits qui ont les externalités marginales les plus élevées le plus rapidement possible). Chacun de ces ciblages a des effets individuels et globaux différents, moyennant des coûts différents. Si l'objectif principal de la réglementation consiste à remédier à une externalité géographique concernant un système eaux de surface-eaux souterraines, par exemple le tarissement d'un cours d'eau, l'option consistant à cibler les retraits de terrains sur la base de cette externalité (c'est-à-dire à dire à payer une prime pour acheter les droits relatifs aux terrains auxquels sont associées les externalités marginales les plus fortes) sera d'un bon rapport coût-efficacité. Il importe toutefois de noter que, s'il existe une forte corrélation positive entre les bénéfices marginaux de l'utilisation des eaux souterraines et l'externalité marginale de cette utilisation, la solution optimale pourrait consister à retirer une superficie relativement importante de terrains moins onéreux même si ces terrains ont un impact moindre sur le plan hydrologique.

Gestion collective : des approches localement adaptées mais tributaires de la participation des parties prenantes

La troisième catégorie d'instruments répondant aux défis de la demande est celle des systèmes de gestion collective. Elle englobe des programmes volontaires à l'initiative d'utilisateurs soucieux de gérer ou de réduire leur consommation d'eau souterraine, et des mécanismes collectifs découlant des obligations liées aux cadres réglementaires. Les groupes locaux d'utilisateurs des eaux souterraines peuvent adopter collectivement des mesures de gestion contraignantes, et ce de manière volontaire, souvent en association avec d'autres instruments de plus haut niveau, mais parfois de manière indépendante.

Ces groupes peuvent être incités à mettre en place des instruments à caractère volontaire pour diverses raisons (Lopez-Gunn et Martinez Cortina, 2006). Tout d'abord, dans certaines régions, les parties prenantes ont depuis longtemps le souci de veiller à ce que les générations futures puissent continuer de pratiquer une agriculture irriguée de manière profitable, et les structures de gouvernance locales sont suffisamment adaptables pour leur permettre de s'autoréguler et de s'autosuperviser afin de réduire les quantités globales pompées. Deuxièmement, l'autorégulation peut faciliter l'application des réglementations afin de prévenir les externalités. Troisièmement, il est tout à fait possible que, dans certaines zones de gestion des eaux souterraines, une administration régionale ou l'administration fédérale souhaite imposer des réglementations strictes, généralement dans le but de lutter contre les atteintes aux habitats d'espèces menacées d'extinction ou aux écosystèmes tributaires des eaux souterraines. Les organismes de gestion locaux s'efforcent alors parfois d'adopter volontairement les réglementations requises pour remplir les conditions nécessaires avant qu'on ne les leur impose, et ainsi atteindre les résultats environnementaux souhaités tout en maintenant le contrôle au niveau local. Lorsque les mesures de gestion des eaux souterraines sont prises sur une base volontaire, elles revêtent généralement les formes décrites précédemment, et les questions de contrôle et de mise en application effective se posent de la même manière.

L'un des avantages des approches collectives de la gestion tient à leur champ d'application : elles sont en effet définies dans un contexte situé à proximité de l'aquifère, ce qui leur permet de prendre en compte les défis spécifiques et les caractéristiques particulières des utilisateurs. On peut interpréter cette caractéristique dans la modélisation comme signifiant que les systèmes de gestion collective permettent d'adapter dans une certaine mesure les contraintes aux difficultés et capacités des utilisateurs, ce qui peut éviter des erreurs coûteuses liées à l'hétérogénéité des situations des agriculteurs. Une telle internalisation des contraintes peut dispenser d'exercices de ciblage coûteux et difficiles, et encourager les exploitants à agir individuellement. Il n'est pas pour autant inutile de mettre en place un cadre réglementaire, et le suivi sera assuré sur une base volontaire, mais certains des coûts de transaction entraînés par d'autres instruments seront reportés sur le collectif des opérateurs et pourraient rester plus faibles dans l'ensemble.

Autres conditions connexes d'une gestion efficace des eaux souterraines : mise en application effective et alignement des politiques

La conception et l'application des politiques de gestion des eaux souterraines exigent, outre le choix de moyens d'intervention, la prise en compte de plusieurs autres facteurs. Certains d'entre eux, comme la nécessité de contrôle et de mise en application effective des restrictions, sont communs à toutes les réglementations applicables à l'eau, et à l'environnement en général. D'autres, comme la nécessité de comprendre les régimes hydrologiques locaux et régionaux et la manière dont ils contrôlent les débits des eaux souterraines, les recharges et les interactions entre les eaux de surface et les eaux souterraines, sont propres à la gestion des eaux souterraines. Il est toujours nécessaire de déterminer si d'autres mesures sont en vigueur, qui relèvent par exemple des politiques agricoles ou des politiques de l'énergie, dont l'objectif principal n'est pas de gérer la consommation d'eau, mais qui peuvent néanmoins avoir des impacts imprévus sur les décisions prises en ce domaine par les particuliers ou par des groupes d'utilisateurs.

Dispositifs de contrôle et de sanction : Une condition indispensable à des cadres d'action fonctionnels

Il est essentiel de prendre en compte la capacité des systèmes de surveillance et d'information préalables à toute intervention (voir, par exemple, Mechlem, 2012 ; Morris et al., 2003 ; Struzik, 2013). L'eau souterraine est en grande partie une ressource invisible qui peut, par conséquent, rester exclue de tout cadre d'action même en cas d'interventions justifiables et nécessaires des pouvoirs publics. La surveillance peut prendre différentes formes, par le biais d'instruments directs ou indirects, et servir de diverses manières. Elle peut englober la surveillance des réserves, des débits, de la qualité et des interactions avec les masses d'eau de surface et être réalisée par des acteurs individuels privés et/ou par des entités locales, régionales ou nationales.

Il importe de noter que les mesures de gestion des eaux souterraines, quelles qu'elles soient, ne sont efficaces que si elles s'accompagnent de procédures crédibles de contrôle et de sanctions en cas de violation des règles. Dans de nombreuses régions des pays de l'OCDE, il n'existe aucun contrôle efficace de l'utilisation des eaux souterraines à des fins agricoles ni aucun moyen crédible de faire respecter les restrictions imposées dans ce domaine[19]. Il n'existe donc aucun moyen direct d'appliquer des mesures qui auraient pour effet de modifier les comportements individuels ou collectifs.

Les activités de contrôle de l'utilisation des eaux souterraines n'ont d'intérêt pour la gestion des ressources que si des sanctions sont prises en cas de violation. Lorsque la déclaration du relevé du compteur est volontaire et que son absence ne débouche sur aucune sanction, il n'existe guère d'incitation à fournir des données à jour ou exactes. En revanche, dans certaines zones de gestion des eaux souterraines, des employés rémunérés procèdent à la lecture des compteurs ; les compteurs endommagés donnent lieu à des sanctions et les personnes coupables de violations peuvent être frappées de lourdes amendes.

Il convient de noter que, si les puits ne sont pas équipés d'un compteur d'eau et si cette option n'est pas acceptable sur le plan politique, un contrôle imparfait peut suffire à assurer le respect de la réglementation. Ainsi, il est parfois possible de réglementer un facteur représentatif du volume d'eau utilisé à des fins agricoles, comme la superficie irriguée. Si l'arrosage d'une superficie unitaire ne varie pas énormément (c'est-à-dire si des technologies d'irrigation et des pratiques culturales similaires sont utilisées dans toute la région où les réglementations doivent être appliquées), les incertitudes associées à l'absence de compteur peuvent être très faibles. Les relevés d'électricité peuvent servir d'indicateurs du pompage d'eaux souterraines, ou bien les zones historiquement irriguées peuvent être déclarées seules zones irrigables à partir d'eau souterraine. Même lorsque les contrôles sont imparfaits, il reste nécessaire d'imposer des limites aux superficies irriguées ou à toute autre variable de remplacement retenue) pour que ces systèmes puissent produire des résultats.

Interaction avec d'autres domaines d'action : alignement des politiques énergétiques et agricoles

Il importe d'examiner la manière dont les mesures de gestion des eaux souterraines peuvent interagir avec d'autres politiques influençant la prise de décisions relatives aux cultures. Il peut arriver que d'autres politiques deviennent, sans que cela ait été leur objectif, les principaux moteurs de décisions relatives à l'utilisation d'eau. Quatre exemples sont présentés ici.

Premièrement, les politiques de tarification de l'énergie peuvent avoir des conséquences sur les décisions de pompage des eaux souterraines (Scott, 2013 ; Mieno, 2014). L'Inde et le Mexique sont réputés offrir des subventions élevées au titre de l'électricité consommée par les agriculteurs. En réduisant les coûts marginaux de l'utilisation des eaux souterraines, ces mesures ont accru l'intérêt que présente leur pompage. De multiples rapports démontrent que ces subventions ont accru l'utilisation d'eau et ont, par conséquent, entraîné une forte consommation d'énergie et augmenté les coûts financiers, en ne procurant que des bénéfices limités aux agriculteurs (OCDE, 2006 ; OCDE, 2010b ; OCDE, 2012b). Comme le montre le tableau 3.2, de récentes études ont permis d'établir que la baisse ou l'élimination de ces subventions permettrait de fortement réduire l'utilisation des eaux souterraines dans ces pays.

Tableau 3.2. Lien entre les politiques énergétiques et la consommation d'eau souterraine

Région	Élasticité-prix de la demande d'eau ou d'énergie	Implication	Source
Inde	-0.13 (eau)	10 % de réduction de la subvention → 4.4 % de réduction des prélèvements d'eau	Badiani et Jessoe (2011) Badiani et al. (2012)
Mexique	n. d.	L'élimination de la subvention à l'électricité réduirait les quantités pompées de 15 % à court terme et de 19 % à long terme	OCDE (2013b)

Source : Compilation effectuée par l'auteur, d'après Badiani et Jessoe (2011) ; Badiani et al. (2012), et OCDE (2013b).

Deuxièmement, les préoccupations connexes relatives à la gestion des charges de pointe par les fournisseurs d'énergie en zone rurale ont amené un grand nombre de producteurs à choisir des sources d'énergie, qui peuvent être coupées durant les périodes de forte demande, mais qui sont également beaucoup moins onéreuses par unité d'énergie que les alimentations non interruptibles. Toutefois, parce que les alimentations interruptibles encouragent les producteurs à irriguer à des périodes qui ne sont pas optimales pour l'évapotranspiration des cultures, elles peuvent inciter à utiliser trop d'eau durant les périodes d'arrosage. Dans ces cas, il peut exister une tension fondamentale entre les objectifs de la gestion de l'énergie et ceux de la gestion des eaux souterraines (Mieno, 2014).

Troisièmement, les politiques concernant les biocombustibles actuellement en vigueur aux États-Unis peuvent encourager une utilisation accrue d'eau souterraine via un certain nombre de mécanismes, y compris la hausse du prix des produits de base, les besoins en eau des installations de traitement d'éthanol et les effets de marge intensive et de marge extensive des matières premières utilisées pour produire des biocombustibles sur les terres irriguées (Schaible et Aillery, 2012).

Enfin, les programmes d'assurance agricole peuvent influer sur l'utilisation des eaux souterraines. Aux États-Unis, de nombreuses polices d'assurance des cultures exigent que les producteurs irriguent ces dernières jusqu'à la fin de la période de végétation, même si la récolte s'est déjà soldée par un échec. Cela est manifestement problématique aussi bien sur le plan économique que sur le plan de la conservation de l'eau. Plus généralement, les programmes d'assurance sécheresse peuvent jouer le rôle d'instruments d'adaptation, mais aussi accroître la consommation d'eau souterraine si leur prix n'est pas fixé correctement. En découplant les besoins en eau des flux de revenus, l'assurance sécheresse pourrait réduire l'incitation à s'adapter et, par conséquent, empêcher d'économiser l'eau souterraine à long terme. Ainsi, les subventions à l'appui de programmes d'assurance récolte couvrant des cultures irriguées pourraient favoriser une consommation accrue d'eau souterraine dans des zones spécifiques. Toutefois, la relation entre l'assurance récolte et l'utilisation d'eau pour l'irrigation reste floue (Questionnaire OCDE 2014 sur l'utilisation des eaux souterraines en agriculture).

Les programmes de soutien des revenus agricoles peuvent également encourager l'utilisation d'eau souterraine, en particulier lorsqu'ils appuient la culture de produits à forte intensité d'eau (comme le maïs) dans des zones irriguées à partir d'eau souterraine. Ces subventions réduisent le coût d'opportunité de l'eau, y compris des eaux souterraines, ce qui se traduit par une utilisation sous-optimale de ces dernières.

Les approches axées sur l'offre : un moyen coûteux d'atténuer les contraintes pour les utilisateurs

Les approches axées sur l'offre consistent à accroître la quantité d'eau disponible pour les agriculteurs, à court terme en faisant appel à d'autres sources (eaux de surface), ou à long terme grâce au stockage d'eau souterraine. L'accès à ces ressources hydriques supplémentaires vise à diminuer la pression sur les aquifères. En augmentant l'offre d'eau de surface ou d'eau souterraine, ces approches sont conçues pour atténuer la contrainte à laquelle sont soumis les gestionnaires et les utilisateurs, et par conséquent atténuer ou retarder le problème d'optimisation présenté ci-dessus, plutôt que contribuer à le résoudre (Lopez-Gunn et al., 2012). Elles peuvent néanmoins intervenir en complément d'autres systèmes de gestion pour atténuer des contraintes fortes face aux graves problèmes de pénurie et à leurs externalités, comme la salinité ou l'affaissement des sols (chapitre 2).

En tant que telles, les approches axées sur l'offre ne favorisent pas la gestion de l'utilisation des eaux souterraines proprement dite, et ne devraient donc pas être retenues en priorité. Elles n'ont pas la même incidence sur les systèmes agricoles que les approches axées sur la demande, et peut-être pas la même efficacité (Lopez-Gunn et al., 2012a). Les approches axées sur la demande augmenteront la résilience des systèmes productifs aux chocs, tandis que celles axées sur l'offre —appliquées seules—pourraient décourager les mesures visant à limiter le pompage (OCDE, 2010).

Que ce soit en complément ou pour le stockage, les approches axées sur l'offre utilisent les eaux de surface comme solution de secours par rapport aux eaux souterraines et peuvent être envisagées dans le cadre plus vaste de la gestion combinée des eaux de surface et des eaux souterraines (encadré 2.3). Les grands principes de ce mode de gestion sont simples : l'eau souterraine est utilisée en appui lorsque l'eau de surface est insuffisante et, réciproquement, l'eau de surface sert à reconstituer les nappes d'eau souterraine. Quand le niveau de la nappe s'élève trop, l'utilisation d'eau de surface est remplacée par le pompage d'eau souterraine (Ribeiro et da Cunha, 2010).

La viabilité économique de ces approches dépend de façon critique des coûts fixes. Or, ces instruments ne requièrent pas tous le même niveau d'investissements publics. Ainsi, la collecte des eaux de pluie peut être mise en place par les agriculteurs eux-mêmes et les bassins d'infiltration peuvent être créés par des groupes d'agriculteurs ou des districts locaux. À l'inverse, l'expansion des réservoirs d'eau et la désalinisation demandent une infrastructure relativement lourde et s'accompagnent de coûts variables. L'envergure du stockage et de la récupération en aquifère et celle des banques d'eau est conséquente en termes de coûts, mais les expériences passées ont montré que les systèmes locaux de gestion collective ont pu s'autofinancer et faire fonctionner ce type de programmes.

Synthèse des enseignements tirés des travaux économiques : un appel à des mesures de gestion adaptatives

Comme le montre la synthèse du tableau 3.3, chacun des moyens d'intervention examinés présente des avantages et des inconvénients ; il est impossible d'établir un classement simple de ces instruments en termes économiques. À l'échelle d'une même région, le classement des différents types d'interventions considérées sous l'angle du bien-être peut varier selon les objectifs et le contexte environnementaux et hydrologiques retenus.

Il semble donc que les responsables des politiques publiques devraient s'attacher à favoriser une gestion adaptative des ressources en eau souterraine. Ils peuvent y parvenir de deux façons. Premièrement, il leur faudrait promouvoir le recours à plusieurs instruments réglementaires, intensifier la collecte et l'analyse des informations, améliorer le contrôle et la mise en application effective, abaisser les coûts de transaction et soutenir les mécanismes de financement. Deuxièmement, ils devront favoriser la conception de solutions adaptées au contexte local, en s'appuyant par exemple sur les cadres réglementaires en place avec la participation des parties prenantes, ou en combinant les instruments plus efficaces s'ils sont associés.

Les chapitres 4 et 5 compléteront cette analyse par un examen et une évaluation des politiques en vigueur dans les pays de l'OCDE, qui aboutiront à la formulation de recommandations.

Tableau 3.3. De l'économie à l'action publique : Comparer les instruments de gestion des eaux souterraines

	Approche principale	Instrument	Avantages	Inconvénients	Facteurs de réussite
Action sur la demande	Instruments réglementaires	Droits d'utilisation	Principale mesure de maîtrise de l'utilisation des eaux souterraines	Dépend du mécanisme d'allocation	Règles d'allocation souples et adaptables
		Quotas uniformes	Équitable	Peu efficace par rapport aux coûts	Complexité géographique limitée
		Zonage	Remédie aux interférences entre les puits	Influencé par les conditions hydrologiques locales	Exige des compétences scientifiques
	Instruments économiques	Taxes (eaux souterraines)	Solution optimale et génératrice de recettes	Inefficace à faible niveau, impopulaire	Expertise requise pour fixer et ajuster les niveaux
		Taxes foncières	Solution de remplacement, génératrice de recettes	Résultats non optimaux, inefficace à faible niveau, impopulaire	Idem
		Taxes énergétiques	Solution de remplacement, génératrice de recettes	Généralement inefficace, dépendent du marché de l'énergie	Idem
		Subventions (partage des coûts)	Solution acceptable et efficace	Coûteux et difficile à mettre en œuvre, à caractère volontaire	Création d'incitations à participer
		Aides pour améliorer l'efficacité de l'irrigation	Réduction à long terme de la consommation	Réduit la recharge, risque d'effet rebond, coûteux	Fonctionne mieux avec des quotas globaux
		Marchés de l'eau souterraine	Solution optimale efficace par rapport aux coûts	Couts de transaction	Importantes conditions préalables
		Transferts associés aux terres	Meilleure solution de rechange	Ne garantit pas les résultats	
		Retrait des droits d'irrigation	Meilleure solution de rechange	Peut être coûteux et inefficace	Le ciblage permet d'abaisser les coûts de transaction
	Gestion collective	Programmes à caractère volontaire	Internalise les contraintes locales, Coûts de transaction plus faibles	Dépend du taux d'adoption et de mise en œuvre (risque de bénéficiaires indus)	Cadre réglementaire primordial
Action sur l'offre	Autres sources d'approvisionnement	Collecte des eaux de pluie	Faible investissement	Faibles résultats, tributaire des conditions météorologiques	
		Expansion des réservoirs d'eau	Atténue les contraintes	Coûts élevés et forts investissements nécessaires, dommages aux écosystèmes possibles, tributaire des conditions météorologiques	Investissement de long terme
		Désalinisation	Atténue les contraintes	Coûts élevés, gourmand en énergie, dommages possibles aux écosystèmes	Investissement de long terme
	Stockage des eaux souterraines	Bassins d'infiltration	Recharge à bas coût	Les taux de recharge peuvent varier	Expertise
		Stockage et récupération en aquifère	Atténue les contraintes et encourage le recyclage	Coûts élevés et incertitude des résultats	Expertise et financement
		Banques d'eaux souterraines			

Notes

1. Certains exemples fournis dans ce chapitre à titre d'illustration proviennent de régions situées en différents sites de l'aquifère des Hautes Plaines aux États-Unis, en raison notamment de la grande diversité des systèmes de gestion employés dans la région, des diverses zones climatiques qu'elle couvre et du recours explicite, dans certains des districts de gestion des eaux souterraines locales, à l'analyse économique pour concevoir les mesures de gestion des eaux. Cela ne signifie pas, néanmoins, que ces systèmes sont équivalents aux autres.

2. Voir les définitions figurant dans le glossaire.

3. Il convient de noter que, lorsque des puits exploités par des producteurs différents sont proches les uns des autres, ou lorsque l'hydrologie locale est telle que de faibles variations de l'épaisseur saturée entraînent d'importantes modifications du rendement des puits et des taux de pompage possibles, les interférences entre les puits peuvent se révéler préoccupantes (Saak et Peterson, 2007).

4. Certains experts mettent l'accent sur la nature technologique ou institutionnelle des solutions (Giordano, 2009). D'autrent comparent le caractère direct ou indirect des approches (Kemper, 2007), le statut juridique des eaux souterraines (Llamas et al., 2007), les principaux instruments de gouvernance (Foster et al., 2009 ; Custodio, 2010), ou encore le type d'institutions : étatiques ou publiques, fondées sur le marché ou privées, et collectives ou basées sur l'utilisateur (Meinzen-Dick, 2007). Shah et al. (2008) dressent les caractéristiques de quatre instruments directs employés dans la gestion de l'eau souterraine : les réglementations administratives directes, les instruments économiques, les droits d'eau négociables et les approches participatives de la gestion des aquifères.

5. Dans les régions où les aquifères sont caractérisés par une forte connectivité et un rendement relativement faible des puits, les variations intrasaisonnières de l'élévation des nappes souterraines peuvent se révéler préoccupantes. Toutefois, l'analyse de ce chapitre est axée sur les niveaux de pompage actuels, les contraintes pertinentes concernant leur impact sur les eaux de surface. Cette orientation cadre avec la plupart des réglementations actuelles, qui ne modélisent généralement ni les interférences entre les puits, ni la dynamique des aquifères à plus long terme. Cela signifie, implicitement, que les évolutions dynamiques à moyen terme qui revêtent de l'importance pour les interactions entre les eaux de surface et les eaux souterraines sont prises en compte dans le modèle présenté ici.

6. Cette hypothèse est compatible avec l'espacement des puits observé dans de nombreux pays s de l'OCDE (voir, par exemple, Brozović et al., 2010). Toutefois, dans les régions où seuls des puits d'irrigation peu profonds ont été implantés, et où la demande d'eau souterraine augmente rapidement, par exemple celles qui n'ont pas traditionnellement recours aux eaux souterraines pour répondre à leurs besoins d'évapotranspiration des cultures, les interférences entre les puits peuvent créer des problèmes pendant les sécheresses prolongées.

7. Ce vecteur peut avoir un impact sur les contraintes hydrologiques (par exemple, si le climat devient plus sec, la recharge de l'aquifère diminuera en longue période). Ce type d'évolution n'est toutefois pas pris en compte dans un processus de décision optimal à court terme.

8. La disponibilité d'eau de surface n'est pas explicite mais incorporée dans l'objectif via la fonction de production agricole. L'utilisateur ne pompera pas si sa culture ne l'exige pas. L'objectif peut aussi répondre à des effets environnementaux comme la détérioration des écosystèmes, tant qu'il est possible de définir les restrictions nécessaires sur l'eau.

9. La « double démarche » est une autre démarche qui peut être mieux adaptée à certains cadres réglementaires, lorsque l'objectif consiste à réduire le plus possible l'épuisement global moyennant des bénéfices nets égaux ou supérieurs à leurs niveaux actuels.

10. Cette variabilité se manifeste par la volatilité des prix au comptant sur les marchés importants d'eaux de surface, comme dans le bassin Murray-Darling en Australie.

11. L'utilisation d'eaux souterraines est généralement définie sur la base de licences, de permis ou de droits. Pour éviter de mettre l'accent sur un régime plutôt qu'un autre, on emploiera dans ce rapport le terme « droit » défini au sens large (voir le glossaire pour de plus amples détails).

12. Certaines taxes peuvent donner lieu à des compensations et, par conséquent, ne pas générer de recettes publiques.

13. Les estimations générales des élasticités-prix de la demande d'eau d'irrigation (y compris d'eau de surface) s'inscrivent dans un très large intervalle de variation. Scheierling et al. (2006) ont établi qu'elles étaient comprises entre -0.001 et -1.97. La demande d'irrigation est généralement inélastique en dessous d'un niveau de prix déterminé, et élastique au-dessus de ce prix (Koundouri, 2004). Ce niveau, ou seuil, dépend des conditions climatiques et est plus élevé en saison sèche. Le degré de pénurie d'eau a également un impact sur les élasticités ; la demande sera particulièrement inélastique dans les régions où les ressources en eau sont très limitées. Il en va de même du niveau des revenus : la demande d'eau d'irrigation pour les cultures de valeur élevée est inélastique (FAO, 2011).

14. Autre exemple: dans le cas de systemes d'irrigation combinant eau de surface et eau souterraine, une taxe ne sera pas effectif si l'ajustement n'est porté que pour l'utilisation des eaux souterraines (Schuerhoff et al., 2013).

15. Il a été démontré qu'une hausse des prix de l'énergie de 1 USD par million d'unités thermiques britanniques (BTU) réduisait les quantités d'eau souterraine pompées de 3.6 % (Pfeiffer et Lin, 2014).

16. Ceci est vrai à moins que l'entité réglementaire ne vende les permis aux enchères. L'entité réglementaire peut également payer pour acquérir les droits, par exemple en procédant à des rachats à des fins environnementales.

17. Les obstacles juridiques comprennent les obstacles érigés sur le marché (par des monopoles ou des services publics) et les obstacles liés à la définition des droits d'utilisation d'eau. Les obstacles institutionnels aux échanges sont de portée régionale ou de nature intersectorielle et résultent de l'opposition de certains acteurs aux échanges. Les obstacles environnementaux peuvent être constitués par les organismes chargés des écosystèmes et de la qualité de l'eau (Garrido et al., 2012).

18. Dans le contexte de l'irrigation à partir d'eau souterraine, la décision à la marge intensive désigne l'intensité d'irrigation par superficie pendant la saison d'irrigation. La décision à la marge extensive désigne la détermination de la superficie totale devant être irriguée qui, dans le cas d'une culture annuelle, est une décision prise avant le début de la saison d'irrigation.

19. Les puits illégaux sont fréquents dans certaines des grandes régions agricoles utilisant les eaux souterraines, ce qui compromet l'efficacité d'autres mesures visant les eaux souterraines pour réduire les pressions sur un aquifère (voir le chapitre 4 pour de plus amples détails).

Références

AEE (Agence européenne pour l'environnement) (2013), "Assessment of cost recovery through water pricing" AEE, Copenhague.

Athanassoglou, S *et al.*, "Optimal Mechanisms for Heterogeneous Multi-Cell Aquifers", *Environmental and Resource Economics*, vol. 52, pp. 265–291, DOI 10.1007/s10640-011-9528-0.

Badiani, R. et K.K. Jessoe (2013), "The impact of electricity subsidies on groundwater extraction and agricultural production", *Department of Agriculture and Resource Economics Working Paper*, University of California Davis.

Badiani, R., K.K. Jessoe et S. Plant (2012), "Development and the Environment: The Implications of Agricultural Electricity Subsidies in India", *The Journal of Environment & Development*, Vol. 21, n° 2, pp. 244–262.

Brozović, N. et R. Young (2014), "Design and Implementation of Markets for Groundwater Pumping Rights", dans K. Easter et Q. Huang (dir. pub.), *Water Markets for the 21st Century: What Have We Learned?*, Springer, New York.

Brozović, N., D.L. Sunding et D. Zilberman (2006), "Optimal management of groundwater over space and time", dans Goetz, R. U. et D. Berga (dir. pub.), *Frontiers in water resource economics*, Springer, New York.

Brozović, N., D.L. Sunding et D. Zilberman (2010), "On the spatial nature of the groundwater pumping externality", *Resource and Energy Economics*, vol. 32, n° 2, pp. 154-164.

Custodio, E. (2010), "Intensive groundwater development: a water cycle transformation, a social revolution, a management challenge", dans L. Martinez-Cortina, A. Garrido, et E. Lopez-Gunn (dir. pub.), *Water Workshop on Re – thinking Water and Food Security Paradigms*, CRC Press, Londres.

Dixon, L. (1989), "Models of groundwater extraction with an examination of agricultural water use in Kern County", Californie, thèse de doctorat, University of California, Berkeley.

Domenico, P.A. (1972), *Concepts and Models in Groundwater Hydrology*, McGraw-Hill, New York.

Donohew, Z. (2013), "Markets and private property rights to groundwater", *Conservation Leadership Council Policy Paper*, juillet 2013, 17 pp.

English, M. (1990), "Deficit Irrigation I: Analytical Framework", *Journal of Irrigation and Drainage Engineering*, vol. 116, n° 3, pp. 399–412.

Fanning, J. (2012), "Direct testimony of Jasper Fanning, Manager of the Upper Republican Natural Resources District, in the Supreme Court of the United States, State of Kansas (Plaintiff) v. State of Nebraska and State of Colorado (Defendants)", n° 126.

FAO (Organisation des Nations Unies pour l'alimentation et l'agriculture) (2011), "The State of the World's Land and Water Resources for Food and Agriculture: Managing systems at risk", FAO, Rome.

Foster et al. (2009), "Sustainable Groundwater Management Contributions to Policy Promotion", GW-MATE, *Strategic Overview Series,* n° 1, Banque mondiale, Washington.

Freeze, A. et J. Cherry (1979), *Groundwater*, Prentice-Hall, Englewood Cliffs, NJ.

Gardũno, H. et S. Foster (2010), "Sustainable groundwater irrigation: approaches to reconciling demand with resources", GW-MATE, *Strategic Overview Series,* n° 4, Banque mondiale, Washington.

Garrido, A., D. Rey et J. Calatrava (2012), "Water trading in Spain", dans de Stefano, L. et R.M. Llamas (dir. pub.), *Water, Agriculture and the Environment in Spain: Can we square the circle?*, CRC Press, Londres, Royaume-Uni.

Giordano, M. (2009), "Global Groundwater? Issues and Solutions", *Annual Review of Environment and Resources*, vol. 34, n° 1, pp. 153–1-78.

Gisser, M. et D. Sanchez (1980), "Competition versus optimal control in groundwater pumping", *Water Resources Research*, vol. 16, n° 4, pp. 638-642.

Glover, R. et G. Balmer (1954), "River depletion resulting from pumping a well near a river", *American Geophysical Union Transactions*, vol. 35, n° 3, pp. 468–470.

GWP (Global Water Partnership) (2012), "Groundwater Resources and Irrigated Agriculture", GWP, Stockholm, Suède.

Han, J. (2011), "Spatial dynamic groundwater regulation to ensure adequate instream flow for salmon", unpublished MS thesis, University of Illinois at Urbana-Champaign, Department of Agricultural and Consumer Economics, Urbana.

Hendricks, N.P. et J.M. Peterson (2012), "Fixed Effects Estimation of the Intensive and Extensive Margins of Irrigation Water Demand", *Journal of Agricultural and Resource Economics*, vol. 37, n° 1, pp. 1-19.

Huang, Q. *et al.* (2012), "The Effects of Well Management and the Nature of the Aquifer on Groundwater Resources", *American Journal of Agricultural Economics*, vol. 95, n° 1, pp. 94–116.

Hunt, B. (1999), "Unsteady stream depletion from ground water pumping", *Ground Water*, vol. 37, n° 1, pp. 98-102.

Hunt, B. (2012), "Review of stream depletion solutions, behavior, and calculations", *Journal of Hydrologic Engineering*, DOI:10.1061/(ASCE)HE.1943-5584.0000768.

Jaeger, W. K. (2004), "Conflicts over water in the Upper Klamath Basin and the potential role for market-based allocations", *Journal of Agricultural and Resource Economics*, n° 29, pp. 167–184.

Jenkins, C.T. (1968), "Techniques for computing rate and volume of stream depletion by wells", *Ground Water*, n° 6, pp. 37–46.

Kansas Department of Agriculture (2010), Rules and Regulations: Kansas Water Appropriation Act, Topeka, Kansas.

Kemper, K.E. (2007), "Instruments and Institutions for Groundwater Management", dans Giordano, M. et K. Villholth (dir. pub.), *The Agricultural Groundwater Revolution: Opportunities and Threats to Development*, CABI, Oxford.

Konikow, L.F. (2013), Groundwater depletion in the United States (1900–2008): U.S. Geological Survey Scientific Investigations Report 2013, n° 5079, http://pubs.usgs.gov/sir/2013/5079.

Koundouri, P. (2004), "Current Issues in the Economics of Groundwater Resource Management", *Journal of Economic Surveys*, Vol. 18, n° 5, pp. 703–740.

Kuwayama, Y. et N. Brozović (2013), "The regulation of a spatially heterogeneous externality: tradable groundwater permits to protect instream flows", *Journal of Environmental Economics and Management*, Vol. 66, n° 2, pp. 364–382. DOI: 10.1016/j.jeem.2013.02.004.

Llamas, R. (2004), "Water and Ethics. Use of groundwater", *UNESCO Series on Water and Ethics*, essai, UNESCO, Paris.

Llamas, R.M. et A. Garrido (2007), "Lessons from intensive groundwater use in Spain: Economic and social benefits and conflicts", dans Giordano, M. et K. Villholth (dir. pub.), *The Agricultural Groundwater Revolution: Opportunities and Threats to Development*, CABI, Oxford, Royaume-Uni.

Llamas, R.M. et P. Martínez-Santos (2005), "Intensive groundwater use: silent revolution and potential source of social conflicts", *Journal of Water Resources Planning and Management*, pp. 337–342.

Lopez-Gunn, E. *et al.* (2012), "Taming the groundwater chaos", dans de Stefano, L. et M.R. Llamas (dir. pub.), *Water, Agriculture and the Environment in Spain: Can we square the circle?*, CRC Press, Londres.

Lopez-Gunn, E. et L. Martinez Cortina (2006), "Is self-regulation a myth? Case study on Spanish groundwater user associations and the role of higher-level authorities", *Hydrogeology Journal*, Vol. 14, n° 3, pp. 361-379. doi:10.1007/s10040-005-0014-z

Madani, K. et A. Dinar (2013), "Exogenous Regulatory Institutions for Sustainable Common Pool Resource Management: Application to Groundwater", *Water Resources and Economics*, Vol.2-3, pp. 57-76.

Martin, D. *et al.* (2007), "Water Optimizer: a decision support tool for producers with limited water", University of Nebraska-Lincoln Departments of Biological Systems Engineering and Agricultural Economics.

McKusick, V. (2002), "State of Kansas v. State of Nebraska and State of Colorado: Joint Motion of the States for Entry of Proposed Consent Judgement and Approval and Adoption of Final Settlement Stipulation", Cour suprême des États-Unis (Supreme Court of the United States), 2002.

Mechlem, K. (2012), "Legal and Institutional Frameworks", *Thematic Paper 6*, Groundwater Governance: A Global Framework for Action, FEM, FAO, UNESCO-PHI, AIH et Banque mondiale.

Meinzen-Dick, R. (2007), "Beyond panaceas in water institutions", Proceedings of the National Academy of Sciences, Vol. 104, n° 39, 15200–15205.

Mieno, T. (2014), "Essays on water resource economics", thèse de doctorat non publiée, University of Illinois at Urbana-Champaign, Department of Agricultural and Consumer Economics, Urbana, États-Unis.

Montginoul, M. et J. Rinaudo (2013), "Quels mécanismes de régulation des prélèvements en eau souterraine ? Comparaison du point de vue des agriculteurs, des institutionnels et des citoyens" *Science Eaux et Territoires*, Vol. 11, pp. 64–69. www.set-revue.fr/quels-mecanismes-de-regulation-des-prelevements-en-eau-souterraine-comparaison-du-point-de-vue-des-a/texte.

Montgomery, D. (1972), "Markets in licenses and efficient pollution control programs", *Journal of Economic Theory*, Vol. 5, n° 3, pp. 395–418.

Morris, B. L. et al. (2003), "Groundwater and its Susceptibility to Degradation: A Global Assessment of the Problem and Options for Management", PNUE, Nairobi.

Nebraska DNR (Nebraska Department of Natural Resources) (2004), "COHYST Technical Committee. The 40-Year, 28-Percent Stream Depletion Lines for the COHYST Area West of Elm Creek", Lincoln, Nebraska, États-Unis.

Nebraska DNR (2007), "Annual Evaluation of Availability of Hydrologically Connected Water Supplies", Lincoln, Nebraska.

Nebraska DNR (2008), "Annual Evaluation of Availability of Hydrologically Connected Water Supplies", Lincoln, Nebraska.

Nebraska DNR et URNRD (Nebraska Department of Natural Resources and Upper Republican Natural Resources District) (2010), Integrated Management Plan, Lincoln, Nebraska.

OCDE (2015), *Water Resources Allocation: Sharing Risks and opportunities*, OECD Studies on Water, Éditions OCDE, Paris, France. DOI: http://dx.doi.org/10.1787/9789264229631-en.

OCDE (2013a) "Costs and distributional impacts of inaction", in OECD, *Water Security for Better Lives*, Éditions OCDE, Paris. DOI: http://dx.doi.org/10.1787/9789264202405-10-en.

OCDE (2013b), *Making Water Reform Happen in Mexico*, Études de l'OCDE sur l'eau, Éditions OCDE, Paris, France. DOI: http://dx.doi.org/10.1787/9789264187894-en.

OCDE (2012), *Perspectives de l'environnement de l'OCDE à l'horizon 2050: Les conséquences de l'inaction*, Éditions OCDE, Paris. http://dx.doi.org/10.1787/env_outlook-2012-fr.

OCDE (2010), *Gestion durable des ressources en eau dans le secteur agricole*, Études de l'OCDE sur l'eau, Éditions OCDE, Paris. DOI: http://dx.doi.org/10.1787/9789264083592-fr.

OCDE (2008), *La performance environnementale de l'agriculture dans les pays de l'OCDE depuis 1990*, Éditions OCDE, Paris. http://dx.doi.org/10.1787/9789264040946-fr.

Pacific Institute et NRDC (Natural Resources Defence Council) (2014), "Agricultural Water Conservation and Efficiency Potential in California", Note d'information, Oakland, Californie.

Palazzo, A.et N. Brozović (2014), "The role of groundwater trading in spatial water management", *Agricultural Water Management,* Vol. 145, pp. 50-60, DOI: 10.1016/j.agwat.2014.03.004.

Papadopulos and Associates et Colorado Geological Survey (2007), "Coalbed Methane Stream Depletion Assessment Study - Raton Basin", *Colorado Geological Survey*, Boulder, Colorado.

Pfeiffer, L. et C.-Y. Lin (2014), "The effects of energy prices on agricultural groundwater extraction from the High Plains Aquifer", *American Journal of Agricultural Economics*, Vol. 96, n° 5, pp. 1349-62.

Roumasset, J. A. et C. A. Wada (2013), "Economics of Groundwater", in *Encyclopedia of Energy, Natural Resource, and Environmental Economics* (1ère édition, pp. 10–21), Elsevier.

Saak, A. et J. Peterson (2007), "Groundwater use under incomplete information", *Journal of Environmental Economics and Management*, vol. 54, n° 2, pp. 214–228.

Schaible, G. et M. Aillery (2012), "Water Conservation in Irrigated Agriculture: Trends and Challenges in the Face of Emerging Demands", United States Department of Agriculture Economic Research Service, Economic Information Bulletin (EIB-99), Washington DC.

Scheierling, S. M., J. B. Loomis et R. A. Young (2006), "Irrigation water demand: A meta-analysis of price elasticities", *Water Resources Research*, vol. 42, n° 1, doi:10.1029/2005WR004009.

Schlager, E. (2007), "Community management of groundwater", dans Giordano, M. et K. Villholth (dir. pub.), *The Agricultural Groundwater Revolution: Opportunities and Threats to Development*, CABI, Oxford.

Schoengold, K., D.L. Sunding et G. Moreno (2006), "Price elasticity reconsidered: Panel estimation of an agricultural water demand function", *Water Resources Research*, vol. 42, W09411, doi:10.1029/2005WR004096.

Schuerhoff, M., H.-P. Weikard et D. Zetland (2013), "The life and death of Dutch groundwater tax", *Water Policy*, vol. 15, n° 6, pp. 1064. doi:10.2166/wp.2013.112.

Scott, C.A. (2013), "Electricity for groundwater use: constraints and opportunities for adaptive response to climate change", *Environmental Research Letters*, vol. 8, n°3035005, doi:10.1088/1748-9326/8/3/035005.

Shah, T. *et al.* (2008), "Groundwater governance through electricity supply management: Assessing an innovative intervention in Gujarat, western India", *Agricultural Water Management*, vol. 95, n° 11, pp. 1233–1242.

Skurray, J.H., E.J. Roberts et D.J. Pannell (2012), "Hydrological challenges to groundwater trading: Lessons from south-west Western Australia", *Journal of Hydrology*, n° 412–413, pp. 256-268, doi:10.1016/j.jhydrol.2011.05.034.

Sophocleous, M. (2002), "Interactions between groundwater and surface water: The state of the science", *Hydrogeology Journal*, n° 10, pp. 52–67.

Struzik, E. (2013), "Underground Intelligence: The need to map, monitor, and manage Canada's groundwater resources in an era of drought and climate change", Munk School of Global Affairs, University of Toronto, Toronto, http://powi.ca/wp-content/uploads/2013/05/POWIUndergroundIntelligence- Struzik-June25.pdf.

Sunding, D.L., D.Zilberman, R. Howitt, A.Dinar et N. MacDougall (2002), "Measuring the costs of Reallocating Water from Agriculture: A Multi-Model Approach", *Natural Resource Modeling*, vol. 15, n° 2, pp. 201–225.

Wagner, M.W. et U.P. Kreuter (2004), "Groundwater Supply in Texas: Private Land Considerations in a Rule-of-Capture State", *Society and Natural Resources*, Vol. 17, pp. 349–357.

Young, R.K. (2014), "Tradable permit systems for a spatially heterogeneous externality: A microparameter approach", thèse de maîtrise, University of Illinois at Urbana-Champaign.

Zhu, T., C. Ringler et X. Cai (2007), "Energy price and groundwater extraction for agriculture: Exploring the energy-water-food nexus at the global and basin levels", International Conference of Linkages Between Energy and Water Management for Agriculture in Developing Countries, Hyderabad, Inde, www.iwmi.cgiar.org/EWMA/files/papers/Energyprice_GW.pdf.

Annexe 3.A1

Modèle analytique

Considérons J puits pompant de l'eau à des fins agricoles à partir d'un aquifère pendant un intervalle de temps déterminé. À chaque puits j, le pompage d'une quantité u_j génère des bénéfices nets durant une année donnée, qui sont déterminés par la fonction $B_j(u_j, \Theta_j, \Gamma)$ pour laquelle $\partial B_j / \partial u_j \geq 0$ et $\partial^2 B_j / \partial (u_j)^2 < 0$ pour tous les j. La concavité de la fonction des bénéfices est une hypothèse standard. Le vecteur Θ_j inclut les paramètres propres au puits qui figurent dans la fonction des bénéfices du producteur j, comme le type de sol, la technologie d'irrigation, les choix de gestion des cultures au niveau des parcelles, etc. Le vecteur Γ incorpore les paramètres qui influencent la fonction des bénéfices de tous les producteurs, notamment les prix des intrants et des produits et les conditions météorologiques. Nous avons introduit une fonction de production agricole dans la fonction des bénéfices B_j afin de pouvoir également définir la quantité pompée $\overline{u_j}$ de sorte que $\partial B_j / \partial u_j(\overline{u_j}, \Theta_j, \Gamma) = 0$; en d'autres termes, le bénéfice marginal de l'arrosage devient égal à zéro lorsqu'une quantité d'eau suffisante est utilisée pour irriguer les cultures. Cela signifie que, même si l'eau est gratuite, le producteur j n'utilisera pas une quantité supérieure à $\overline{u_j}$. À des fins de simplicité, nous supposons que les fonctions des bénéfices de chaque puits sont indépendantes, de sorte que les opérations de pompage effectuées à partir d'un puits n'ont pas d'effet sur les opérations de pompage effectuées à partir d'autres puits. Le problème général de la gestion des eaux souterraines consiste à résoudre

$$\max \sum_{j=1}^{J} B_j(u_j, \Theta_j, \Gamma) \text{ s.t. } \Phi(u_1, u_2, \ldots, u_{J-1}, u_J, \Omega) \leq \overline{\Phi}$$

où $\Phi(u_1, u_2, \ldots, u_{J-1}, u_J, \Omega)$ est une fonction de transfert établissant une relation entre les quantités pompées à tous les puits et la contrainte hydrologique générale $\overline{\Phi}$. La contrainte hydrologique $\overline{\Phi}$ est une fonction générale qui décrit les résultats hydrologiques (conditions de l'aquifère, des eaux de surface et des écosystèmes tributaires des eaux souterraines) souhaitables sur le plan social. Les fonctions de bénéfice et de transfert entrent dans le problème de maximisation par le biais de la construction de la fonction de Lagrange. Le vecteur Ω inclut tous les paramètres pertinents du système eaux de surface-eaux souterraines, y compris les propriétés hydrologiques comme leur transmissivité et leur conductivité ainsi que leur débit fluvial, de même que d'autres contraintes écologiques et juridiques qui doivent être satisfaites.

Cas n°1 : modèle statique

Dans le cas le plus simple, dans lequel toutes les activités de pompage ont le même impact sur l'épaisseur saturée de l'aquifère, la fonction de transfert Φ se ramène à la somme des quantités d'eau pompées à tous les puits, et $\overline{\Phi}$ indique le volume global des pompages souhaités au cours d'une année donnée. Le problème de gestion peut donc être exprimé comme suit

$$\max \sum_{j=1}^{J} B_j(u_j, \Theta_j, \Gamma) \text{ s.t. } \sum_{j=1}^{J} u_j \leq \overline{\Phi}$$

Il est aisé de démontrer, dans le cas de ce modèle simple, que les conditions du premier ordre relatives au problème impliquent que $\partial B_i(u_i, \Theta_i, \Gamma)/\partial u_i = \partial B_j(u_j, \Theta_j, \Gamma)/\partial u_j \ \forall i, j$. En d'autres termes, l'allocation optimale des ressources en eau entre tous les utilisateurs d'eau souterraine assujettis à une contrainte est l'allocation qui permet d'assurer l'égalité des bénéfices marginaux des différents utilisateurs à chaque période. Il importe de noter qu'en l'absence d'une contrainte de pompage, ce modèle prédit que chaque producteur pompera jusqu'à ce que la valeur du produit marginal de l'eau devienne nulle, à savoir $\partial B_j(u_j, \Theta_j, \Gamma)/\partial u_j = 0 \ \forall j$. Lorsque la contrainte de pompage devient plus restrictive, la valeur du produit marginal de l'eau augmente car $(\partial B_j(u_j, \Theta_j, \Gamma)/\partial u_j \geq 0$. Le choix optimal du bénéfice marginal dépend de la mesure dans laquelle les quantités pompées doivent être restreintes pour qu'il soit possible d'atteindre l'objectif de pompage global $\overline{\Phi}$: plus la valeur souhaitée pour $\overline{\Phi}$ est faible, plus la valeur du bénéfice marginal nécessaire pour l'atteindre est élevée, car il est nécessaire d'assujettir chaque producteur à des contraintes plus restrictives. Cela est dû à la concavité des différentes fonctions des bénéfices.

Si les contraintes hydrologiques sont plus complexes, par exemple si les propriétés de l'aquifère varient dans l'espace, ou s'il est souhaitable de limiter dans une plus large mesure les quantités pompées dans certaines zones localisées, par exemple aux abords des sources d'eau de boisson, la contrainte hydrologique générale peut être modifiée de manière à prendre en compte l'hétérogénéité géographique requise. Tant que les impacts des activités de pompage sont réellement indépendants, les conditions d'optimalité sont atteintes lorsque le ratio entre le bénéfice marginal et l'impact marginal sur la contrainte hydrologique est égal pour tous les utilisateurs, c'est-à-dire :

$$\frac{\partial B_j(u_j, \Theta_j, \Gamma)/\partial u_j}{\partial \Phi(u_1, u_2, \ldots, u_{J-1}, u_J, \Omega)/\partial u_j} = \frac{\partial B_i(u_i, \Theta_i, \Gamma)/\partial u_i}{\partial \Phi(u_1, u_2, \ldots, u_{J-1}, u_J, \Omega)/\partial u_i} \ \forall i, j$$

L'hypothèse de l'indépendance des impacts des opérations de pompage correspond à une application du principe de superposition tel qu'il est employé dans les modèles d'analyse hydrologique (voir, par exemple, Domenico, 1972 ; Freeze et Cherry, 1979). Ce n'est pas en soi une hypothèse forte. Il est toujours aisé, dans ce cas, d'interpréter les conditions d'optimalité modifiées. Lorsqu'un puits a un impact relativement élevé sur l'aquifère, le bénéfice marginal au niveau d'allocation optimal nécessaire pour remplir la condition d'optimalité sera probablement plus élevé ; en d'autres termes, les quantités pompées autorisées seront moins importantes.

Cas n°2 : modèle dynamique simple

Nous développons le modèle statique qui fait l'objet du cas n°1 de manière à prendre en compte des externalités qui peuvent se manifester avec un certain décalage, c'est-à-dire avoir des impacts sur de multiples périodes. Considérons *J* puits à partir desquels de l'eau est pompée à des fins agricoles à partir d'un aquifère durant *N* périodes de temps distinctes. Le pompage d'une quantité d'eau u_j^n à la période $n = 0, \ldots, N$ produit des bénéfices nets définis, dans le cas de chaque puits *j*, par la fonction $B_j(u_j^0, u_j^1, \ldots, u_j^N, \Theta_j, \Gamma)$ dans laquelle $\partial B_j/\partial u_j^n \geq 0$ et $\partial^2 B_j/\partial (u_j^n)^2 < 0$ pour tout *n*. Les vecteurs Θ_j et Γ sont définis comme dans le cas précédent. Nous supposons de même que les fonctions des bénéfices de chaque puits sont indépendantes, de sorte que les activités de pompage menées à partir d'un puits n'ont pas d'effet significatif sur les activités de pompage effectuées à partir des autres puits.

L'objectif fondamental de la gestion des eaux souterraines posé en hypothèse consiste à choisir une série de trajectoires de pompage permettant de remédier soit à l'épuisement de l'aquifère soit aux interactions entre les eaux de surface et les eaux souterraines (parfois qualifié de tarissement des cours d'eau). Le problème de gestion général peut donc être posé comme suit :

$$\max\sum_{j=1}^{J} B_j\left(u_j^0, u_j^1, \ldots, u_j^N, \Theta_j, \Gamma\right) \text{ s.t. } \Phi\left(u_1^0, u_2^0, \ldots, u_{J-1}^t, u_J^t, \Omega\right) \leq \overline{\Phi}(t)\ \forall t$$

où $\Phi\left(u_1^0, u_2^0, \ldots, u_{J-1}^t, u_J^t, \Omega\right)$ est une "fonction de transfert" établissant une relation entre la trajectoire des activités globales de pompage à tous les puits et la contrainte de pompage pertinente $\overline{\Phi}(t)$ à la période et $\leq N$. Le vecteur Ω, qui représente les caractéristiques pertinentes de l'aquifère est défini comme précédemment. Il importe de noter ici qu'il est possible d'incorporer sans difficulté la valeur actuelle des bénéfices $B_j\left(u_j^0, u_j^1, \ldots, u_j^N, \Theta_j, \Gamma\right)$. qui seront tirés à l'avenir des activités de pompage.

Les externalités associées au tarissement des cours d'eau sous l'effet du pompage des eaux souterraines peuvent nécessiter l'adoption de mesures de gestion s'il existe des obligations juridiques en aval ou transfrontalières concernant l'utilisation des eaux de surface, ou si les activités de pompage ont un impact sur les habitats des cours d'eau. Dans le cas des obligations liées aux eaux de surface en aval ou transfrontalières, les réglementations visent généralement à réduire les quantités d'eau pompées de manière à limiter la réduction cumulée des débits sur un intervalle de temps fixe, par exemple une ou plusieurs années. Dans le deuxième cas, c'est-à-dire la dégradation des habitats des cours d'eau, les réglementations visent à maintenir les débits minima nécessaires tout au long de l'année. Dans le modèle présenté ici, nous considérons de manière relativement détaillée la formulation de mesures visant à lutter contre les problèmes de tarissement cumulatif des cours d'eau (Kuwayama et Brozović, 2013). Lorsque l'on développe le modèle pour intégrer des contraintes de maintien de débits fluviaux spécifiques tout au long de l'année, il devient nécessaire d'inclure une fonction de production d'eau pour les cultures entre saisons de végétation, ce qui complique considérablement l'analyse et ne se prête généralement pas à un suivi analytique (voir, par exemple, Han, 2011).

Les interactions entre les eaux de surface et les eaux souterraines se caractérisent principalement par le fait que le tarissement des cours d'eau est un processus géographique et dynamique qui, comme les eaux souterraines sont un système diffusionnel, se produit également avec un certain décalage (Glover et Balmer, 1954 ; Sophocleous, 2002). L'examen des effets de la poursuite des activités de pompage sur les débits doit donc prendre en compte les activités de pompage antérieures et non pas seulement les activités poursuivies sur la période en cours. Il est donc possible d'écrire l'équation générale de l'impact sur les cours d'eau du pompage des eaux souterraines pour toute période *T* postérieure au début des activités de pompage à partir d'un puits situé à une distance *d* d'un cours d'eau, sous la forme suivante :

$$\sum_{j=1}^{J}\sum_{s=0}^{T}\sum_{n=0}^{s} u_j^n \phi\left(d_j, T-n, \Omega_j\right) = \Phi(T)$$

Dans l'équation précédente, Ω_j est le sous-ensemble des paramètres hydrologiques se rapportant aux activités de pompage effectuées au puits *j*. Par hypothèse, le tarissement des cours d'eau est une fonction linéaire des opérations de pompage (il s'agit ici encore d'une application du principe de superposition en hydrologie ; Domenico, 1972 ; Freeze et Cherry, 1979). Il est donc possible d'interpréter la fonction de transfert ϕ comme l'externalité marginale du pompage effectué à la période *n* qui se manifeste à la période $T > n$. L'équation est donc la somme des impacts décalés se manifestant *à la période T* par suite de toutes les opérations de pompage effectuées durant ou avant la période *T*.

Il est possible d'utiliser les fonctions de réponse hydrologique des cours d'eau pour modéliser la relation exacte entre les quantités pompées et le débit fluvial, compte tenu du fait qu'un décalage notable existe entre le moment auquel la décision de pomper est prise et celui auquel l'épuisement du cours d'eau que ce pompage entraîne se produit, et que l'ampleur de ce décalage dans le temps dépend essentiellement de la distance, *d*, entre les puits et les cours d'eau avoisinants. Outre leur emploi aux fins de la conception de réglementations de l'utilisation des eaux souterraines, les méthodes analytiques sont aussi largement utilisées par les praticiens pour procéder à des évaluations générales du tarissement des cours d'eau.

Lorsque les données requises sont disponibles, les modèles quantitatifs détaillés des eaux souterraines (comme MODFLOW) permettent de déterminer l'impact des activités de pompage sur le tarissement des cours d'eau. Au Nebraska, des méthodes quantitatives sont employées dans le bassin de la rivière Republican et dans celui de la rivière Big Blue (basées sur MODFLOW), ainsi que dans le bassin de la rivière Platte (basées sur COHYST). Lorsque ce n'est pas le cas, il est nécessaire de recourir à des méthodes analytiques et graphiques basées sur des solutions du problème des régimes d'écoulement non permanent des eaux souterraines appliqué au cas des interactions entre les eaux de surface et les eaux souterraines. Les hydrologues ont établi des fonctions de réponse des cours d'eau qui peuvent être utilisées dans toute une gamme de contextes hydrologiques.

La solution analytique de Glover et Balmer (Glover et Balmer, 1954) est l'une des plus simples, mais nous l'examinons ici parce qu'elle a été largement utilisée dans le contexte de la formulation des politiques publiques (Glover et Balmer, 1954, Jenkins, 1968 ; Nebraska DNR, 2007). Nous supposons, dans ce cas, que $\Omega_j = \Omega_j(S,\tau), S$ étant le coefficient d'emmagasinement et τ la transmissivité de l'aquifère (l'unité retenue est le pied carré par an). Le tarissement des cours d'eau causé par le puits *j* après *t* années de pompage à un taux constant, mesuré en acre-pied par an (1 acre- pied est égal à 1.223 mégalitre) est donné par l'équation de Glover-Balmer

$$\phi(d_j, t, \Omega_j) = u_j \mathrm{erfc}\left(\sqrt{\frac{d_j^2 S}{4\tau t}}\right)$$

dans laquelle *d* est la distance entre le puits et le cours d'eau, *t* est la période de temps constituée par le nombre d'années écoulées depuis le début des activités de pompage, et erfc est la fonction d'erreur complémentaire. Il est possible de modifier l'équation pour prendre en compte les pompages saisonniers. Il existe également des versions plus complexes de l'équation précédente qui permettent de prendre en compte les interactions entre les eaux de surface et les eaux souterraines, et qui font intervenir des puits à pénétration partielle ou le colmatage du lit de la rivière (voir par exemple, Hunt, 1999 ; Hunt, 2012).

Tel que le problème de gestion est défini ci-dessus, il est possible à partir de l'équation de Glover-Balmer d'utiliser les conditions du premier ordre pour démontrer que $\partial B_j(u_j^0, u_j^1, \dots, u_j^N, \Theta_j, \Gamma)/\partial u_j^i - \lambda \sum_{s=i}^{T} \phi(d_j, T-s, \Omega_j) = 0 \; \forall i,j$, expression dans laquelle λ est le multiplicateur de Lagrange. Il s'ensuit que pour un optimum intérieur :

$$\frac{\partial B_j(u_j^0, u_j^1, \dots, u_j^N, \Theta_j, \Gamma)/\partial u_j^i}{\sum_{s=i}^{T} \phi(d_j, T-s, \Omega_j)} = \frac{\partial B_l(u_l^0, u_l^1, \dots, u_l^N, \Theta_l, \Gamma)/\partial u_l^k}{\sum_{s=k}^{T} \phi(d_l, T-s, \Omega_l)} \; \forall i,j,k,l$$

Par conséquent, le ratio du bénéfice marginal à l'externalité marginale associés au pompage devrait être le même pour tous les sites des puits. Le multiplicateur de Lagrange λ peut alors être interprété comme étant le prix optimal des droits d'utilisation (en valeur actuelle). Si le dommage marginal dû à l'externalité est d'un niveau équivalent pour toutes les exploitations, il est possible de parvenir à résultat dans le cadre d'un régime de droits commercialisables négociés au cas par cas, les coûts d'atténuation marginaux de toutes les exploitations étant égaux au produit des dommages marginaux par λ (Kuwayama et Brozović, 2013; Palazzo and Brozović, 2014). En revanche, si la fonction des bénéfices marginaux est la même à chaque site de pompage, c'est-à-dire si

$\partial B_j(u_j^0, u_j^1, \ldots, u_j^N, \Theta_j, \Gamma)/\partial u_j^i = \partial B_l(u_l^0, u_l^1, \ldots, u_l^N, \Theta_l, \Gamma)/\partial u_l^k = B'(u^0, u^1, \ldots, u^N, \Theta, \Gamma)$, les puits qui sont les plus proches du cours d'eau seront toujours assujettis à des contraintes plus lourdes que les puits qui en sont plus éloignés, c'est-à-dire $u_j^i < u_l^i$ pour tout *i* et $T > i$ si $d_j < d_l$ (Kuwayama et Brozović, 2013). Pour prouver ce dernier résultat, il suffit de considérer deux puits *j* et *l*, tels que $d_j < d_l$. Il s'ensuit que $\sum_{s=i}^{T} \phi(d_j, T-s, \Omega_j) > \sum_{s=i}^{T} \phi(d_l, T-s, \Omega_l)$ pour tout i et $T > i$ (voir, par exemple, l'équation de Glover-Balmer). Le résultat découle directement des conditions d'optimalité, car il implique que $B'(u_j^0, u_j^1, \ldots, u_j^N, \Theta, \Gamma) > B'(u_l^0, u_l^1, \ldots, u_l^N, \Theta, \Gamma)$, et comme $B'' < 0$, il est nécessaire que $u_j^i < u_l^i$.

Annexe 3.A2

Étude de cas : choix des instruments d'action pour la gestion des eaux souterraines

La manière la plus efficace d'atteindre un résultat environnemental déterminé consiste à appliquer un mécanisme à caractère incitatif correctement ciblé. Toutefois, les gains produits par une réglementation optimale par comparaison avec d'autres types de réglementation plus simples peuvent ne pas être quantitativement importants et peuvent dépendre, d'une part, de l'hétérogénéité des producteurs et de leurs fonctions de production et, d'autre part, de la complexité géographique du système hydrologique. Pour toute application, il est important de comprendre si les gains engendrés par la mise en place d'un système réglementaire ou incitatif complexe de gestion des eaux souterraines sont suffisamment intéressants par rapport à ceux d'autres réglementations qui exigent moins d'informations et qui sont plus acceptables par les parties prenantes.

Graphique 3.A2.1. Région de l'aquifère des Hautes Plaines et zones d'administration des eaux souterraines

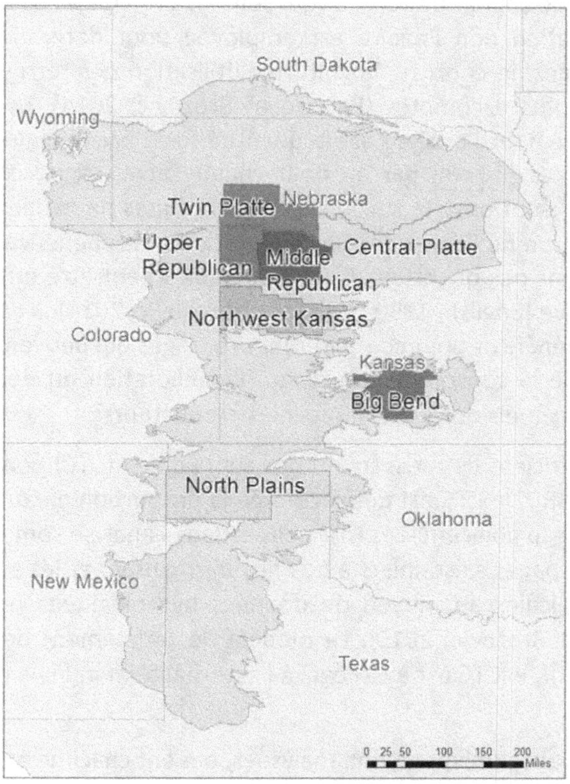

Cette annexe présente une comparaison de différentes politiques conçues pour atteindre un objectif de débit dans un bassin versant agricole où les eaux souterraines font l'objet d'opérations de pompage généralisées à des fins d'irrigation (Brozović et Young, 2014). La région couverte par cette étude de cas est le district de l'Upper Republican (*Upper Republican Natural Resources District*, URNRD) au Nebraska (graphique 3.A2.1)[1]. Ce district de gestion des eaux souterraines se trouve au-dessus de l'aquifère des Hautes Plaines, et il lui faut réduire les quantités globales d'eau souterraine pompées afin d'atteindre les objectifs fixés pour lutter contre le tarissement des cours d'eau à la suite de litiges inter-États (McKusick, 2002). Les 3 200 puits qui existent dans le district sont équipés de compteurs, et les droits de pompage d'eau souterraine à chaque puits sont quantifiés et doivent être respectés. Le pompage n'est autorisé que sur les superficies irriguées certifiées, et un moratoire frappe la mise en service de nouveaux puits ou l'irrigation de superficies additionnelles, de sorte que la superficie maximale irriguée est fixe.

Dans le modèle, les fonctions de bénéfices sont calibrées pour chaque puits, et prennent en compte l'utilisation conjointe des terres, le choix des cultures et les décisions d'arrosage (Martin et al., 2007 ; Palazzo et Brozović, 2014). Le modèle utilise plusieurs catégories de données géographiques au niveau des puits, y compris des informations sur les superficies irriguées à partir de chaque puits, la profondeur jusqu'à la nappe d'eau et le rendement du puits, le type de sol, les besoins d'évapotranspiration des cultures ainsi que le rendement des cultures irriguées et des cultures pluviales de maïs, de blé, de soja et de sorgho (qui sont les principales cultures dans la zone étudiée). Une technique d'optimisation non linéaire est employée pour déterminer, pour chaque série de paramètres bien déterminés, le choix de la culture, l'utilisation des terres, la quantité d'eau utilisée pour l'arrosage et les profits escomptés (Palazzo et Brozović, 2014). La quantité d'eau disponible établie à titre de référence pour l'analyse est la quantité fixée par la réglementation en vigueur dans l'URNRD, à savoir 13 pouces (33 cm) par an pour chaque acre irrigué certifié. Les quantités d'eau disponibles à chaque puits sont ensuite successivement réduites de manière à permettre d'estimer le profit marginal de l'utilisation de l'eau à des fins d'irrigation et les bénéfices auxquels il faut renoncer. L'ajustement aux réductions des quantités d'eau disponibles peut être effectué à la marge extensive ainsi qu'à la marge intensive (English, 1990 ; Palazzo et Brozović, 2014). Il est ensuite possible d'utiliser la série des fonctions de bénéfices pour comparer les arbitrages qui peuvent être faits dans le contexte de la réduction globale de la consommation d'eau, l'amélioration du débit des cours d'eau qui en résulte, et les bénéfices auxquels doivent renoncer les producteurs.

L'analyse utilise le coefficient de tarissement des cours d'eau (CTC) pour estimer cette externalité. Suivant les règles de l'URNRD, le CTC est défini comme la proportion d'eau pompée à partir d'un puits qui provient d'un cours d'eau adjacent. Les CTC utilisés dans l'analyse sont calculés sur une période de 50 ans sur la base de pompages saisonniers à des fins d'irrigation, et les paramètres de l'équation de Glover-Balmer ont été calculés au moyen de données hydrologiques pour le bassin de la rivière Republican (Kuwayama et Brozović, 2013). Le modèle de tarissement des cours d'eau étant conçu comme un processus additif, le CTC est aussi égal à l'externalité marginale d'une unité supplémentaire d'eau pompée.

Trois types d'interventions publiques sont analysées, qui ont chacune été mises en application dans le bassin versant considéré : les quotas de pompage, les retraits de superficies irriguées et les droits transférables de pompage d'eau souterraine. Dans chaque cas, l'allocation d'eau à la période en cours dans l'URNRD sert de référence aux mesures. Dans le contexte de chacune des politiques de gestion, la

1. Les zones d'administration locales sont chargées de formuler et d'appliquer les politiques de gestion des eaux souterraines et sont appelées *Natural Resources Districts* (NRD) dans le Nebraska, *Groundwater Management Districts* (GMD) au in Kansas, et *Groundwater Conservation Districts* (GCD) au Texas.

quantité globale d'eau utilisée est réduite de quantités variables, après quoi il est procédé à la comparaison des bénéfices totaux auxquels il a fallu renoncer pour pouvoir aboutir à la quantité d'eau souhaitée. Dans le cas des quotas de pompage, on pose en hypothèse que les quotas sont les mêmes pour tous les producteurs. Dans celui du programme de retrait de superficies irriguées, trois types de ciblage sont considérés : i) les terrains dont le prix est le plus faible (pour réduire les superficies irriguées le plus rapidement possible) ; ii) les ressources en eau les moins onéreuses (pour réduire le volume global des prélèvements le plus rapidement possible) ; et iii) les zones où le tarissement des cours d'eau est le plus rapide (pour fermer en premier lieu les puits qui ont les externalités marginales les plus élevées). Dans le cas du régime de droits transférables, on suppose que le système de transaction est sans friction, sachant que l'URNRD a déjà mis en place des compteurs, impose des allocations quantitatives et applique des mesures de mise en application effective des réglementations.

Pour finir, deux types de transfert sont considérés : les transferts non ajustés au titre du tarissement des cours d'eau, pour lesquels l'unité de transfert est la quantité d'eau (qualifiés ici de transfert "simple") et les meilleurs transferts qui sont ajustés pour prendre en compte le tarissement des cours d'eau, pour lesquels l'unité de transfert est le degré de tarissement des cours d'eau (qualifiés ici de transfert "complexe"). Dans le système de transfert simple, les bénéfices marginaux du pompage de l'eau sont égaux à tous les puits, sans aucun ajustement au titre des différences entre les externalités géographiques relatives au tarissement des cours d'eau. Cette situation correspond à un marché sur lequel il existe un prix unique au niveau du district, égal au bénéfice marginal. Dans le système du transfert complexe, les bénéfices marginaux relatifs à chaque puits sont normalisés par l'impact escompté sur le tarissement des cours d'eau (ainsi que décrit dans l'exposé théorique précédent). Dans ce cas, chaque puits a son propre prix pour l'eau pompée, qui correspond à un prix unique du marché pour le tarissement du cours d'eau qui devrait résulter du pompage. Dans tous les cas, des estimations de coefficients de tarissement des cours d'eau sont utilisées pour quantifier l'externalité (Kuwayama et Brozović, 2013).

Résultats

Le graphique 3.A2.2 indique les résultats exprimés en coût annuel. Par définition, lorsque l'objectif des interventions consiste à réduire le tarissement des cours d'eau, un régime complexe de droits d'utilisation transférables pouvant s'ajuster en fonction du degré de tarissement est la méthode efficace par rapport aux coûts qui permet d'atteindre tout objectif de débit fluvial (graphique 3.3). Fait peut-être surprenant, le système simple de droits d'utilisation transférables présente également un bon rapport coût-efficacité en cas de faible réduction du débit des cours d'eau. Le système simple ne permet pas d'effectuer des ajustements au titre du tarissement des cours d'eau mais, dans l'URNRD, il existe un certain nombre de puits qui contribuent largement au tarissement tout en affichant un produit marginal de l'eau très faible. Ces puits sont des candidats à la vente sur tous les marchés des eaux souterraines, avec ou sans ajustement au titre du tarissement des cours d'eau.

Le système de quotas uniformes présente également un meilleur rapport coût-efficacité que les systèmes de retrait de superficies jusqu'à ce qu'il devienne nécessaire de fortement réduire le tarissement des cours d'eau, auquel cas des mesures de retrait de superficies irriguées axées sur le tarissement des cours d'eau donnent de meilleurs résultats. Il importe de noter que le projet de Rock Creek mis en œuvre par l'URNRD pour retirer des superficies irriguées et augmenter le débit des cours d'eau a un coût similaire au coût indiqué par les projections du retrait de superficies (extrémité gauche de la ligne horizontale dans le graphique 3.3). Lorsque des mesures d'accroissement du débit des cours d'eau sont appliquées, abstraction faite du coût énergétique du pompage, le projet a un rapport coût-efficacité équivalant à celui d'un quota réduit.

Graphique 3.A2.2. Comparaison du rapport coût-efficacité de différentes politiques de réduction des effets de tarissement des cours d'eau dans l'URNRD (Nebraska)

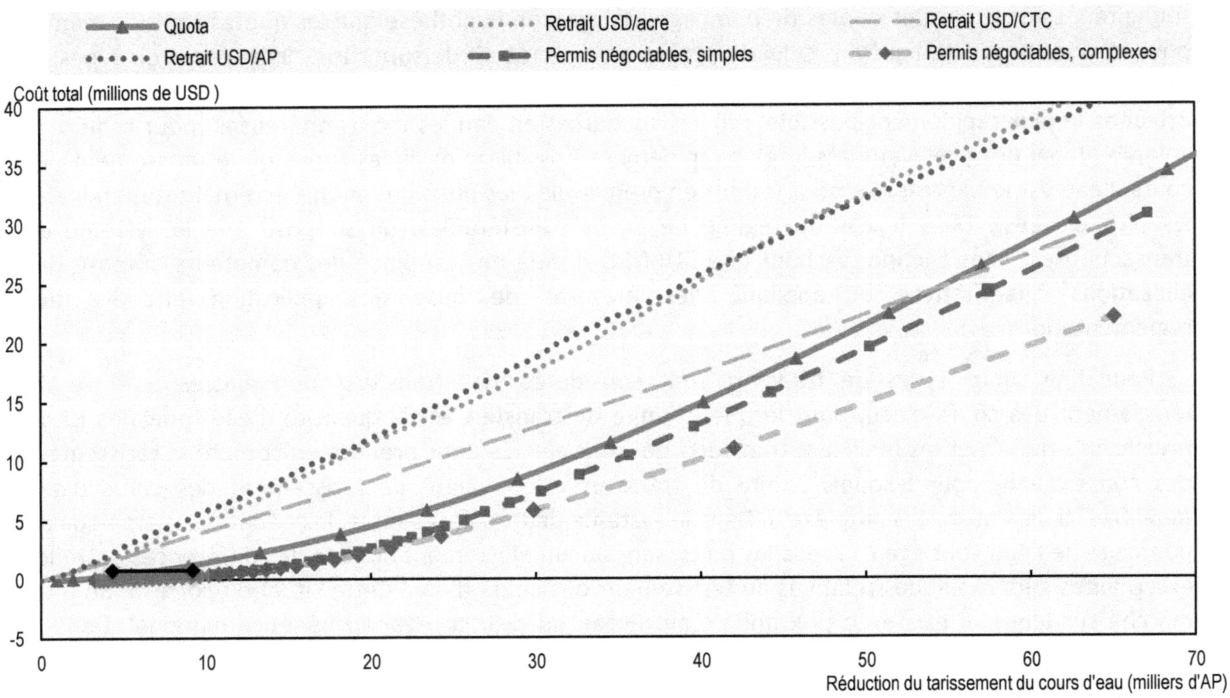

Note : CTC est le coefficient de tarissement du cours d'eau. AP : acre-pied.

Les deux cercles reliés par un segment de droite représentent le coût annualisé estimé du projet Rock Creek de l'UNRNRD ; les coûts et les réductions du tarissement des cours d'eau sont indiqués dans le cas du retrait de superficies irriguées (cercle de gauche) et du retrait de superficies irriguées conjugué à des pompages effectués pour accroître le débit des cours d'eau (cercle de droite).

Source : Brozović et Young (2014).

Chapitre 4

Quelles sont les politiques de gestion des eaux souterraines en agriculture dans les pays de l'OCDE ?

Ce chapitre passe en revue les politiques et les approches de la gestion des eaux souterraines en agriculture dans les pays de l'OCDE. Les réponses à un questionnaire de l'OCDE adressé aux pays sont exploitées afin d'examiner la diversité des moyens d'intervention utilisés aux niveaux national et régional. Une analyse est également menée au niveau régional pour déterminer si le choix des instruments de gestion peut être associé aux caractéristiques et contraintes spécifiques des systèmes de gestion des eaux souterraines utilisées à des fins agricoles.

Principaux messages

Les politiques et les approches suivies par les pays de l'OCDE pour gérer l'utilisation des eaux souterraines en agriculture sont très diverses. C'est ce qui ressort d'une enquête menée auprès des 34 pays membres de l'OCDE, qui ont fourni 20 réponses exploitables. Les politiques de gestion des eaux souterraines sont fondées sur des systèmes juridiques différents ; elles sont axées sur la demande, sur l'offre ou sur les deux ; et elles mettent en œuvre des approches directes ou indirectes de la gestion à caractère réglementaire, économique ou collectif.

Des différences existent aux niveaux national, régional et infrarégional, et l'on ne constate que peu de similitudes générales entre les pays.

Les approches réglementaires de la gestion, les plus courantes, servent de base pour d'autres instruments, mais les spécificités des différents systèmes de droits d'utilisation varient aussi largement, en nature et en portée, par rapport aux mécanismes d'allocation.

Au niveau régional, rien ne permet d'établir clairement une relation entre l'ampleur globale des approches de gestion (définie comme le nombre d'approches suivies pour maîtriser l'utilisation des eaux souterraines) et l'intensité des pressions exercées sur les eaux souterraines (correspondant aux pressions agro-climatiques et aux externalités) ; on observe en revanche des similitudes entre groupes de régions. Certaines régions de l'OCDE confrontées à des pressions relativement fortes sur les ressources en eau souterraine ont recours à une gamme complète d'instruments de gestion de ces ressources (économiques, réglementaires, directs, indirects, etc.). D'autres régions, soumises à des degrés de pression tout aussi élevés, utilisent beaucoup moins d'instruments, et certaines des régions où les pressions sont les moins fortes appliquent un éventail relativement large d'instruments.

L'analyse montre aussi que certains instruments de gestion sont partiellement corrélés à des contraintes spécifiques. Les approches économiques et axées sur l'offre sont plus fréquentes dans les zones où les pressions de l'agriculture sur les eaux souterraines sont les plus fortes.

Comment infléchir ces politiques pour améliorer la gestion des eaux souterraines en agriculture ? Pour remédier aux fortes pressions exercées sur les ressources en eau souterraine et aux externalités qui en découlent dans les régions de l'OCDE, des réformes seront sans doute nécessaires. Le chapitre 5 s'appuiera sur les conclusions de ce chapitre et du chapitre 3 pour proposer des recommandations pour l'action destinées à faciliter la mise en place d'un modèle de gestion plus durable des eaux souterraines.

Une analyse fondée sur les résultats d'une enquête de l'OCDE de 2014 sur les approches en matière de gestion des eaux souterraines

Le présent chapitre traite du rôle que peuvent jouer les politiques publiques dans les pays de l'OCDE pour favoriser la gestion durable des ressources en eau souterraine dans l'agriculture. Si un certain nombre de pays de l'OCDE utilisent les eaux souterraines à des fins agricoles, d'autres en revanche sont richement dotés et y font peu appel, ou connaissent la problématique inverse d'une sous-exploitation des ressources hydrogéologiques. Même au sein du premier groupe, les situations régionales sont très variées, reflétant le degré d'utilisation de ces ressources, l'existence ou non d'une surexploitation ainsi que la présence d'externalités et leur intensité (chapitre 2). On cherchera dans ce chapitre à déterminer si ces diverses contraintes peuvent faire l'objet de trains de mesures adaptés.

Un certain nombre d'articles, de chapitres d'ouvrages et de rapports ont été publiés sur les politiques relatives aux eaux souterraines et à l'agriculture, mais ils se concentrent souvent sur des pays ou régions spécifiques (voir, par exemple, Grafton et al., 2014 ; Shah, 2008 ; de Stefano et Llamas, 2012). Garduño et Foster (2010) ont tiré des enseignements transversaux des expériences de multiples régions pratiquant l'irrigation à partir d'eau souterraine, mais ils se sont intéressés à des pays en développement principalement hors de l'OCDE. L'étude internationale de Morris et al. (2003) a envisagé l'utilisation des eaux souterraines sous un angle beaucoup plus large avec une faible perspective sur l'agriculture. Par ailleurs, plusieurs publications comparent les politiques de deux pays ou régions (par exemple, Scott et Shah, 2004), élargissent les enseignements provenant d'un pays à des situations plus générales (Garrido et al., 2006) ou combinent des recueils de chapitres sur l'expérience de plusieurs pays (par exemple, Giordano et Villholth, 2007). Le présent chapitre vise à compléter cette littérature en proposant une comparaison transversale multi-pays des stratégies d'intervention au sein de l'OCDE.

Ce chapitre, basé principalement sur l'analyse des réponses à un questionnaire de l'OCDE lancé au cours de l'été 2014, évalue l'état des ressources et leur utilisation en agriculture et recense les politiques pertinentes aux niveaux national et régional. Le questionnaire s'articulait en trois parties, la première fournissant des informations d'ordre général aux répondants. La deuxième partie portait sur la caractérisation de l'état des ressources hydrogéologiques et de leur utilisation dans l'agriculture aux niveaux national et infranational, essentiellement en vue d'alimenter le chapitre 1. Les répondants devaient sélectionner une à quatre unités régionales (appelées "régions" dans la suite) pour lesquelles ils pouvaient apporter de plus amples informations sur l'utilisation des eaux souterraines et sur les contraintes associées. La dernière partie concernait la présence d'un large éventail d'instruments (tableau 3.1) susceptibles d'influer sur les ressources en eau souterraine. Le questionnaire complet est disponible sur demande.[1]

Ce questionnaire a été envoyé aux délégués des 34 pays de l'OCDE et de l'Union européenne. Comme indiqué dans le tableau 4.1, 27 pays ont communiqué au moins des réponses partielles. Parmi ces derniers, sept pays n'ont pas fourni d'informations utilisables suffisantes sur leurs politiques (soit à cause de l'absence de politique, soit du fait d'accès partiel à l'information), de sorte que l'on dispose de réponses exploitables provenant d'un ensemble de vingt pays de l'OCDE. Treize de ces pays ont fourni au moins quelques renseignements sur 27 régions hydrogéologiques agricoles.

Les réponses au questionnaire sont complétées par des informations provenant d'une analyse détaillée des publications disponibles sur la gestion des eaux souterraines en agriculture, tirant des exemples de régions utilisant les eaux souterraines pour l'irrigation. Naturellement, chacune de ces régions présente des caracteéristiques spécifiques et ne représente donc pas de solutions nécessairement réplicables ou généralisables à plus grande échelle.

La prochaine section passe en revue les approches suivies dans les pays de l'OCDE en matière de gestion des eaux souterraine en agriculture, en s'appuyant sur les catégories d'instruments présentées dans le tableau 3.1 du chapitre 3. La section suivante montrera plus précisément si le choix de mesures dans ces pays correspond aux défis à relever par les systèmes de gestion des eaux souterraines en agriculture, en se basant sur les réponses données au niveau régional.

Tableau 4.1. Couverture des réponses reçues au questionnaire de l'OCDE sur les eaux souterraines[1]

Pays	Région	Politiques
Australie	Grand bassin artésien, bassin Murray-Darling	Limitées
Autriche		
Canada		Non
Chili		
Corée	Île volcanique de Jéju	
Danemark	Jutland occidental	
Espagne	Mancha Occidental ; Campos de Montiel ; Almonte-Marismas ; et Mancha Oriental.	
Estonie		
États-Unis	Aquifère des Hautes Plaines du Nord (NHPA) ; Aquifère des Hautes Plaines du Sud (SHPA) ; région de l'Aquifère alluvial du Mississippi (MAA) ; et région des Montagnes et du Pacifique Ouest (MPW).	
Finlande		
France	Nappe de Beauce et Département de la Vienne	
Grèce		Non
Irlande		Non
Israël	Galilée occidentale	Partielles
Italie	Pouilles, Campanie (Ufita)	Limitées
Japon	Kinugawa Seibu ; Noubiheiya Seibu ; et Kikuchi Heiya	
Mexique	Región Lagunera	
Pays-Bas	Meuse (Nord-Brabant), bassin de la Meuse "sableuse" (Zandmaas) (Limburg), bassin du Rhin-Est (Gelderland) et bassin du Rhin-Est (Overijssel).	
Pologne		Non
Portugal	District hydrographique de Tejo e Ribeiras do Oeste	
République slovaque		
République tchèque		
Royaume-Uni		Non
Slovénie		Non
Suède		
Suisse		Non
Turquie	Bassin du Küçük Menderes	Limitées

1. Questionnaire de l'OCDE 2014 sur l'utilisation des eaux souterraines en agriculture.

Un large éventail d'approches de la gestion des eaux souterraines en agriculture

Gestion axée sur la demande : Des démarches essentielles communes, des instruments divers

Des différences de statut juridique et de caractéristiques des droits d'utilisation qui sont principalement le fruit de traditions juridiques

Les lois adoptées dans le cadre de législations plus générales sur l'eau englobent généralement les eaux souterraines (Mechlem, 2012). Les approches retenues peuvent être fragmentées, et répondre à des préoccupations qualitatives ou quantitatives, ou plus globales, mais les efforts tendent de plus en plus à combiner toutes les législations sur les eaux de surface et les eaux souterraines (Mechlem, 2012).

Dix-neuf des 20 pays ayant répondu au questionnaire ont fait état de réformes au niveau national concernant les eaux souterraines, dont 15 au cours des dix dernières années. Les États membres de l'Union européenne ont transposé en droit national la directive-cadre européenne sur l'eau (2000/60/CE), qui prescrit la gestion quantitative des ressources hydrogéologiques, ainsi que la directive sur les eaux souterraines (2006/118/CE), qui traite en particulier des problèmes de qualité. Comme expliqué ci-dessous, ces deux textes définissent les grandes lignes des plans globaux de gestion des eaux souterraines au niveau régional.

La réforme des dispositifs d'allocation de l'eau peut être déclenchée par différents facteurs, dont la pénurie d'eau et les risques écosystémiques (OCDE, 2015c). De même, les modifications spécifiques des politiques relatives aux eaux souterraines peuvent être la conséquence de crises et/ou de conflits. Deux préoccupations principales sont à l'origine des récentes modifications apportées aux politiques régissant les eaux souterraines dans les pays membres de l'OCDE : l'épuisement à long terme des aquifères et les interactions entre les eaux de surface et les eaux souterraines (par exemple, McCarl et al., 1999 ; Scanlon et al., 2012). Aux États-Unis, les litiges en cours et l'évolution rapide des institutions de gestion des ressources en eau témoignent des préoccupations suscitées par les externalités liées au pompage des eaux souterraines (Hathaway, 2011 ; McKusick, 2002). Les interactions entre les eaux de surface et les eaux souterraines ont également contribué dans une mesure très importante à la modification des politiques régissant l'utilisation des eaux souterraines (Kuwayama and Brozović, 2013 ; Palazzo and Brozović, 2014) ; ces flux peuvent, d'une part, donner lieu à des difficultés juridiques transfrontalières portant sur les allocations des bassins versants et, d'autre part, avoir un impact sur les habitats des cours d'eau et sur d'autres écosystèmes tributaires des eaux souterraines (voir, par exemple, McKusick, 2002 ; Delaware River Basin Commission, 2008).

L'utilisation des eaux souterraines fait généralement l'objet de licences, de permis ou de droits, définis de manière générique dans le présent rapport comme la permission de prélever et d'utiliser les eaux souterraines d'un système aquifère conformément aux dispositions des textes juridiques pertinents (voir le glossaire en fin de rapport). Ces droits d'utilisation, qui constituent la pierre angulaire de la plupart des approches réglementaires de la gestion des eaux souterraines, "l'élément central des lois sur l'eau souterraine" (Mechlem, 2012), se sont avérés essentiels pour réduire leur surexploitation (Kemper, 2007). L'eau souterraine peut relever de la propriété publique ou privée, ce qui influe sur la façon dont sont alloués, et potentiellement utilisés, les droits sur l'eau.

Le statut juridique de la propriété de l'eau souterraine varie d'un pays ou d'une région à l'autre au sein de l'OCDE. Contrairement aux eaux de surface, les eaux souterraines demeurent traditionnellement dans le domaine privé dans de nombreux pays (OCDE, 2010a et 2015c). Douze des 22 réponses nationales ou régionales figurant dans la première colonne du tableau 4.2[2] y associaient une propriété au moins partiellement privée[3]. En outre, la propriété de l'eau souterraine est en général liée à la propriété foncière, contrairement à l'eau de surface, qui est souvent déconnectée de la terre et très majoritairement détenue par la puissance publique (par exemple, 88 % de propriété publique d'après OCDE, 2015c). Du fait de ses caractéristiques, définies localement et par rapport à des terres spécifiques, l'eau souterraine est légalement appropriable par des acteurs privés, même si les organismes chargés de sa gestion sont souvent composés d'un collectif d'utilisateurs.

Bien qu'ils demeurent moins employés, les droits sur l'eau souterraine peuvent par ailleurs présenter des caractéristiques similaires à celles des droits sur l'eau de surface. Douze des régions ou pays répondants définissent des droits permanents, tandis que 13 ont recours à des droits de court terme. Le renouvellement des droits peut être associé à des échéances, souvent variables selon le type d'utilisation de l'eau (OCDE, 2015c). En particulier, certains pays fixent généralement des limites périodiques spécifiquement pour les prélèvements destinés à l'irrigation (par exemple, 12 ans en Autriche) et d'autres types de limites pour d'autres utilisations. Sept des réponses notent que ces droits sont transférables, ce qui peut impliquer tout simplement la possibilité de transférer la propriété des permis, par exemple dans le cadre d'un changement de propriété de la terre, ou ouvrir la porte à des transactions ou des marchés potentiels. Les bénéficiaires de droits sur l'eau souterraine sont essentiellement des individus, parfois des entreprises ou des organismes collectifs dans les quelques pays qui l'autorisent.

Nombre des systèmes mentionnés de droits sur l'eau souterraine sont effectivement attachés à des droits fonciers, une situation peu répandue dans le cas de l'eau de surface. L'association des droits sur l'eau souterraine aux droits de propriété peut compliquer davantage la gestion de la ressource car elle laisse moins de liberté d'action aux utilisateurs (OCDE, 2015c). Dans le même temps, on trouve ce même lien historique dans de multiples régions pour d'autres ressources souterraines. Mechlem (2012) fait état d'une tendance au niveau mondial à dissocier les droits sur l'eau souterraine des droits fonciers et à s'orienter vers une propriété publique des ressources, sur lesquelles les utilisateurs peuvent faire valoir des droits d'utilisation. Cependant, ce type de réforme n'est toujours pas d'actualité dans un certain nombre de pays de l'OCDE.

En examinant ces différentes catégories —les trois premières colonnes du tableau 4.2— on peut voir émerger quelques tendances peu marquées autour d'un groupe de pays ou régions appliquant des droits individuels privés sur l'eau souterraine, comme l'Autriche, le Japon et les régions de l'Aquifère alluvial du Mississipi (MAA) et des Montagnes et du Pacifique Ouest (MPW) (États-Unis), et d'un autre groupe aux statuts et caractéristiques multiples, comme le Chili, la Corée, le Mexique et les régions des aquifères des Hautes Plaines du Nord (NHPA) et du Sud (SHPA) (États-Unis). D'un autre côté, la France recourt à des droits permanents publics individuels. Il semble que ces statuts et caractéristiques soient davantage le fruit de traditions juridiques que de considérations physiques sur les diverses caractéristiques hydrogéologiques.

Au-delà de leur nature, le système d'allocation des droits sur l'eau est déterminant pour envisager tant le principe de fonctionnement que l'équité des systèmes de gestion des eaux souterraines. Quatre grandes doctrines ont été appliquées dans les systèmes de gestion occidentaux (Joshi, 2005 ; Peck, 2007 ; Wichelns, 2010) : la propriété absolue (aussi appelée "règle de capture" ou "règle anglaise") ; l'usage raisonnable ; les droits corrélatifs ; et l'appropriation préalable (voir le glossaire pour les définitions complètes). On trouve également de multiples sous-catégories, aux caractéristiques mixtes. Le tableau 4.2 montre qu'une fois encore, diverses approches sont employées dans les pays de l'OCDE. L'encadré 4.1 illustre les diverses doctrines appliquées aux États-Unis.

Chacune de ces doctrines présente des avantages et des inconvénients, en termes de degré de liberté des propriétaires et de coûts administratifs de la mise en œuvre (Peck, 2007). La doctrine de la propriété absolue est plus simple à appliquer et affiche les coûts publics de gestion de l'eau les plus faibles, mais elle peut engendrer des conflits et une insécurité des approvisionnements (Joshi, 2005). Elle peut aussi tirer à la baisse le coût d'accès à cette ressource par rapport aux eaux de surface, ce qui pourrait conduire dans certains cas au tarissement des cours d'eau (voir, par exemple, OCDE, 2010b).

L'usage raisonnable encourage la prise en compte des dommages causés aux voisins, mais dépend de termes spécifiques et de l'interprétation de ce qui est raisonnable. Les droits corrélatifs favorisent une gestion plus régionale tandis que l'appropriation préalable, si elle soulève des questions d'équité, permet la réglementation des puits.

Tableau 4.2. Caractéristiques des droits sur l'eau souterraine par région ou pays répondants

Propriété	Durée et caractéristiques des droits	Bénéficiaires des droits	Doctrines à la base de l'allocation
Privée : Autriche, Japon, Portugal ; régions MAA et MPW.	Permanents Chili, Corée, France, République slovaque, Royaume Uni, Suède, Turquie ; Bassin Murray-Darling (Australie), régions NHPA, SHPA, MAA et MPW.	Individus Autriche, Chili, Corée, Finlande, France, Israël, Japon, Mexique, Portugal, République tchèque, Suède ; Mancha Occidental, Campos de Montiel, et Almonte-Marismas et Mancha Oriental (Espagne), Bassin Murray-Darling (Australie), régions NHPA, SHPA, MAA et MPW.	Propriété absolue Chili ; région MPW.
Publique : Espagne, Estonie, France, Pays-Bas ; Bassin Murray-Darling (Australie).	Temporaires Autriche, Chili, Corée, Espagne, Estonie, Israël, Mexique, Pays-Bas, Portugal, République slovaque, République tchèque, Royaume Uni, Suède, Turquie ; Nappe de Beauce (France).	Organismes collectifs Autriche, Chili, Finlande, Israël, Mexique, Portugal, République tchèque, Suède ; Mancha Occidental, Campos de Montiel, Almonte-Marismas (Espagne), Bassin Murray-Darling (Australie).	Usage raisonnable Corée, Espagne, Estonie, Finlande, France, Mexique, Portugal, Suède ; régions SHPA, MAA et MPW.
Les deux : Chili, Corée, Danemark, Mexique, Suède ; régions NHPA et SHPA.	Attachés à des droits fonciers : Corée, Finlande, Israël, Japon, Royaume-Uni, Suède ; Département de la Vienne et Nappe de Beauce (France), Bassin Murray-Darling (Australie) ; Régions NHPA, SHPA, MAA et MPW.	Entreprises Autriche, Chili, Finlande, Israël, Mexique, Portugal, République tchèque, Suède ; Almonte-Marismas (Espagne), Bassin Murray-Darling (Australie), Régions NHPA, SHPA, MAA et MPW.	Droits corrélatifs : Chili, Estonie, Finlande, France, Israël ; Bassin Murray-Darling (Australie), régions NHPA et MPW.
Autre ou aucune : Canada, Finlande, République slovaque, République tchèque, Turquie.	Transférables : Chili, Corée, Espagne, Mexique ; Bassin Murray-Darling (AUS) ; Régions NHPA et SHPA.	Autres : Chili, Finlande, République slovaque	Appropriation préalable : Chili, France, Suède ; régions SHPA et MPW.

Note : NHPA : Aquifère des Hautes Plaines du Nord (États-Unis) ; SHPA : Aquifère des Hautes Plaines du Sud (États-Unis) ; MAA : Aquifère alluvial du Mississippi (États-Unis) ; MPW : Montagnes et Pacifique Ouest (États-Unis).

Source : Questionnaire OCDE 2014 sur l'utilisation des eaux souterraines en agriculture.

Les liens entre la propriété de l'eau, les droits sur l'eau et les droits de propriété foncière sont importants pour comprendre la portée et les limites des politiques publiques relatives à l'utilisation des eaux souterraines en agriculture. Une vaste proportion des terres sert à l'agriculture dans les pays de l'OCDE. Si le droit d'utilisation des eaux souterraines est directement associé à la terre, mathématiquement, l'agriculture sera nécessairement mieux dotée que les autres secteurs utilisateurs. Mais cela implique aussi que les ressources hydrogéologiques auront vraisemblablement une incidence sur la valeur et l'utilisation des terres. Comme on le verra plus en détail ci-dessous, cela explique aussi pourquoi un certain nombre d'instruments relatifs à l'eau souterraine ciblent les terres plutôt que l'eau souterraine ou l'agriculture.

Encadré 4.1. Allocation de l'eau souterraine aux États-Unis : une mosaïque de systèmes

Aux États-Unis, les systèmes de droits sur les eaux souterraines sont plus complexes que ceux concernant les eaux de surface. Les États définissent leurs propres lois sur les eaux souterraines, qui prévoient diverses manières de gérer ces ressources. En particulier, l'allocation des eaux souterraines repose sur des doctrines. Le graphique 4.1 représente la répartition des doctrines par État en 2005 et montre l'importance de l'appropriation préalable dans l'Ouest et de l'usage raisonnable dans l'Est du pays, un petit nombre d'autres États appliquant la propriété absolue ou des systèmes mixtes. Au sein des huit États situés au-dessus de l'aquifère des Hautes Plaines (TX, OK, NM, KS, CO, NE, SD et CO), on trouve au moins trois doctrines. Ces systèmes ont évolué au fil du temps, par exemple au Kansas où la propriété absolue a cédé le pas à l'appropriation préalable en 1945. Tous ces systèmes sont complétés par des lois fédérales.

Si l'efficacité de ces approches peut être comparée, leurs différences peuvent toutefois soulever des tensions entre les États concernant la gestion des masses d'eau souterraine s'étendant sur plusieurs États et indirectement celle des eaux de surface, surtout en période de sécheresse.

Graphique 4.1. Carte simplifiée des systèmes d'allocation des eaux souterraines aux États-Unis (2005)

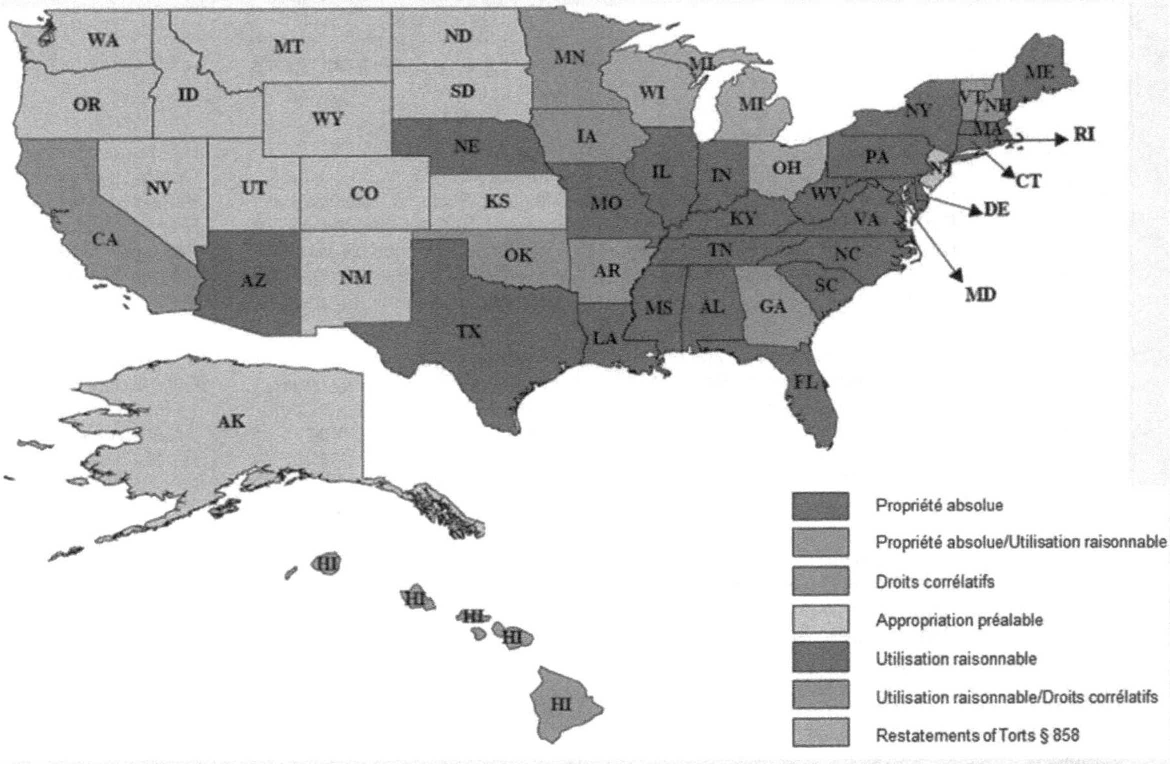

Sources : Joshi (2005) http://aquadoc.typepad.com/files/gw_rights_thesis.pdf ; Peck (2007) ; Sophocleous (2010) ; et Wichelns (2010).

Les plans de gestion largement utilisés et les réglementations des eaux souterraine, souvent appliquées à l'échelon infranational, sont difficiles à faire respecter

Treize des 20 pays répondants et 14 des 20 régions hydrogéologiques mentionnées disposeraient de plans de gestion des eaux souterraines. La plupart des plans établis par les pays revêtent un caractère obligatoire au niveau national mais volontaire au niveau régional. Aux États-Unis, la gestion des eaux souterraines est assurée à l'échelon des États et souvent confiée à des districts de gestion soumis à des obligations juridiques et à des mécanismes volontaires variés (Wichelns, 2010). La directive-cadre européenne sur l'eau prescrit l'établissement d'unités de gestion, de plans d'action et de systèmes de surveillance afin que toutes les masses d'eau définies atteignent un bon état quantitatif d'ici à 2015 (encadré 4.2). Deux pays répondants, le Chili et le Japon, indiquent n'avoir aucun plan (aux niveaux national ou régional).

Encadré 4.2. Gestion des eaux souterraines à l'échelle des sous-bassins hydrographiques : la directive-cadre européenne sur l'eau de 2000

La directive-cadre européenne sur l'eau réponds à plusieurs objectifs quantitatifs et qualitatifs concernant les eaux de surface et les eaux souterraines. Les éléments centraux des composantes de la Directive relatifs aux eaux souterraines concernent la définition de masses d'eau souterraine au sein de districts hydrographiques dans lesquels l'eau souterraine utilisée fera l'objet d'une surveillance et d'une réglementation afin d'atteindre un "bon état quantitatif et chimique" d'ici à 2015. Plus spécifiquement, les pays de l'UE devront :

- *définir des masses d'eaux souterraines au sein de chaque district hydrographique national ;*
- *créer des registres des zones protégées au sein de chaque district ;*
- *mettre en place des réseaux de surveillance des eaux souterraines pour évaluer l'état et l'évolution des masses d'eau souterraine afin d'atteindre un bon état quantitatif et chimique ;*
- *établir des plans de gestion des bassins hydrographiques, renseignant sur l'état des eaux souterraines et rendant compte des pressions exercées sur les masses d'eau souterraine*, qui seront publiés en 2009 et 2015 ;
- *appliquer le principe de récupération des coûts aux services liés à l'utilisation de l'eau pour 2010 ;*
- *élaborer un programme de mesures visant à atteindre les objectifs écologiques pour 2012*, y compris par exemple des mesures de contrôle de l'extraction d'eau souterraine et de la recharge artificielle.

Comme noté au chapitre 1, le bon état quantitatif est défini comme "[l]e niveau des eaux souterraines dans la masse d'eau souterraine tel que le taux de prélèvement moyen annuel à long terme n'excède pas la ressource hydrogéologique disponible. Par conséquent, le niveau des eaux souterraines ne subit pas de modification d'origine anthropique de nature à conduire à a) la non-réalisation des objectifs de qualité écologique des eaux de surface associées fixés dans la DCE, b) une diminution significative de l'état de ces eaux, et c) une dégradation significative des écosystèmes terrestres dépendant directement de cette masse d'eau souterraine. Une inversion de la direction des flux sous l'effet des variations de niveau peut se produire de façon temporaire, ou de façon continue dans une zone géographiquement limitée, sans toutefois entraîner d'intrusion d'eau salée ou d'autre type, ni indiquer une tendance durable et clairement identifiée de modification de la direction des flux imputable aux activités anthropiques qui soit susceptible d'induire de telles intrusions." Ces objectifs englobent donc la réduction de la surexploitation et la prise en charge des externalités associées à l'utilisation des eaux souterraines.

En 2009, 11 897 masses d'eau souterraine avaient été identifiées et évaluées par les 19 pays de l'OCDE membres de l'Union européenne disposant de rapports officiels cette année-là (Allemagne, Autriche, Belgique, Danemark, Espagne, Estonie, Finlande, France, Hongrie, Irlande, Italie, Luxembourg, Pays-Bas, Pologne, Royaume-Uni, République slovaque, République tchèque, Slovénie et Suède). Cependant, on ne disposait d'aucune information pour une proportion importante de masses d'eau.

La directive européenne sur les eaux souterraines de 2006, révisée en 2014, porte principalement sur la qualité, l'objectif étant de prévenir la pénétration de polluants et d'autres substances dangereuses. D'autres directives européennes prévoient des dispositions supplémentaires concernant la qualité applicables aux eaux souterraines (par exemple, la directive Nitrates et la directive Produits phytopharmaceutiques, qui s'intéressent spécifiquement aux problèmes de qualité de l'eau imputables à l'agriculture).

Source : CE (2000), CE (2006), IEE MED (2007), http://ec.europa.eu/environment/water/water-framework/groundwater/framework.htm.

Les eaux souterraines relèvent de la responsabilité de différents types d'institutions. Sept des 20 pays répondants désignent les ministères de l'environnement, des ressources naturelles ou équivalents, un pays l'administration centrale, un autre pays une agence nationale de l'eau et quatre pays des institutions locales ou régionales de l'eau[4]. Dans la plupart des autres pays, de multiples autorités nationales sont chargées d'un aspect ou d'un autre de la gestion des eaux souterraines —par exemple, six aux États-Unis (*US Geological Survey, US Environmental Protection Agency, US Department of Agriculture, US Bureau of Reclamation, US Army Corp of* Engineers, *US Bureau of Land Management*), trois en Italie et au Portugal, quatre en Corée— une situation qui peut nécessiter une coordination interinstitutions difficile à réaliser. Dans le même temps, la gestion des eaux souterraines est au moins en partie déléguée au niveau régional, le type de région ou d'institution divergeant toutefois largement, dans tous les pays répondants, comme le montre le graphique 4.2. Plus de 30 % des répondants mentionnent des régions administratives, des bassins hydrographiques, ou des organismes de gestion des eaux souterraines. Certains mécanismes innovants peuvent également prévoir une coresponsabilité dans la gestion, comme dans le cas de l'aquifère de la Mancha Oriental, de la Catalogne et du bassin du Duero en Espagne (Lopez-Gunn et al., 2012b).

Graphique 4.2. Échelons géographiques de la gestion infranationale des eaux souterraines dans les pays répondants

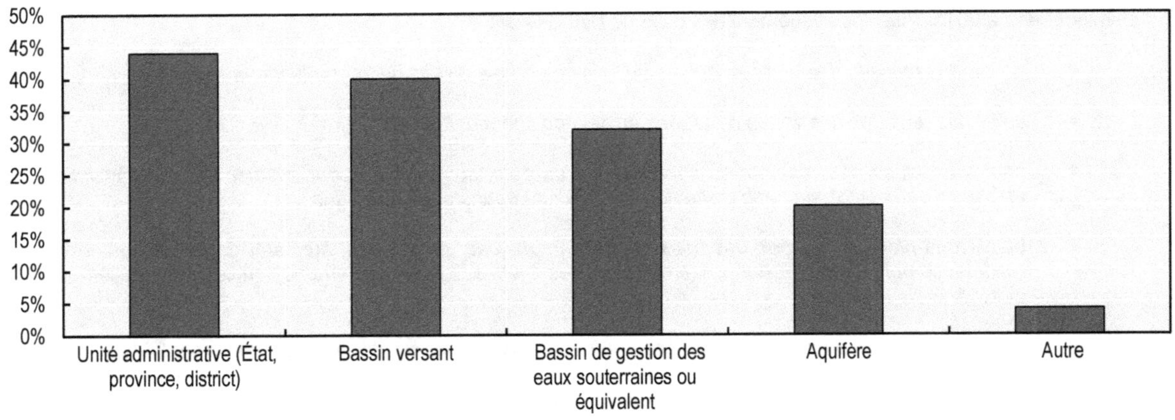

Source : Questionnaire OCDE 2014 sur l'utilisation des eaux souterraines en agriculture.

Ces plans de gestion ne couvrent pas spécifiquement l'agriculture. En réponse à une question subsidiaire, 56 % des pays répondants ont déclaré que l'agriculture constituait un utilisateur majeur, voire le principal utilisateur, d'eau souterraine dans au moins une de ces régions. Ces pays figurent parmi ceux qui ont le plus recours aux eaux souterraines pour l'irrigation dans la zone OCDE (chapitre 1) : Australie, Corée, Espagne, Grèce, Italie, Japon, Mexique et Portugal. Dans une grande majorité de réponses nationales (80 %), il est noté que la gestion des eaux souterraines est au moins en partie couplée à celle des eaux de surface. Ce couplage est systématique pour la plupart des pays ou régions ayant mis en place des plans de gestion obligatoires, mais on trouve des exceptions. Les pays dépourvus de plans de gestion peuvent aussi avoir des connexions systématiques, et certaines régions où les plans de gestion sont obligatoires n'associent les deux types de ressources que de façon limitée.

Dissocier la gestion des eaux de surface et celle des eaux souterraines est considéré comme l'une des principales sources des problèmes liés à la gestion des eaux souterraines (voir, par exemple, OCDE, 2010a). Historiquement, les législations sur l'eau se sont d'abord concentrées sur les eaux de surface, les eaux souterraines étant moins visibles et soumises à une pression moindre ; mais alors que certains pays ont évolué, d'autres sont restés à la traîne (Mechlem, 2012). Le refus d'associer les eaux de surface et les eaux souterraines dans la prise de décision, constaté notamment en Espagne, a été attribué à quatre causes : le manque de capacités humaines et technologiques, les limites de la législation sur l'eau, les contraintes sociales et bureaucratiques et les facteurs politiques (Llamas, 1975). Cette séparation s'est traduite par une mauvaise gestion des eaux souterraines (Llamas, 2004). Dans leur étude internationale d'économie politique sur la gestion des eaux souterraines dans les pays semi-arides, Garrido et al. (2006) ont considéré qu'il s'agissait du premier stade de l'élaboration de politiques, par lequel étaient passés l'Espagne, l'Inde, le Mexique et, aux États-Unis, la Californie, le Texas et l'Arizona (chapitre 1).

Trois dispositions réglementaires sont généralement envisagées dans les plans ou les cadres juridiques : elles portent sur les puits, le comptage et les prélèvements. En parallèle, ou lorsqu'il n'est pas possible de soumettre les eaux souterraines à ce type de réglementation, on peut également recourir à des instruments réglementaires indirects par le biais de restrictions sur les terres irriguées. Le graphique 4.3 recense les approches retenues dans les régions et pays répondants. La réglementation sur les puits au moyen de permis ou d'autorisations est l'approche la plus fréquemment employée ; viennent ensuite les restrictions quantitatives (quotas) et les obligations de comptage. La réglementation sur l'expansion de l'irrigation arrive en dernière position. Toutes ces réglementations sont plus courantes au niveau régional qu'à l'échelon national. Cinq pays répondants déclarent que ces réglementations sont en vigueur au niveau régional plutôt qu'à l'échelon national (Australie, Danemark, États-Unis, Japon et Pays-Bas), ce qui indique de potentielles spécificités infranationales des prescriptions.

Graphique 4.3. Nombre de pays ou régions de l'OCDE appliquant des réglementations spécifiques aux eaux souterraines

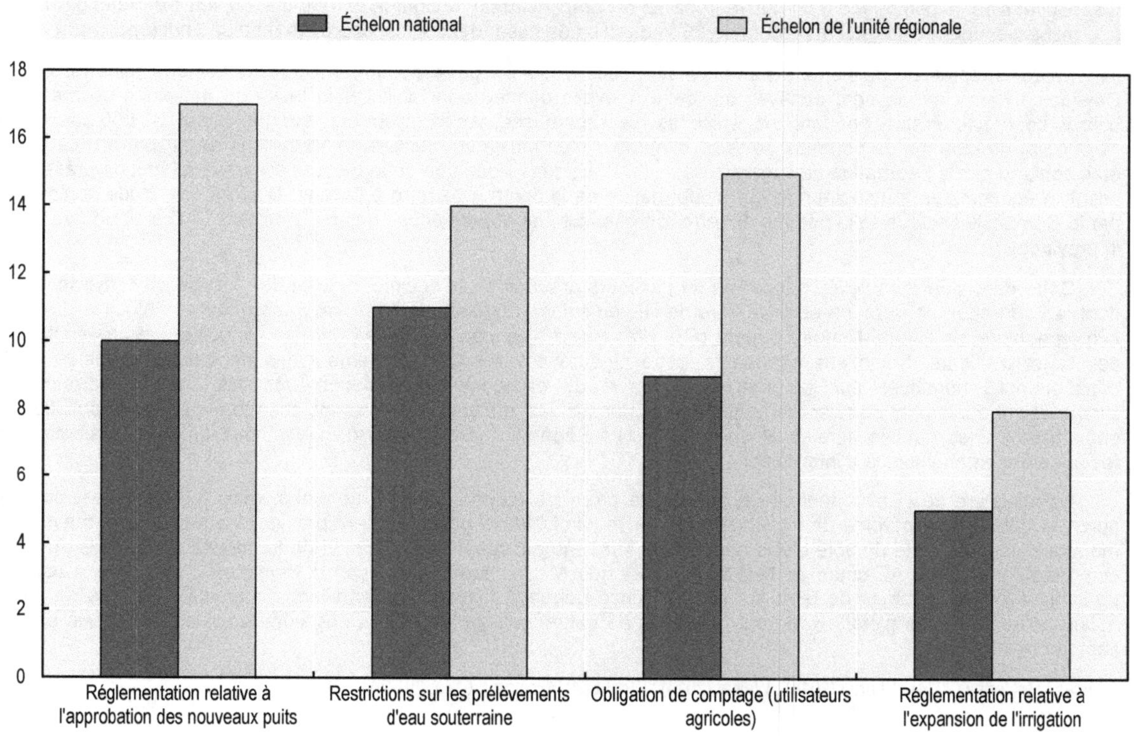

Source : Questionnaire OCDE 2014 sur l'utilisation des eaux souterraines en agriculture.

Plus particulièrement, les réglementations relatives à l'*approbation des nouveaux puits* régissent l'espacement des puits et les évaluations environnementales dans la plupart des réponses (respectivement 70 % et 67 % de l'ensemble des réponses). Les règles d'espacement des puits peuvent s'avérer une garantie contre les interférences entre puits et le tarissement des cours d'eau, si elles sont mises en œuvre en bonne connaissance de ces phénomènes. Leur application peut également varier selon les conditions et les contraintes locales ; c'est ainsi qu'aux États-Unis, l'espacement requis peut aller de 300 pieds (100 m) ou moins au Texas à 4 miles (6.4 km) dans certaines parties de l'aquifère Dakota au Kansas (Brozović et al., 2006). Les évaluations environnementales peuvent aller plus loin et tenir compte des externalités potentielles découlant du nouveau puits et de son utilisation pour l'approbation ou le rejet des propositions ; mais comme dans d'autres domaines, leur portée et leurs méthodologies sont importantes, tout comme le rôle de la participation du public et la transparence. Dans la province de l'Île-du-Prince-Édouard, Canada, un débat politique lancé en 2014 sur l'utilisation de puits profonds pour la culture de pommes de terre mais la situation est finalement restée au point mort (voir encadré 4.3). Dans le bassin Murray-Darling en Australie, l'utilisation des eaux souterraines est conditionnée à l'évaluation des incidences sur les tiers, à une évaluation des impacts environnementaux et aux utilisations actuelles et passées (OCDE, 2014b). En France, l'autorisation de prélever de l'eau souterraine est soumise à une étude d'impact réalisée par le Préfet, et est révocable en cas de pénurie d'eau (OCDE, 2010a).

Encadré 4.3. Quand les visions s'affrontent autour des permis de puits : le cas des pommes de terre dans l'Île-du-Prince-Édouard (Canada)

En 2002, l'Île-du-Prince-Édouard a instauré un moratoire sur les puits de grande capacité destinés à l'irrigation agricole, dans l'attente des résultats d'une étude d'impact sur leurs incidences potentielles. Ce moratoire, qui devait initialement prendre fin en 2003, a été prolongé à maintes reprises. En 2013, les études réalisées par le ministère de l'Environnement, du Travail et de la Justice de la province ont montré que le taux de recharge annuel des nappes souterraines de l'Île s'élevait à 2 km^3 par an et les prélèvements à seulement 0.14 km^3 par an, soit 7 % de la recharge. Ce résultat s'est accompagné d'un nouveau calcul de l'impact sur la ressource en eau qui, au lieu d'un ratio par rapport à la recharge, donnait un taux maximum de 35 % du débit de base (débit minimal provenant d'un aquifère).

En 2013, après un troisième été relativement sec, le Comité de la pomme de terre de l'Île-du-Prince-Édouard et Cavendish Farm Inc. se sont appuyés sur cette nouvelle donnée pour solliciter la levée du moratoire de manière à utiliser l'eau souterraine pendant les épisodes de sécheresse, en complément d'irrigation sur 30 000 acres (env. 12 000 ha) de champs de pommes de terre, à hauteur d'un maximum déclaré de 15 millions de m^3 par an. Le Comité était soutenu par la Fédération de l'agriculture de l'Î.-P.-É. dans l'idée que cette mesure s'imposerait afin de préserver la "viabilité économique" du secteur de la transformation de la pomme de terre à l'avenir. D'après une étude commandée par le Comité, le secteur de la pomme de terre représentait une activité économique d'1 milliard CAD, soit 9 % du PIB de la province.

Cette demande a soulevé l'opposition de plusieurs groupes de la société civile et de défense de l'environnement, dont la Fédération de la faune et de la flore de l'Île-du-Prince-Édouard (*PEI Wildlife Federation*) et l'Alliance du bassin hydrographique de l'Île-du-Prince-Édouard (*PEI Watershed Alliance*), soutenues par des biologistes et des écologistes de l'île et d'ailleurs. Selon ses opposants, cette mesure entraînerait l'épuisement des nappes souterraines et des conséquences négatives sur les sources, cours d'eau et écosystèmes dépendants des eaux souterraines. Ils s'inquiétaient également du ruissellement accru des pesticides, qui tuait des poissons chaque année, de la pollution des eaux souterraines par les nitrates et de l'érosion. La Fédération du saumon de l'Atlantique émettait également des réserves et demandait plus d'informations.

Le ministère de l'Environnement a invoqué la première étude contre le moratoire, mais le débat s'est poursuivi après le début de la période de végétation 2014. En juin 2014, le gouvernement provincial a annoncé le maintien du moratoire dans l'attente du vote d'une nouvelle loi sur l'eau qui couvrirait la gestion de toutes les ressources en eau, y compris souterraines. Au cours de l'été 2014, alors que McCain's Inc. annonçait la fermeture d'une grande usine de transformation de pommes de terre sur l'Île-du-Prince-Édouard, Cavendish Farm Inc. a menacé d'en faire de même, notant qu'aucune date n'était fixée pour l'adoption de cette nouvelle loi sur l'eau. Aucune décision n'avait été prise en septembre 2014.

Sources : McCarthy (2014) ; Sharatt (2014) ; Walker (2014) ; Wright (2014) ; Yarr (2014a, 2014b).

Les restrictions sur les prélèvements d'eau souterraine peuvent revêtir différentes formes ; il peut s'agir de quotas nationaux, régionaux ou locaux (servant parfois de base à des systèmes de plafonnement et d'échange) ; elles peuvent s'appliquer de manière permanente ou en période de pénurie, être variables d'une année à l'autre ou fixes et concerner spécifiquement le secteur agricole ou n'importe quel secteur. Les pays qui mettent en œuvre ces restrictions sont des pays aux profils hydrogéologiques généraux variés, allant de l'Europe du Nord à l'Asie, l'Europe méditerranéenne ainsi que l'Amérique du Nord et du Sud. Les modalités réglementaires spécifiques diffèrent aussi largement.

- Au Danemark, le prélèvement d'eau souterraine est limité à 35 % de la recharge totale, mais des restrictions supplémentaires appliquées localement par les municipalités s'y ajoutent, notamment pour les nouveaux systèmes d'irrigation (CE, 2012a).
- Les agriculteurs dans la nappe de Beauce (France) ont des quotas individuels qui sont fonction des caractéristiques hydrogéologiques locales (Montginoul et Rinaudo, 2013).
- Dans certaines provinces des Pays-Bas, les prélèvements d'eau souterraine ne sont autorisés que si les exploitations agricoles ont mis en place un plan de gestion (OCDE, 2010b).

- Dans la région de Waikato en Nouvelle-Zélande, les extractions totales sont limitées à un volume spécifié pour l'eau souterraine et à un pourcentage spécifié pour l'eau de surface (OCDE, 2014b). Ces deux limites sont définies dans le Plan régional sur l'eau de Waikato.
- Dans le bassin Murray-Darling en Australie, le Plan de bassin définit des niveaux écologiquement durables et fixe chaque année la limite globale pour les utilisateurs (OCDE, 2014b).
- Dans plusieurs États des États-Unis, la législation fixe le volume de prélèvement global, comme observé pour l'Autorité de l'aquifère Edwards au Texas (Mechlem, 2012), mais il existe des instruments hétérogènes :
  - Le district de l'Upper Republican (*Upper Republican Natural Resources District*) dans le Nebraska impose des quotas de pompage qui ont évolué au fil du temps (Fanning, 2012). Les allocations sont fixées pour des périodes de cinq ans, des reports étant autorisés sous réserve de contraintes supplémentaires, ce qui laisse une certaine latitude aux producteurs (car la demande d'eau à des fins agricoles varie dans une mesure importante selon que l'année est sèche ou pluvieuse).
  - Lorsque les eaux souterraines et les eaux de surface sont fortement connectées, l'utilisation d'eau souterraine est limitée aux niveaux actuels d'extraction et des quotas variables s'appliquent à l'eau de surface. En Californie, quelques districts soumis à des législations spéciales sont autorisés à réglementer les prélèvements d'eau souterraine (Hanak et al., 2014).
  - Au Kansas, des zones de contrôle de l'utilisation intensive d'eau souterraine peuvent être spécifiquement définies afin de prévenir le tarissement des cours d'eau via des restrictions sur les nouveaux permis ou sur les prélèvements ou d'autres mesures pertinentes (Sophocleous, 2010).

Le comptage permet de mesurer l'évolution des utilisations et d'aider les gestionnaires à réaliser une évaluation plus large. Il apporte de la transparence au public et sert de guide aux utilisateurs, y compris les agriculteurs, pour contrôler leur propre utilisation de la ressource, voire la comparer à celle des autres. Ainsi, le Portugal assure une surveillance mensuelle de la quantité d'eau souterraine —via son réseau piézométrique—, celle de la qualité étant assurée sur une base bisannuelle depuis 1979 (voir, par exemple, Ribeiro et Veiga da Cunha, 2010). Des rapports sur l'utilisation des ressources en eau sont établis depuis 1988 au Kansas, et leurs données servent aux organismes locaux, régionaux et nationaux pour suivre l'utilisation des eaux souterraines (Sophocleous, 2010). En Australie, dans l'État de Victoria, un outil en ligne permet aux propriétaires terriens de contrôler l'état des ressources (Worthington, 2014). Pour rester efficace, le comptage est souvent associé à des mesures de sanction[5]. En Australie, des employés rémunérés par l'État relèvent également les compteurs et les contrevenants sont frappés de lourdes amendes. Dans certains cas, le comptage est lié à d'autres politiques agricoles. Dans le cadre du Programme agricole commun de l'Union européenne, le versement de subventions est conditionné à la démonstration du respect des réglementations environnementales. Les producteurs utilisant des eaux souterraines pour l'irrigation doivent faire enregistrer leurs puits et installer des compteurs d'eau (Montginoul et al., 2014).

Les réponses au questionnaire montrent que l'obligation de comptage ne concerne pas les puits agricoles au Chili et en République tchèque et s'applique à ces puits dans la seule région MPW aux États-Unis, ce qui prouve que l'agriculture peut faire l'objet d'un traitement particulier dans les réglementations ou en être exclue. Des rapports sont publiés au moins une fois par an dans tous les cas, et une fois par mois dans deux régions japonaises et les quatre régions espagnoles. À l'exception du Chili, tous les pays qui établissent des rapports fréquents estiment que leur réglementation sur le comptage est respectée.

Une question connexe concerne les puits illégaux ou non réglementés, qui sont courants dans certaines parties de l'Europe du Sud (OCDE, 2010a ; CEE-ONU, 2011)[6]. Le Conseil consultatif des Académies scientifiques européennes (EASAC, 2010) rapporte que jusqu'à la moitié des puits pourraient ne pas être enregistrés ou être illégaux dans les pays d'Europe méditerranéenne. Le tableau 4.3 présente quelques estimations de l'ampleur du problème dans les régions agricoles[7]. D'autres pays comme le Mexique ont connu des cas d'utilisation non autorisée, facilitée en particulier par l'emploi de documents d'enregistrement de puits et de concessions falsifiés, qui pourraient représenter jusqu'à 50 % du total des autorisations de concessions dans la Vallée de Mexico (OCDE, 2013b).

Aborder ces questions reste difficile. En Espagne, les efforts entrepris pour recenser et enregistrer tous les puits dans les années 1990, pour un coût total estimé à 66 millions EUR, n'ont donné que des résultats partiels en 2001 (Fornes et al, 2007). Certains plans de gestion des bassins hydrographiques, comme celui du Guadalquivir, mentionnaient explicitement un objectif de lutte contre les prélèvements illégaux ; mais ils ne sont, à ce jour, pas parvenus à résoudre entièrement le problème, en partie en raison de la complexité des mesures à prendre pour les faire respecter et du faible impact des amendes et des conséquences juridiques (CCE, 2014 ; AEE, 2013). L'assurance sécheresse dans l'agriculture est avancée comme un moyen parmi d'autres de remédier au problème des puits illégaux dans les pays européens. Elle dissuaderait les agriculteurs de "lutter jusqu'à la dernière goutte" (Dionisio et Mario, 2014).[8]

Tableau 4.3. Nombre estimé de puits non autorisés ou illégaux dans certains pays

Pays	Région	Année	Estimation
Chypre	National	2012	50 000 forages
Italie	National	2006	1.5 million de puits non autorisés
	Région des Pouilles	2006	300 000 puits non autorisés
Malte	National	2007	18.5 millions de m^3/an
Espagne	Bassin du Guadiana	2002	25 000
	National	2005	510 000 puits, 45 % d'eau souterraine[1]
	National	2005	puits illégaux dans 90 % des exploitations agricoles[3]
	Mancha Occidental-Guadiana	2008	22 000 forages non autorisés
	Bassin du Guadalquivir	2006	10 000

1. Note de la Turquie :

Les informations figurant dans ce document qui font référence à "Chypre" concernent la partie méridionale de l'Ile. Il n'y a pas d'autorité unique représentant à la fois les Chypriotes turcs et grecs sur l'Ile. La Turquie reconnaît la République Turque de Chypre Nord (RTCN). Jusqu'à ce qu'une solution durable et équitable soit trouvée dans le cadre des Nations Unies, la Turquie maintiendra sa position sur la "question chypriote".

2. Note de tous les États de l'Union européenne membres de l'OCDE et de l'Union européenne :

La République de Chypre est reconnue par tous les membres des Nations Unies sauf la Turquie. Les informations figurant dans ce document concernent la zone sous le contrôle effectif du gouvernement de la République de Chypre.

3. Différentes sources.

Source : De Stefano et Lopez-Gunn (2012) ; Fornés et al. (2007) ; Hernandes-Mora et al. (2010).

Plus largement, la surveillance de l'utilisation des eaux souterraines en agriculture est imparfaite dans un nombre croissant de cas. Dans certains contextes, il est possible que les utilisateurs d'eau souterraine ne souhaitent pas divulguer d'informations sur le pompage pour des raisons stratégiques (comme observé dans l'Ouest des États-Unis, voir Christian-Smith et al., 2011). Cette situation, et d'autres raisons, ont favorisé le recours aux outils de surveillance satellitaires (Castaño et al., 2010, Famiglietti et al, 2011). Ainsi, la *Junta Central de Regantes de la Mancha Oriental*, une association d'utilisateurs d'eau souterraine de la région espagnole de la Mancha Oriental, facture des redevances mensuelles sur l'eau souterraine aux producteurs individuels en s'appuyant sur l'imagerie satellitaire. Chaque producteur a droit à un quota, dont le non-respect estimé déclenche une inspection sur site et d'éventuelles amendes (Martin de Santa Olalla et al., 1999 ; Martin de Santa Olalla et al., 2003). Par ailleurs, un certain nombre de districts de gestion l'eau de la région des Hautes Plaines aux États-Unis ont introduit des réglementations sur la base des zones historiquement irriguées, par exemple dans le Nebraska (NE DNR et TPNRD, 2013).

Un intérêt croissant pour les approches économiques, notamment les mécanismes de marché

L'intérêt pour les instruments économiques s'accroît dans les pays de l'OCDE. En Australie, par exemple, l'accord intitulé *National Water Initiative*, qui a été signé par tous les États, régit la législation applicable aux eaux souterraines. En règle générale, l'Initiative implique une évolution vers une gestion économique des eaux, de sorte qu'un certain nombre de mesures incitatives concernant les eaux souterraines ont été mises en œuvre. Ces mesures peuvent être appliquées conjointement à des mesures de gestion des eaux de surface, comme dans le bassin Murray-Darling, ou de manière indépendante, comme dans le bassin de Gnangara (Skurray et al., 2012). Un certain nombre de zones de gestion des eaux souterraines des États-Unis, notamment en Californie, au Kansas, dans le Nebraska, en Oklahoma et au Texas ont également mis en place des systèmes de gestion à caractère incitatif pour la consommation d'eau souterraine à des fins agricoles (voir, par exemple, Wagner et Kreuter, 2004 ; NE DNR et URNRD, 2010 ; NE DNR et MRNRD, 2010 ; Donohew, 2013).

Dans les pays de l'OCDE, le recours à la *tarification* n'est pas aussi répandu pour les eaux souterraines que pour les eaux de surface (OCDE, 2010a). Seuls huit pays répondants déclarent imposer des redevances sur l'eau souterraine en cas de pompage, à savoir le Danemark, l'Estonie, la France, Israël, le Mexique, le Portugal, la République slovaque et la République tchèque[9]. L'Île volcanique de Jéju en Corée est la seule région répondante qui applique ces redevances. Parmi les huit pays, le Mexique et Israël prélèvent des redevances de pompage uniquement sur les utilisations agricoles, tandis que la République slovaque n'en applique pas aux prélèvements destinés à l'irrigation des terres agricoles. La France, le Mexique et le Portugal notent que les redevances prennent en compte la rareté de l'eau. Le Danemark impose une taxe sur l'eau pompée fondée sur les externalités (Calavatra et Garrido, 2010). Au Royaume-Uni, les redevances sur l'eau souterraine incluent une redevance unitaire pour les améliorations environnementales, indexée sur les impacts environnementaux (AEE, 2013). Six des 14 districts qui réglementaient les eaux souterraines en Californie avant l'adoption de la législation de 2014 appliquent des redevances sur le pompage d'eau souterraine, mais souvent à des tarifs réduits pour l'agriculture (Hanak et al., 2014).

Importante pour la gestion, la structure des systèmes de tarification varie, en outre, d'un pays à l'autre (Civita et al., 2010)[10]. L'OCDE (2010a) rapporte que la plupart des pays appliquent des frais fixes et des redevances au volume pour l'extraction d'eau souterraine lorsque les ressources sont partagées avec d'autres utilisateurs. Les pays européens recourent largement à ce type de système, avec toutefois des différences au niveau local. La Belgique applique une redevance volumétrique au-delà d'un certain seuil, les prix variant en fonction de l'aquifère et de la taxe sur la pollution (OCDE, 2010b). Le montant des redevances est, en outre, différent selon le lieu et l'utilisation. Par exemple, les districts de gestion de l'eau en Californie facturent entre 18 USD (Vallée de Santa Clara) et 140 USD

(Comté d'Orange) par acre-pied d'eau pompée dans l'agriculture et jusqu'à plus de 600 USD à 1 000 USD au-delà d'un certain plafond (Hanak et al., 2014). L'Allemagne applique une redevance de 0.0025 à 0.0026 EUR par mètre cube d'eau utilisée à des fins agricoles à Brême, en Basse-Saxe, tandis que l'État de Schleswig-Holstein pratique un tarif 100 fois plus élevé de 0.11 EUR/m^3 pour les utilisations non domestiques (OCDE, 2015c). De même, la République tchèque impose une redevance de 0.07 EUR/m^3 pour l'eau de boisson et de 0.11 EUR/m^3 pour les autres utilisations (OCDE, 2012a).

Plusieurs types de *marchés de l'eau souterraine* sont envisageables (chapitre 2), reposant sur l'échange de droits sur l'eau souterraine, avec ou sans plafond, ou l'achat et la vente d'eau souterraine voire des terres situées au-dessus d'un aquifère de manière à contrôler son utilisation. En dépit de leurs avantages importants (Casey et Nelson, 2012 ; Garduño et Foster, 2010), seuls quelques marchés organisés de ce type sont en fonctionnement. On observe toutefois certaines formes de transactions de marché, au moins sur une base individuelle, dans plusieurs régions de l'OCDE.

- Le Chili, l'Espagne et le Mexique autorisent l'échange de droits sur l'eau ou le négoce d'eau souterraine pompée. Le Chili est l'un des pionniers des marchés de l'eau. Introduits dans sa Loi sur l'Eau de 1981, les marchés de l'eau de surface ont fait l'objet d'évaluations mitigées, mais on dispose de moins d'informations sur les mécanismes de ce type concernant l'eau souterraine. Au Mexique, un marché formel de l'eau souterraine a longtemps existé mais n'a pas été très actif (Scott et Shah, 2004). L'Espagne a instauré le négoce d'eau souterraine en 1999 mais, si elle dispose d'une expérience intéressante des marchés intra et interprovinciaux, mais si cette dernière manque de transparence (Garrido et al., 2012).
- Les régions hydrogéologiques aux États-Unis adoptent différentes approches de marché :
  - Dans la région NHPA, les droits sur l'eau peuvent être négociés et rachetés par des tiers, y compris par les pouvoirs publics. Par exemple :
    - Le district de l'Upper Republican au Nebraska autorise le transfert des droits de pompage d'eau souterraine (NE DNR et URNRD, 2010) et prévoit, en outre, un ajustement unidirectionnel (c'est-à-dire qu'on ne peut accroître l'utilisation d'eau totale même si l'eau se retire d'un cours d'eau) en fonction du tarissement des cours d'eau.
    - Plusieurs des *Natural Resource Districts* du bassin de la rivière Platte au Nebraska autorisent le transfert du droit certifié d'irriguer des superficies (Brozović et Young, 2014).
  - Les mécanismes de rachat sont autorisés dans les régions SHPA et MPW et l'achat d'eau souterraine suscite l'intérêt croissant des ONG de conservation, en particulier dans les zones de conservation sensibles (Casey et Nelson, 2012).
    - Au Kansas, le *Groundwater Management District n° 5* a créé une Zone de contrôle de l'utilisation intensive des eaux souterraines, qui est équipée de compteurs et où des allocations de pompage sont imposées, pour lesquelles des transferts sont autorisés. Une banque d'eaux souterraines permet d'effectuer ces transferts, mais ces derniers doivent donner lieu à de lourdes contreparties à des fins de préservation et font l'objet de procédures réglementaires complexes, qui imposent d'importants coûts de transaction.
  - En Arizona, les agriculteurs reçoivent des quotas d'utilisation d'eau souterraine — appelés "crédits pour annulation de droits sur l'eau souterraine" (*groundwater extinguishment credits*) — et peuvent obtenir des crédits négociables à hauteur de leurs quotas inutilisés (Casey et Nelson, 2012 ; Wichelns, 2010).

- Les marchés de l'eau souterraine dans les États de l'Ouest servent de mécanismes d'administration permettant d'allouer de nouveaux droits de pompage d'eau souterraine en retirant des allocations quantitatives équivalentes de droits sur l'eau de surface (appelée "*mitigation water*") – comme dans l'exemple du marché de la Deschutes Water Bank Alliance dans l'Oregon (Casey et Nelson, 2012).
- Il existe également des prérequis au négoce ; ainsi, certaines régions rurales de Californie dissuadent le négoce d'eau souterraine à des fins d'exportation hors du bassin afin de préserver la ressource, en imposant une étude d'impact environnemental avant d'autoriser la transaction (Casey et Nelson, 2012).

- En Australie, le négoce d'eau souterraine est autorisé, qu'il s'agisse de droits permanents sur l'eau ou d'allocations temporaires de droits sur l'eau. Alors que tous l'autorisent dans leur législation, seuls quelques États ont enregistré un quelconque négoce. Des échanges temporaires ont été observés au Queensland et en Australie-Occidentale, mais la plupart ont eu lieu en Nouvelle-Galles du Sud, qui possède de vastes aquifères alluviaux, compte un grand nombre de licences et connaît d'importants problèmes de pénurie d'eau (Casey et Nelson, 2012).
- Dans la région de Waikato en Nouvelle-Zélande, les transferts de permis (droits) sur les eaux souterraines sont autorisés sous la supervision du Conseil régional. L'échange repose sur des arrangements individuels entre les détenteurs de ces droits. Il nécessite un nouveau permis ou la modification du permis existant ainsi qu'une évaluation de l'effet de la modification, tâche effectuée sous le contrôle du Conseil (OCDE, 2014c)[11].

Même en l'absence de réels marchés de l'eau souterraine, les transactions peuvent indirectement concerner cette ressource. Le rachat de terres irriguées est observé en Corée et dans trois des quatre régions des États-Unis (régions NHPA, SHPA et MPW)[12]. Dans le bassin Murray-Darling en Australie, les tiers sont autorisés à acheter des droits dans les zones où l'allocation totale excède ce que l'on considère être les "limites viables". Dans la République slovaque, les propriétaires fonciers sont tenus de payer des redevances pour utiliser les terres agricoles à des fins non agricoles, et le montant de ces redevances est supérieur pour les terres irriguées. Dans certains pays, les villes ont acheté des terres irriguées pour garantir la qualité des eaux souterraines (OCDE, 2015b). Les marchés de l'eau de surface peuvent également remplacer les marchés de l'eau souterraine, surtout en période de pénurie. Pendant la sécheresse de 2014 en Californie, par exemple, certains agriculteurs ont acheté de l'eau de surface pompée dans les aquifères d'agriculteurs voisins (Sommer, 2014).

D'autres politiques s'appuient sur des instruments économiques pour influer indirectement sur l'utilisation d'eau souterraine dans l'agriculture, intentionnellement ou non. Les programmes de conservation de l'eau et d'amélioration de l'efficacité de l'irrigation en agriculture s'appuient souvent sur des instruments fiscaux pour réorienter les incitations économiques vers une utilisation moins intensive des eaux souterraines. Le graphique 4.4 montre que, parmi les 21 répondants, huit subventionnent des programmes de conservation de l'eau et neuf l'efficacité de l'irrigation. Seuls quelques pays accordent des prêts pour améliorer l'efficacité de l'irrigation ou la conservation de l'eau. Le recours aux paiements conditionnels et aux pénalités comme alternative à la conservation est moins fréquent.

On trouve aussi d'autres instruments pour encourager l'efficacité de l'irrigation. Au Danemark, une taxe écologique s'applique à cette fin au pompage d'eau (OCDE, 2010b). Dans les quatre régions des États-Unis mentionnées dans le questionnaire, il existe des servitudes sur les terres irriguées. L'efficacité de l'irrigation peut également être couplée aux programmes nationaux de conservation de l'eau en agriculture ; dans des zones données, les prélèvements d'eau souterraine sont liés à l'accroissement du degré d'efficacité de l'irrigation (Schaible et Aillery, 2012)[13].

Graphique 4.4. Nombre de pays répondants déclarant des programmes de conservation de l'eau (cadre de gauche) ou d'amélioration de l'efficacité de l'irrigation en agriculture (cadre de droite) ayant un impact sur les eaux souterraines

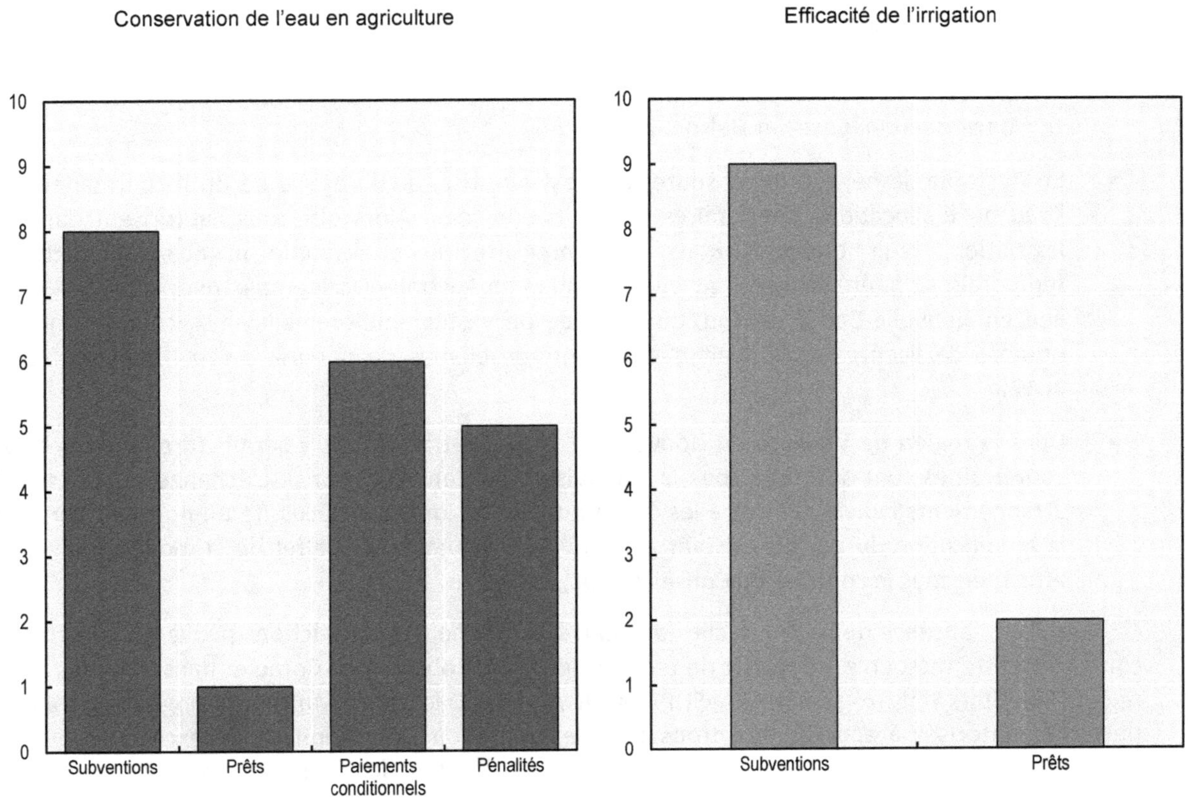

Source : Questionnaire OCDE 2014 sur l'utilisation des eaux souterraines en agriculture.

Utilisation partielle des approches de gestion collective, couvrant une diversité de dispositifs et de facteurs déterminants

Le questionnaire proposait trois types de facteurs d'influence et trois options représentant le type d'effort collectif. La première distinction oppose les mécanismes d'autorégulation volontaire à ceux créés sous l'action de facteurs externes, du cadre réglementaire ou de l'autorité publique. La deuxième distingue les associations d'usagers de l'eau, les initiatives de gestion commune à l'échelle régionale et d'autres mécanismes institutionnels. Les associations regroupent des utilisateurs d'eau souterraine de profils similaires (par exemple, des agriculteurs) qui collaborent ou contribuent déjà à la gestion des eaux souterraines. Les mécanismes de gestion commune à l'échelle régionale reposent en grande partie sur un échelon géographique ou administratif.

Comme le montre le graphique 4.5, seuls quelques pays signalent recourir à de tels mécanismes, mais les approches sont très variables. La plupart des dispositifs sont au moins encadrés par des réglementations, et des associations d'usagers de l'eau existent dans la plupart des régions et pays répondants. Toutefois, les réponses au questionnaire sont là encore très diverses, et par exemple trois pays ayant largement recours aux eaux souterraines pour l'irrigation ont adopté des approches différentes : le Portugal a des groupes volontaires, l'Espagne un cadre réglementaire et le Mexique rend obligatoire la constitution de groupes. Aucune configuration particulière ne se dégage ; on ne peut établir de correspondance simple, car les pays ayant répondu à la première partie du questionnaire n'ont pas toujours renseigné la seconde et vice versa.

Graphique 4.5. Nombre de pays ou régions disposant de systèmes de gestion collective selon leur origine (cadre de gauche) et leur échelle (cadre de droite)

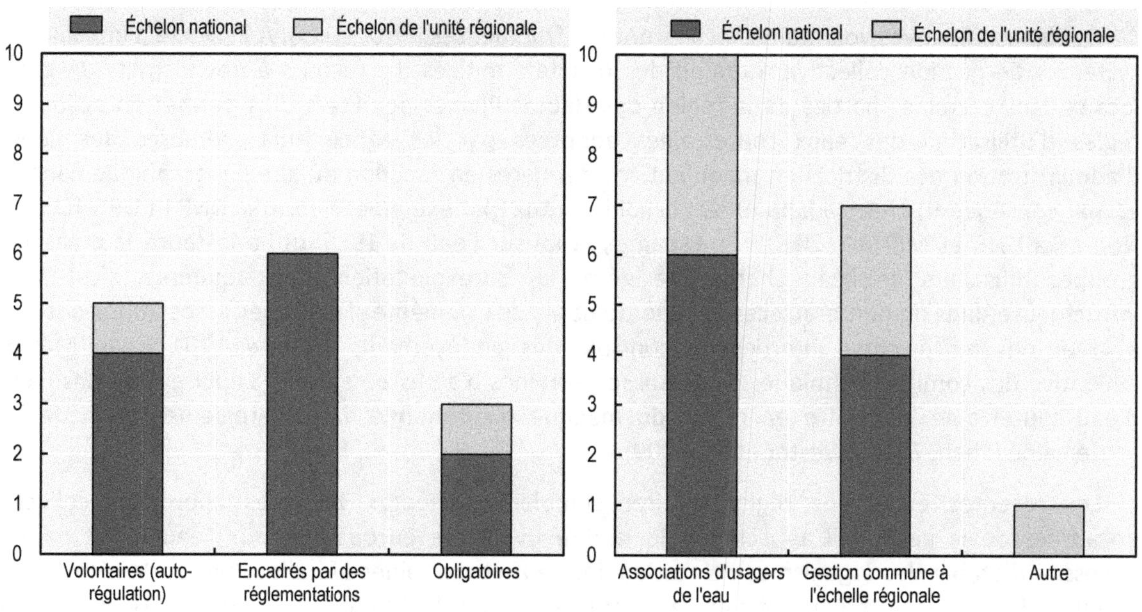

Source : Questionnaire OCDE 2014 sur l'utilisation des eaux souterraines en agriculture.

Nombre de ces programmes ont vu le jour à partir des exemples fructueux des districts de gestion des eaux souterraines de l'ouest des États-Unis et ont ensuite été mis à l'essai en Espagne, au Mexique et dans d'autres pays, selon des modalités différentes (Shah et al., 2008). En voici quelques exemples.

- En Turquie, des coopératives d'irrigation à partir d'eau souterraine existent depuis 1966 et ont contribué à la gestion des ressources hydrogéologiques (DSI, 2009).
- En Italie, des comités ou des associations d'irrigation de droit public, financés par des redevances sur l'eau basées sur le principe de recouvrement des coûts, assurent l'approvisionnement en eau des utilisateurs (Civita et al., 2010).
- En Espagne, on dénombre environ 1 400 associations d'utilisateurs d'eau souterraine, dont l'objet est soit le partage de l'utilisation des puits ou groupes de puits, soit la gestion des ressources hydrogéologiques d'un aquifère (Hernandez-Mora et al., 2010). Aux États-Unis, des districts d'irrigation jouent le rôle d'associations d'usagers de l'eau.
- En Californie, dans certains bassins pratiquant l'allocation des droits sur l'eau par voie judiciaire, un mécanisme spécifique de gestion quasi-collective, l'examen des prélèvements et de la gestion de l'eau souterraine est autorisé pour tous les utilisateurs, sous la surveillance d'un "responsable de l'eau" (*Water Master*) légalement désigné (Cooley et al., 2009).
- Dans le nord-ouest du Kansas, un district de gestion des eaux souterraines qualifié de zone de gestion locale renforcée (*Local Enhanced Management Area* – LEMA) applique un dispositif autoréglementé ayant pour objectif de réduire l'allocation d'eau totale de 20 % par rapport aux quantités antérieurement utilisées.

Les systèmes de gestion collective ont été encouragés comme alternatives aux autres approches de la gestion qui n'atteignaient pas les résultats escomptés, en particulier dans les pays en développement (Iziquierdo et al., 2011 ; Wester et al., 2009). C'est ainsi qu'au Mexique, des comités techniques des eaux souterraines (COTAS) ont été établis afin de protéger et de restaurer les masses d'eau souterraine, en partant du principe que les programmes "centralisés" n'étaient pas parvenus à résoudre les problèmes liés à l'épuisement des nappes, en particulier dans les communautés agricoles aux revenus les plus faibles (OCDE, 2013b).

Quelques initiatives volontaires locales ont été fructueuses (FAO, 2011). À l'inverse, l'imposition de systèmes de gestion collective a donné des résultats mitigés. Le recours à des districts de gestion locaux dans certaines parties de la région des Hautes Plaines aux États-Unis permet d'appliquer les règles d'utilisation des eaux souterraines adoptées par les agriculteurs membres des conseils d'administration des districts en modulant ces dernières en fonction du site géographique considéré et, par conséquent, en les adaptant aux besoins locaux (par exemple, Nebraska DNR et URNRD, 2010 ; Nebraska DNR et MRNRD, 2010). En Espagne, la loi sur l'eau de 1985, qui a instauré la création de groupes d'usagers de l'eau chargés de gérer la "surexploitation" des aquifères, s'est avérée infructueuse dans de nombreux cas (Iziquierdo et al., 2011), même si certaines associations ont réussi à créer des mécanismes internes de contrôle des prélèvements (Fuentes, 2011). Au Mexique, l'initiative des comités techniques des eaux souterraines n'a pas pu enrayer l'épuisement des nappes d'eau souterraine, peut-être en raison du manque d'autonomie dans la réglementation de l'eau souterraine (Shah, 2008 ; Wester et al., 2009).

Les récentes évolutions réglementaires semblent s'orienter vers des approches collectives encadrées de la gestion. L'application de la directive-cadre européenne sur l'eau a fait naître la nécessité d'établir des organismes de gestion des eaux souterraines afin d'évaluer et de rétablir l'état quantitatif des masses d'eau définies (Iziquierdo et al., 2011). Les lois sur l'eau souterraine de 2014 adoptées en Californie tentent également d'apporter une solution intermédiaire en demandant aux districts de constituer des groupes de gestion locaux moyennant une intervention minimale ex-ante, mais des contraintes potentielles ex-post (si aucun groupement n'est formé et effectif).

Approches axées sur l'offre : un intérêt croissant pour les solutions de stockage

Les pays de l'OCDE ont recours à plusieurs approches pour fournir des eaux de surface en complément des eaux souterraines ou pour assurer la recharge des aquifères. Le graphique 4.6 montre les réponses au questionnaire concernant quatre grandes approches axées sur l'offre et faisant appel aux eaux de surface (OCDE, 2011)—à savoir l'expansion des réservoirs d'eau de surface, la désalinisation, l'utilisation d'eau recyclée et la collecte des eaux de pluie — et trois solutions de stockage artificiel, à savoir le stockage et la récupération en aquifère, les banques d'eaux souterraines et les bassins d'infiltration.

Les solutions de stockage suscitent un intérêt croissant dans plusieurs régions. La constitution de banques d'eau, consistant à utiliser les aquifères comme réservoirs de stockage en vue d'une utilisation future, requiert des conditions hydrogéologiques adéquates ainsi que la définition et l'application convenables d'objectifs de gestion afin d'éviter les fuites (Maliva, 2013). Dans certains États de l'ouest des États-Unis, comme le Nevada, certaines parties de la Californie et l'Oregon, les banques d'eau constituent la base des marchés et facilitent le transfert et le stockage (Casey et Nelson, 2012). L'option du stockage et de la récupération en aquifère, qui implique également de constituer des stocks dans le double but "d'accroître les ressources hydrogéologiques et de récupérer l'eau dans le futur pour diverses utilisations" (US EPA, 2014), est peut-être plus cohérente avec des objectifs à long terme plus larges des pouvoirs publics. La région de la Toscane en Italie a lancé des programmes de recharge artificielle qui ont donné des résultats encourageants (Civita et al., 2010). Les bassins d'infiltration peuvent servir d'outil de recharge des nappes aquifères dans le cadre des banques d'eau ou du stockage et de la récupération en aquifère, ou tout simplement de moyen de recharger les nappes sans qu'il soit prévu de surveiller l'utilisation et la réutilisation de la ressource. Le graphique 4.6 montre que chacune de ces alternatives est mise en œuvre dans au moins trois pays ou régions.

Graphique 4.6. Programmes axés sur l'offre privilégiant les sources d'approvisionnement en eau alternatives ou le stockage

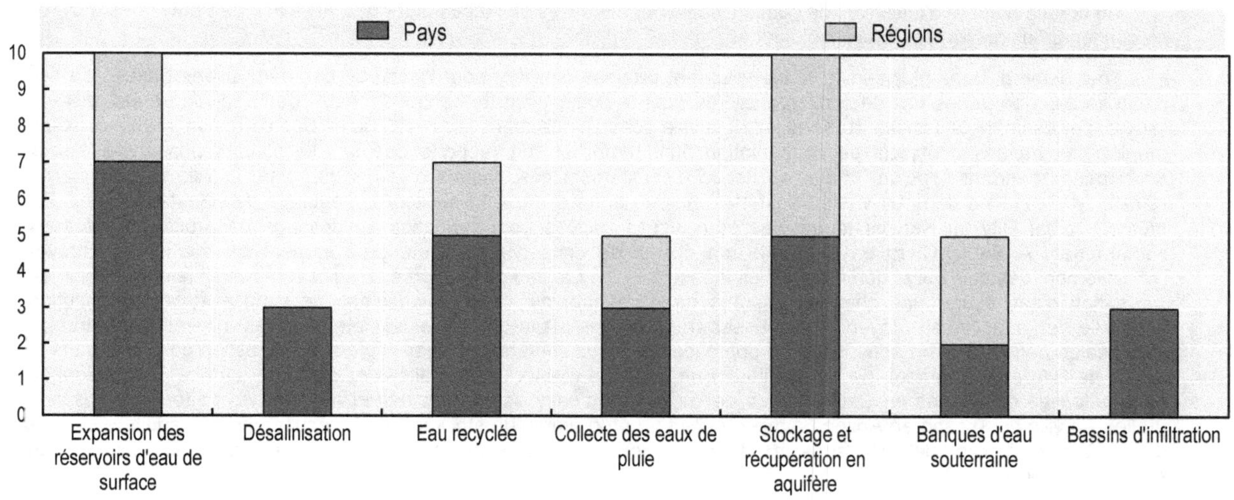

Source : Questionnaire OCDE 2014 sur l'utilisation des eaux souterraines en agriculture.

Les approches complémentaires, qui agissent plus directement sur les utilisations, ont une portée et des résultats variables dans les pays de l'OCDE. Le développement de systèmes de recyclage pour l'irrigation est particulièrement prometteur en cela qu'il n'augmente pas les prélèvements d'eau. La collecte des eaux de pluie peut également apporter des solutions simples. Israël utilise actuellement des eaux usées traitées pour recharger les nappes d'eau souterraine et pour l'irrigation (OCDE, 2012a) et développe la récupération des eaux de pluie dans l'habitat individuel pour faire face à la pénurie d'eau (Ronen et al., 2012). D'autre part, l'expérience de l'Espagne avec l'eau dessalée suggère que les prix et la qualité finale sont très importants pour les résultats sur les aquifères. Dans la région de Campo de Nijar, la fourniture d'eau dessalée n'a pas réellement réduit le pompage d'eau souterraine pour l'irrigation, malgré le risque croissant d'intrusion d'eau salée (Lopez-Gunn et al., 2012a). Aux îles Canaries, l'association de la fourniture publique d'eau dessalée et de la propriété privée de l'eau souterraine a aidé à gérer les pressions exercées sur les ressources hydrogéologiques (Custodio et del Carmen Cabrera, 2012). Le district de gestion et de stockage de l'eau d'Arvin-Edison, créé en 1942 dans le comté de Kern, dans la Vallée centrale de Californie, s'est lancé dans l'utilisation combinée, en constituant une banque d'eau souterraine au cours des années humides et en repompant cette eau pendant les saisons ou années sèches, pour un bénéfice annuel de 488 000 USD, soit 47 % de la valeur de l'eau souterraine (Schoengold et Zilberman, 2007 ; Wichelns, 2010).

Certains de ces instruments peuvent être associés, comme on l'a vu dans le cas des multiples partenariats urbain-rural visant à réduire la pression exercée sur les eaux souterraines, ou celui des paiements aux agriculteurs pour qu'ils assurent la recharge (encadré 4.4) (voir aussi OCDE, 2015b).

Certains pays suivent d'autres approches qui associent parfois différents instruments. En Belgique, l'un des objectifs de l'intervention des pouvoirs publics est de réduire le drainage et d'accroître la recharge des nappes d'eau souterraine en amont des cours d'eau ainsi que de prévenir les crues en aval (OCDE, 2010b). En Californie, des études sont menées pour examiner comment exploiter l'acheminement des surplus d'eau vers les champs au repos en hiver afin de maximiser la recharge des nappes d'eau souterraine (Harter et Dahlke, 2014). À Almeria et Alicante (Espagne), des plans de modernisation ont été mis en œuvre dans le double but d'accroître l'efficacité de l'eau tout en limitant les fuites et d'utiliser d'autres sources de manière à réduire l'intensité de l'utilisation d'eau souterraine (Lopez-Gunn et al., 2012b).

Encadré 4.4. Transferts d'eau et de financements entre zones rurales et urbaines pour enrayer la surexploitation des ressources en eau souterraine

Un certain nombre d'initiatives de gestion locale ont été mises en place autour des villes afin de trouver des moyens de conserver les ressources hydrogéologiques.

Tout d'abord, dans plusieurs cas, les villes ont proposé d'utiliser pour l'irrigation des eaux usées traitées au lieu d'eau souterraine, à des fins de conservation (ou pour la constitution de banques d'eau). Cette solution a été mise en œuvre, par exemple, à Topeka au Kansas, où la ville achetait des droits sur l'eau souterraine en échange d'eaux usées municipales traitées. L'objectif de conservation était rempli et l'on rapporte que la ville n'aurait pas utilisé d'eaux souterraines pendant sept ans. Face au risque d'épuisement des nappes d'eau souterraine, la ville de Wichita au Kansas, s'est lancée dans un vaste transfert d'eaux de surface dans sa section de l'aquifère des Hautes Plaines. De même, Dodge City au Kansas fournit des eaux usées traitées pour l'irrigation en échange de droits sur les eaux souterraines. À Santa Clara en Californie, un district de conservation a été créé et géré de manière à enrayer l'affaissement des sols qui endommageait les infrastructures. Le plan de gestion du district comprenait la surveillance de l'utilisation d'eau souterraine chez les usagers ruraux et urbains, l'importation d'eau de surface et la reconstitution artificielle de l'aquifère au moyen d'eaux usées traitées. Des plans ont également été élaborés afin réduire l'intrusion d'eau salée dans l'aquifère sous l'effet du pompage des eaux souterraines, par le biais de la gestion collective dans la région de Bordeaux (France), de la fourniture d'un mélange d'eaux usées traitées et d'eau de surface pour l'irrigation dans la Vallée de Salinas en Californie, ou de l'utilisation d'eaux usées urbaines et industrielles traitées en Toscane (Italie). La ville de Tucson en Arizona a mis au point un programme de stockage et de récupération en aquifère dans le double but de stocker de l'eau sous la surface en vue d'une utilisation future et de reconstituer le volume d'eau souterraine déjà pompé.

Dans d'autres cas, on a fait appel à des paiements ou à des transferts financiers. Des villes et des entreprises industrielles ont payé des agriculteurs pour encourager les pratiques concourant au rétablissement de l'aquifère, telles que la riziculture inondée. La ville d'Ono dans la préfecture de Fukui, lauréate du Grand prix de l'eau du Japon en 2012, a été l'une des premières à adopter la recharge des nappes d'eau souterraine par le biais du stockage en rizière à la fin des années 1970. Un mécanisme semblable a été introduit à Kumamoto (Japon), où la ville agissait en coopération avec Sony Corporation et une fondation locale d'aide aux agriculteurs (Hashimoto, 2013). La culture du riz a ensuite été encouragée pour son caractère écologique. La ville d'Azumino a instauré un mécanisme consistant à payer les utilisateurs pour qu'ils assurent la conservation au bénéfice des utilisateurs urbains, industriels et agricoles. D'autres villes ont mis en place des servitudes de conservation, assurant la protection des terres entourant la ville en échange de la recharge de l'aquifère (par exemple, San Antonio au Texas).

Sources : Peck (2007) ; Borchers et al. (2014) ; Barraqué et al. (2010) ; Groot, (2013) ; Civita et al. (2010) ; Hashimoto (2013) ; Lee (2014).

Autres politiques sectorielles ayant une incidence sur l'utilisation des eaux souterraines

Peu de pays taxent ou subventionnent l'électricité

L'irrigation à partir d'eau souterraine dans les pays de l'OCDE repose presque entièrement sur des pompes électriques et plus rarement sur des pompes à moteur diesel. Cela implique que l'exploitation des eaux souterraines dépend de la disponibilité d'un raccordement abordable à des sources d'électricité[14]. Comme expliqué au chapitre 2, les subventions accordées en Inde et au Mexique ont contribué à la surexploitation des ressources hydrogéologiques. Jusqu'ici, plusieurs obstacles ont entravé la réforme de ces programmes pluridécennaux, mais des efforts ont été entrepris pour y remédier. Dans l'État indien de Gujarat, un système novateur basé sur le découplage des réseaux électriques est parvenu à réduire l'utilisation d'eau souterraine (Shah et al., 2008) ; par ailleurs, quelques expériences pilotes lancées au Mexique entendent évaluer comment mettre en œuvre cette réduction (De Richter, 2013)[15].

Le questionnaire proposait trois options de programmes concernant l'électricité, à savoir "subventions", "taxes", "autres programmes de soutien à l'énergie" et "autres", qui ont recueilli peu de réponses. Le Chili, le Portugal et la région de l'Île volcanique de Jéju en Corée recourent aux subventions à l'électricité et à d'autres programmes, tandis que les Pays-Bas emploient les trois options au niveau national. Le programme du Portugal vise spécifiquement à améliorer l'efficacité énergétique de l'irrigation en agriculture. En outre, l'Espagne, la France et le Mexique déclarent appliquer des taxes sur l'électricité au niveau national.

La moitié des répondants appliquent des politiques foncières qui ont un impact sur l'utilisation des eaux souterraines

Compte tenu des relations étroites entre la propriété foncière et l'utilisation (et la propriété) des eaux souterraines, les politiques foncières sont susceptibles de jouer un rôle important dans la gestion des ressources hydrogéologiques. Le questionnaire proposait trois options, à savoir "zonage", "système régional d'allocation" ou "coopération entre zones rurales et urbaines" (graphique 4.7).

Près de la moitié des 21 pays répondants déclarent imposer des restrictions de zonage sur l'utilisation des eaux souterraines, dans certains cas potentiellement pour préserver la qualité de l'eau (de boisson), mais avec des incidences évidentes sur l'accès à l'aquifère et donc sur l'utilisation des eaux souterraines (graphique 4.7). On considère en effet les systèmes de zonage comme des traits majeurs des récents régimes juridiques applicables aux eaux souterraines, allant de zones de protection des aires de recharge au zonage pour l'eau potable (Mechlem, 2012). On les trouve aux niveaux national et régional en France et aux Pays-Bas (six régions dans le graphique 4.7). En France, en vertu de la loi sur l'eau et les milieux aquatiques de 2006, les préfets peuvent créer des zones de contraintes environnementales dans lesquelles ils peuvent imposer des restrictions sur l'eau (Barraqué et al., 2010).

Graphique 4.7. Nombre de régions et pays répondants dotés de politiques foncières relatives aux eaux souterraines

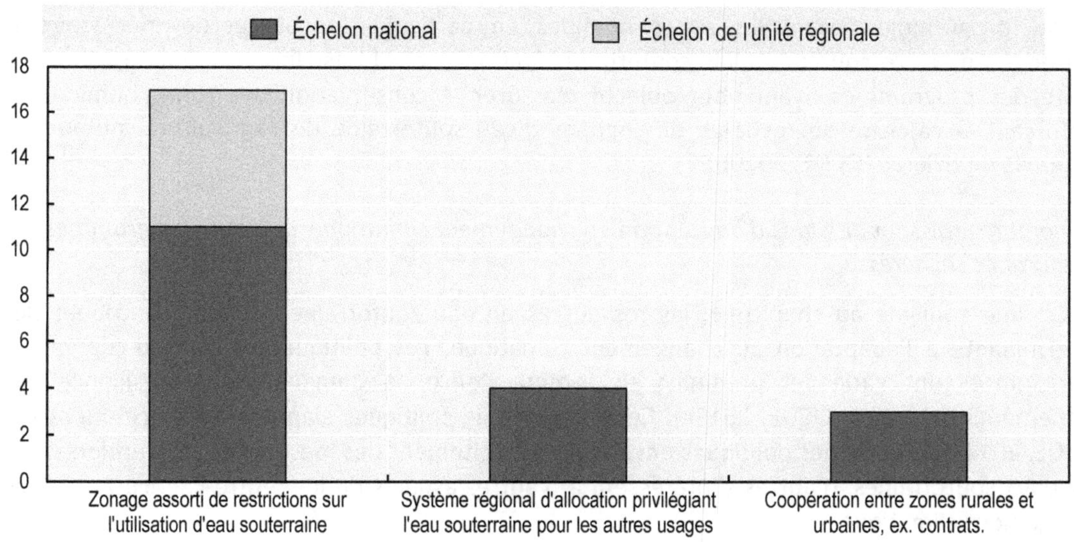

Source : Questionnaire OCDE 2014 sur l'utilisation des eaux souterraines en agriculture.

Les programmes de retrait de superficies peuvent aussi être utilisés dans des dispositifs visant à remédier aux externalités, comme c'est le cas dans le Nebraska (États-Unis). Depuis quelques années, le district de l'Upper Republican poursuit un programme résolu de retrait de superficies ; il a dépensé 10 millions USD pour acquérir 3 300 acres (1 300 hectares) de terres irriguées en 2011 (dans la région de Rock Creek) et s'est joint aux circonscriptions des districts des Middle et Lower Republican et du Twin Platte pour acquérir près de 20 000 acres (8 100 hectares) de terrain pour un montant de 83 millions USD en 2012 (McCabe, 2013). Dans les deux cas, le *Natural Resources District* construit des projets d'augmentation des débits des cours d'eau qui relieront les puits aux cours d'eau voisins au moyen d'une conduite. Cela permettra de pomper directement les eaux souterraines dans la rivière de manière à assurer le respect des accords inter-États sur les eaux de surface durant les années de sécheresse[16].

Quatre pays de l'OCDE déclarent avoir mis en place des systèmes d'allocation régionaux et l'Estonie, Israël et le Portugal indiquent avoir instauré des mécanismes de coopération entre zones urbaines et rurales concernant les terres qui ont une incidence sur l'utilisation des eaux souterraines, mais d'autres politiques foncières ont été mises en œuvre. En Slovénie, un programme de subventions financé par le Fonds européen de développement rural encourage l'évolution vers une utilisation des terres moins consommatrice d'eau (CE, 2012b). Aux États-Unis, la puissance publique finance et administre un certain nombre de programmes de mise en jachère de terres irriguées agricoles afin d'inciter à réduire la consommation d'eau (Casey et Nelson, 2012).

Plusieurs programmes de conservation des bassins hydrographiques ont une incidence indirecte sur l'utilisation des eaux souterraines

Les programmes de conservation des bassins hydrographiques peuvent aussi avoir des effets indirects sur l'utilisation des eaux souterraines. Ils englobent des instruments réglementaires et économiques. Les zones d'exclusion pour la conservation et les limites d'utilisation des eaux souterraines à proximité des aires protégées sont courantes, respectivement dans neuf et sept des 20 pays répondants. Les approches spatiales peuvent en particulier aider à remédier aux externalités locales. Cinq pays (Corée, Estonie, France, Mexique et République slovaque) et quatre régions (Almonte-Marismas en Espagne, et NHPA, SHPA et MPW aux États-Unis) utilisent l'acquisition de droits sur l'eau souterraine à des fins de conservation.

Des programmes visant les zones humides en particulier encourageront nécessairement la conservation des ressources en eau souterraine. En Corée, aux États-Unis et au Japon, par exemple, il existe des programmes ayant pour objectif d'assurer la conservation des zones humides tout en renforçant la capacité de recharge des nappes d'eau souterraine de l'agriculture, notamment des systèmes de rizières (OCDE, 2010b).

Un nombre croissant de plans d'adaptation au changement climatique, quelques programmes d'assurance sécheresse

Comme souligné au chapitre 1, les ressources en eau souterraine peuvent contribuer de façon déterminante à l'adaptation au changement climatique. Les politiques et plans d'adaptation dans l'agriculture sont variés et prennent en compte l'offre, la demande et la résilience face aux événements extrêmes (OCDE, 2015a). Certaines de ces politiques s'appuient explicitement sur l'eau (OCDE, 2014a). Si certaines politiques envisagent explicitement des mesures d'intervention spécifiques aux eaux souterraines, d'autres s'intéressent à d'autres aspects du lien entre l'agriculture, l'eau et le changement climatique.

La recherche-développement débouchant sur des pratiques et des technologies mieux adaptées au changement climatique pourrait contribuer à réduire l'utilisation d'eau souterraine. Sophocleous (2012) note que selon un rapport du ministère de l'Agriculture des États-Unis (USDA) comparant plusieurs options pour la gestion de l'aquifère des Hautes Plaines, le meilleur résultat est obtenu grâce à l'utilisation de biotechnologies favorisant une hausse des rendements (supposée égale à 5 % par décennie) couplée à une restriction de l'utilisation d'eau souterraine (10 % moins d'eau par décennie). La modélisation et les données hydrogéologiques peuvent aussi contribuer à améliorer la gestion des eaux souterraines et concourent donc à l'adaptation. Le graphique 4.8 (cadre supérieur) montre la fréquence de quatre types de programmes d'investissements pour l'adaptation parmi les pays répondants.

Graphique 4.8. Nombre de pays répondants dotés de programmes d'adaptation au changement climatique (cadre supérieur) et d'assurance sécheresse (cadre inférieur)

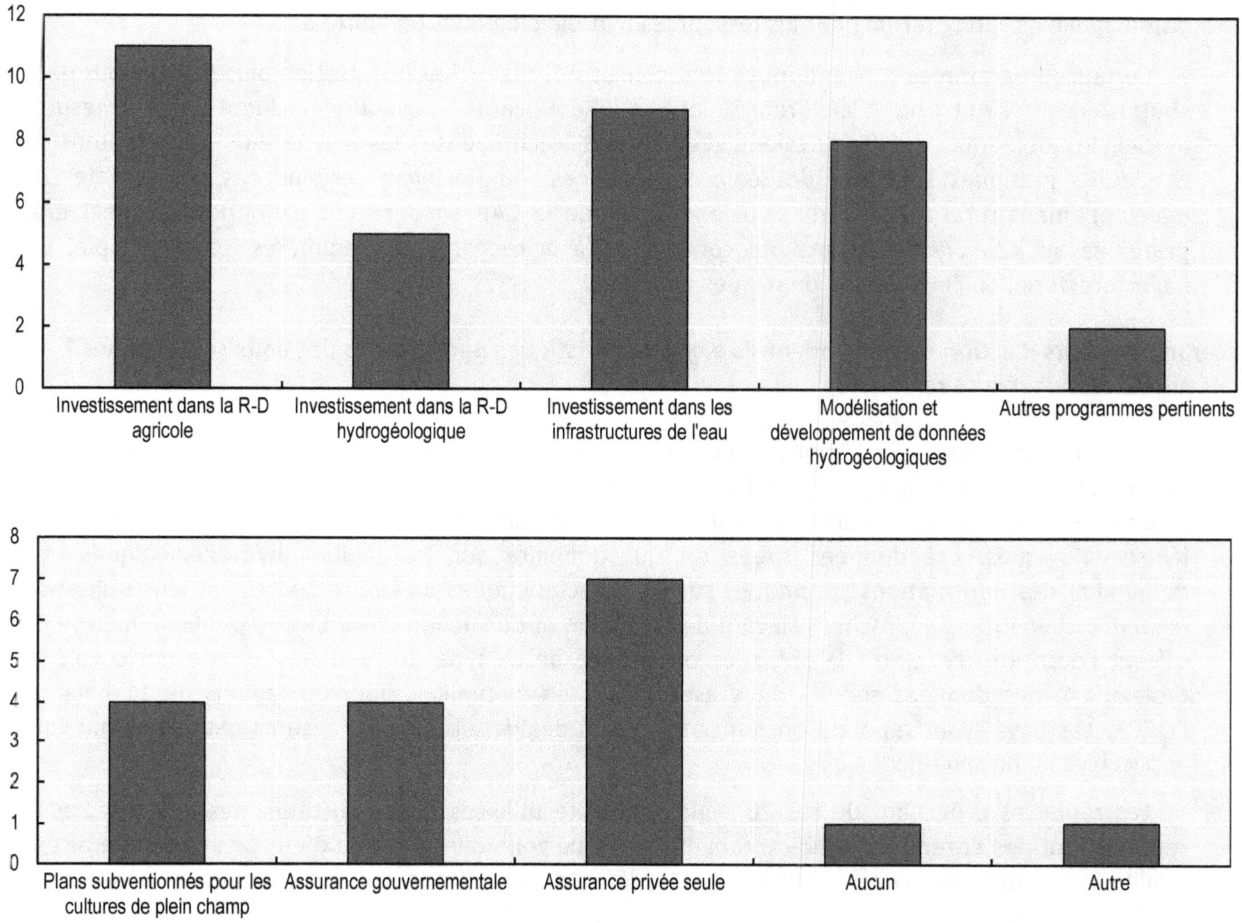

Source : Questionnaire OCDE 2014 sur l'utilisation des eaux souterraines en agriculture.

Le graphique 4.8 (cadre inférieur) montre aussi que sept des pays répondants sont dotés de systèmes d'assurance privée mais que seuls le Chili, l'Espagne, les États-Unis (polices d'assurance pour les grandes cultures) et la France soutiennent des programmes d'assurance gouvernementale.

Un certain nombre de politiques de lutte contre la sécheresse font aussi explicitement référence à l'eau souterraine. Dans la plupart des pays de l'OCDE, un système de priorités est appliqué pour allouer les ressources en eau de surface et en eau souterraine en période de sécheresse (OCDE, 2015c). En Suède, les autorités provinciales peuvent limiter l'irrigation pendant les épisodes de sécheresse. Dans l'État de Géorgie (États-Unis), le débit d'étiage minimum peut déclencher des restrictions en matière d'irrigation à partir d'eau souterraine (Wright et al., 2012).

Les mesures de soutien à l'agriculture ne sont généralement pas particulièrement favorables aux cultures intensives en eau

Les réponses au questionnaire montrent que les pays de l'OCDE qui soutiennent leurs agriculteurs ne recourent généralement pas à ce type d'incitation, mais il existe quelques exceptions. Le Portugal note qu'au titre des paiements directs du premier pilier de la politique agricole commune (PAC), certaines cultures intensives en eau bénéficient d'un soutien (parmi d'autres) ; et que certains paiements couplés restants s'appliquent effectivement aux systèmes d'élevage et à certains systèmes intensifs. Quatre pays mettent en œuvre des programmes de soutien à la production de biocarburants (États-Unis, Pays-Bas, République tchèque et Royaume-Uni) qui pourraient dans certains cas se révéler dommageables à long terme pour les ressources hydrogéologiques (chapitre 3).

Certains programmes subventionnés sont conçus pour favoriser une gestion plus durable des eaux souterraines. L'Autriche, la France et la République slovaque incluent des mesures agroenvironnementales qui pourraient, d'autre part, récompenser les agriculteurs qui adoptent de meilleures pratiques à l'égard des eaux souterraines. Au Portugal, certains des programmes de développement rural relevant du deuxième pilier de la CAP encouragent l'adoption de meilleures pratiques ou les investissements qui contribuent à la recharge des aquifères : par exemple, via l'agroforesterie, ou l'installation de bandes rivulaires.

Les instruments d'action correspondent-ils aux caractéristiques particulières des eaux souterraines ? Résultats d'une analyse régionale

La section précédente a démontré la diversité des approches, relevant de la gestion ou de l'action des pouvoirs publics, employées dans les différents pays et régions de l'OCDE, mais une question sous-jacente est de savoir si cette diversité reflète les différences en termes de caractéristiques hydrogéologiques. Les données tirées du questionnaire sur les régions hydrogéologiques, qui demandait des informations spécifiques sur les caractéristiques de ces ressources et leur utilisation (chapitre 2) et sur les approches relevant de la gestion et de l'action des pouvoirs publics (chapitre 3), offrent l'occasion d'explorer la présence potentielle de ce type de relation. Comme on le voit au tableau 4.4, des données sur ces deux aspects ont été recueillies pour 20 régions de 11 pays de l'OCDE. Les pays ayant répondu ont en outre fourni des détails sur les mesures nationales qui sont applicables au niveau régional.

Les réponses provenant de ces 20 régions ont été utilisées pour constituer des indices agrégés représentant des ensembles d'indicateurs dans chaque zone d'intérêt afin d'établir des comparaisons qualitatives entre les régions. L'annexe 4.A1 présente la méthode de calcul générale utilisée pour obtenir un ensemble d'indicateurs qui, pour certains (caractéristiques, suivant le tableau 2.3 du chapitre 2), augmentent systématiquement avec la probabilité de pressions sur les eaux souterraines (et vice versa) et, pour d'autres (politiques), augmentent avec la portée des mesures prises par les pouvoirs publics pour maîtriser l'utilisation des eaux souterraines (et, à l'inverse, diminuent avec les mesures qui ne visent pas cette maîtrise, voire qui favorisent l'utilisation des eaux souterraines).

Ces indicateurs ont été soumis à une comparaison par paire puis ont servi à établir des comparaisons entre les régions. L'objectif de cet exercice n'est pas d'en déduire des valeurs absolues significatives du stress et de la couverture des politiques, mais plutôt de permettre une comparaison de l'importance relative des types de contraintes et d'approches entre les régions.

Tableau 4.4. Couverture régionale du questionnaire de l'OCDE

Pays	Région	Notation	Localisation	Caractérisation des ressources en eau souterraine	Politiques
Australie	Grand bassin artésien	AusGAB	Nord	X	
		AusMDB	Centre-Sud	X	X
Danemark	Jutland occidental[1]	DenWJ		X	X
France	Nappe de Beauce	FraNB	Ile de France	X	X
	Département de la Vienne	FraDV	Poitou-Charentes	X	X
Israël	Galilée occidentale	IsrWG		X	X
Italie	Pouilles	ItaP	Conzorzio di Bonifica Arneo	X	
	Campanie (Ufita)	ItaC	Conzorzio di Bonifica UFITA	X	X[2]
Japon	Kinugawa Seibu	JapKS	District de Kanto	X	X
	Noubiheiya Seibu	JapNS	District de Tokai	X	X
	Kikuchi Heiya	JapKH	District de Kyushu	X	X
Corée	Île volcanique de Jéju	KorJvl		X	X
Mexique	Region Lagunera	MexRL	États de Cohuila et Durango	X	X
Pays-Bas	Brabant septentrional	NldNB	Bassin de la Meuse, Sud des Pays-Bas	X	X
	Limburg	NldL		X	X[2]
	Gelderland et Overjissel[3]	NldG	Bassin du Rhin-Est, Est des Pays-Bas	X	X[2]
Portugal	District du bassin hydrographique Tejo e Ribeiras do Oeste	PorTRO	Régions Ribatejo e Oeste, Beira Interior et Alentejo	X	X[2]
Espagne	Mancha Occidental[1]	SpaMOc	Ciudad Real, Castilla La Mancha	X	X
	Campos de Montiel	SpaCM	Ciudad Real, Albacete, Castilla La Mancha		X
	Almonte - Marismas	SpaAM	Huelva et Sevilla, Andalucía		X
	Mancha Oriental	SpaMOr	Valencia, Albacete, Cuenca. Castilla La Mancha et Comunidad Valenciana		X
Turquie	Bassin du Küçük Menderes	TurKB		X	
États-Unis	Aquifère des Hautes Plaines du Nord	NHPA	Dakota du Nord, Dakota du Sud et Nebraska	X	X
	Aquifère des Hautes Plaines du Sud	SHPA	Kansas, Oklahoma, Texas	X	X
	Région de l'aquifère alluvial du Mississippi	MAA	Arkansas, Mississippi, Louisiane et une partie du Missouri	X	X
	Région des Montagnes et du Pacifique Ouest	MPW	Washington, Oregon, Californie, Idaho, Utah, Nevada, Montana, Wyoming, Colorado et Nouveau Mexique	X	X
TOTAL		27		23	23

1. L'évaluation n'est pas réalisée au niveau municipal.
2. Seules les politiques nationales sont prises en compte, non les réponses régionales (les autres cas combinent politiques nationales et réponses régionales).
3. Les deux régions ont des réponses identiques et seront donc confondues.

Tableau 4.5. Indicateurs des caractéristiques des ressources hydrogéologiques et des politiques connexes par région

Caractérisation de la région hydrogéologique		Stratégies de gestion et d'action des pouvoirs publics	
Nom	Description	Nom	Description
IndClim	Conditions agro-climatiques (actuelles et projetées)	**IndEntFTO**[1]	Liberté d'action basée sur les caractéristiques de la propriété et des quotas
IndAq	Type et géologie de l'aquifère	**IndRegGW**[1]	Réglementation des eaux souterraines (plans de gestion, puits, surveillance, prélèvements)
IndSW	Disponibilité et utilisation d'eau de surface	**IndEconGW**[1]	Instruments économiques utilisés pour contrôler l'utilisation des eaux souterraines (redevances, marchés, rachats)
IndGWuse	Utilisation d'eau souterraine dans l'agriculture (actuelle et projetée)	**IndCMGW**[1]	Approches collectives de la gestion visant à maîtriser l'utilisation des eaux souterraines
IndOtheruse	Concurrence d'autres utilisateurs (actuelle et projetée)	**IndSupply**[1]	Approches axées sur l'offre
IndExt	Externalités dues au pompage d'eau souterraine (actuelles et projetées)	**IndOtherControl**[1]	Autres mesures de contrôle indirectes (programmes pour l'énergie, l'agriculture et la conservation)
		IndOtherConso[1]	Autres programmes susceptibles de soutenir indirectement l'utilisation des eaux souterraines (énergétiques, agricoles)

1. Les indicateurs rendent compte des politiques et programmes établis au niveau national.

L'annexe 4.A2 fournit les résultats détaillés de cette analyse (indicateurs et comparaison région par région). Tout d'abord, les caractéristiques des masses d'eau souterraine présentent une grande diversité. Quatre régions se distinguent par des contraintes climatiques fortes, l'utilisation d'eau souterraine, une disponibilité relativement faible d'eau de surface, la concurrence avec d'autres usages et les externalités (avec toutefois des différences dans les caractéristiques des aquifères) : la Región Lagunera au Mexique, la Galilée occidentale en Israël, la région des Montagnes et du Pacifique Ouest (MPW) aux États-Unis et le bassin Murray-Darling en Australie. Un deuxième groupe de régions situées en Corée, en Espagne, au Japon, au Danemark, en France et aux Pays-Bas ne ressortent pas aussi haut dans nombre de ces catégories, avec relativement plus d'eau de surface disponible, un climat actuel et projeté moins aride, un degré moindre d'utilisation d'eau souterraine et des externalités (à l'exception de la Mancha Occidental en Espagne). Enfin, la région italienne de la Campanie et les régions de l'aquifère des Hautes Plaines du Nord (NHPA), de l'aquifère des Hautes Plaines du Sud (SHPA) et de l'aquifère alluvial du Mississippi (MAA) aux États-Unis semblent se trouver dans une situation intermédiaire à l'égard de ces dimensions. Les régions diffèrent par les caractéristiques des aquifères mais il n'existe pas de schéma simple.

Ces groupes de régions ne correspondent pas tout à fait à ceux observés pour les mesures prises par les pouvoirs publics. La Galilée occidentale en Israël et la Región Lagunera au Mexique se démarquent toutes deux par l'accent relatif mis sur les approches axées sur l'offre. La gravité des pressions sur l'eau douce a peut-être incité ces régions à engager des investissements coûteux mais apparemment inévitables en matière d'approvisionnement. Du côté de la demande, tandis que la Galilée occidentale en Israël met en œuvre des approches réglementaires, la Región Lagunera au Mexique se distingue également par un recours significatif aux instruments économiques et à la gestion collective. Les tendances dans les autres régions ne sont pas aussi marquées et reflètent des spécificités nationales.

- Aux États-Unis, les régions MPW, SHPA et MAA présentent un certain nombre de caractéristiques communes en cela qu'elles fournissent chacune un cadre législatif offrant une liberté d'action plus grande et des réglementations limitées, mais appliquent des politiques de contrôle indirect. La région NHPA recourt davantage aux approches économiques, réglementaires et collectives de la gestion.
- Le bassin Murray-Darling en Australie se distingue par l'utilisation d'instruments économiques relativement nombreux, un recours modéré aux approches axées sur l'offre et une moindre utilisation des instruments réglementaires.
- Les trois régions japonaises appliquent les mêmes types d'approches, basées principalement sur la législation nationale, avec de même une liberté d'action relativement grande, une réglementation relativement moins contraignante et des mesures très limitées en faveur de l'utilisation des eaux souterraines.
- La gestion des eaux souterraines en agriculture dans les régions françaises du département de la Vienne et de la nappe de Beauce se caractérise dans les deux cas par un degré relativement élevé de gestion collective, des instruments économiques et d'autres mesures de contrôle, une liberté d'action limitée et des dispositions réglementaires.
- Les régions des Pays-Bas font état de réglementations modérées et, à l'instar du Jutland occidental au Danemark, offrent une liberté d'action relativement faible.
- La Mancha Occidental en Espagne et l'île volcanique de Jéju en Corée arrivent en tête en ce concerne la réglementation et affichent un degré modérément élevé de dispositifs de gestion commune et d'instruments économiques. Tout comme la Mancha Occidental en Espagne, la région portugaise Tejo e Ribeiras do Oeste fait appel à de nombreux autres mécanismes de contrôle.

Hormis des similitudes nationales ou continentales et la relation entre un stress supérieur et des approches axées sur la demande, il n'existe pas de correspondance simple entre les caractéristiques des ressources hydrogéologiques et de leur utilisation et les politiques suivies dans ces régions hydrogéologiques agricoles. Toutefois, les corrélations par paire (annexe 4.A2) montrent que:

- L'indicateur de liberté d'action est corrélé positivement à l'utilisation d'eau souterraine dans l'agriculture et les secteurs concurrents et aux stress climatiques, et corrélé négativement à l'utilisation d'eau de surface ; il est plus élevé dans les régions d'haute utilisation où les agriculteurs peuvent décider eux-mêmes à quel moment pomper.
- Les approches économiques sont plus courantes dans les régions confrontées à un stress climatique plus fort, une faible disponibilité d'eau de surface et à des externalités plus significatives.
- Les dispositifs de gestion commune sont plus courants lorsqu'il existe des externalités.
- Les approches axées sur l'offre sont effectivement corrélées négativement à la disponibilité d'eau de surface, corrélées positivement au stress climatique et aux externalités, et faiblement corrélées à l'indice de l'aquifère.
- D'autres approches indirectes du contrôle sont faiblement corrélées à l'indicateur des externalités.

- Les mesures de soutien à l'irrigation à partir d'eau souterraine sont positivement corrélées à l'utilisation d'eau souterraine.

Naturellement, chacune de ces corrélations par paire n'est pertinente que pour ce sous-ensemble de régions ; elles ne résisteraient peut-être pas à des analyses statistiques plus robustes et n'appuient en aucun cas et en aucune manière quelque causalité que ce soit. Toutefois, elles étayent l'analyse comparative entre les régions (voir annexe 4.A2) et suggèrent quelques liens potentiels intéressants à valider empiriquement, tels que les relations entre les caractéristiques des droits d'utilisation (liberté d'action) ou les politiques de soutien et l'utilisation des eaux souterraines[17]. L'autre question importante serait de déterminer si les caractéristiques hydrogéologiques locales motivent ces politiques ou si les politiques ont influé sur ces caractéristiques.

Plus généralement, ces résultats suggèrent que le choix des options de gestion pourrait bien être lié au moins en partie aux caractéristiques de l'utilisation des eaux souterraines. En particulier, les approches économiques et celles axées sur l'offre pourraient être plus courantes dans les zones agricoles soumises à de plus fortes pressions sur les eaux souterraines.

À un niveau d'agrégation encore plus élevé, on peut déduire de ces indicateurs deux méga-indicateurs rendant compte de l'ensemble des pressions relatives qui seront exercées sur les ressources en eau souterraine, ainsi que de la diversité et du nombre relatifs d'instruments de gestion des eaux souterraines utilisées en agriculture par région[18]. Ce résultat apparaît dans le graphique 4.9, l'indicateur de pression étant représenté sur l'axe horizontal et l'indicateur des politiques sur l'axe vertical[19].

Graphique 4.9. Comparaison des pressions relatives sur les eaux souterraines et des stratégies d'intervention dans les régions répondantes

Axe horizontal : Stress agroclimatique et pressions sur les eaux souterraines relatifs ;

Axe vertical : Importance relative des approches de la gestion de l'utilisation des eaux souterraines

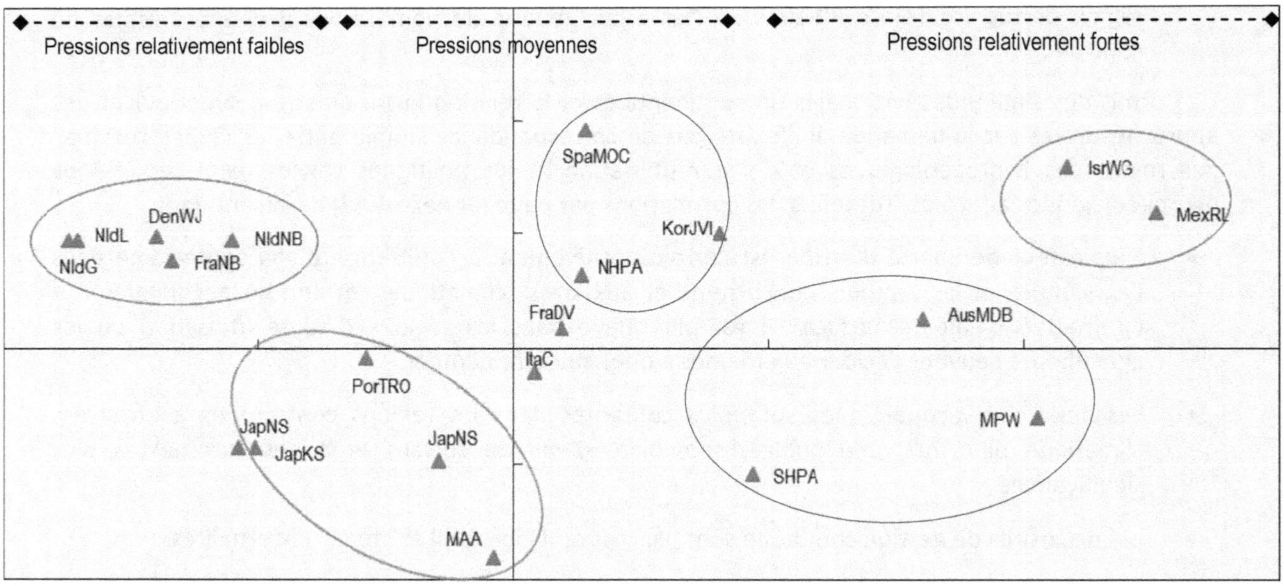

Note : AusMDB : Bassin Murray-Darling ; DenWJ : Jutland occidental ; FraNB : Nappe de Beauce, FraDV : Département de la Vienne ; IsrWG : Galilée occidentale (Israël) ; ItaC: Campanie (Ufita) ; JapKH : Kikuchi Heiya ; JapKS : Kinaguwa Seigu ; JapNS : Noubiheiya Seigu ; KorJvl ; Île volcanique de Jéju ; MexRL : Región Lagunera ; NldG : Gelderland et Overjissel ; NldL : Limburg ; NldNB ; Brabant septentrional ; PorTRO: Tejo e Ribeiras do Oeste ; SpaMOC : Mancha Occidental ; MAA : Aquifère alluvial du Mississippi ; MPW : Montagnes et Pacifique Ouest ; NHPA : Aquifère des Hautes Plaines du Nord ; SHPA : Aquifère des Hautes Plaines du Sud.

Source : D'après les réponses au Questionnaire OCDE 2014 sur l'utilisation des eaux souterraines en agriculture (voir annexes 4.A1 et 4.A2).

Il convient de rappeler plusieurs réserves importantes avant d'interpréter ce graphique. Tout d'abord, aucun des chiffres retenus n'a de valeur significative. Ensuite, le graphique distingue les approches atypiques et non les régions caractérisées par des pressions ou des niveaux d'intervention plus importants globalement. En outre, il se peut que les régions pour lesquelles les réponses sont incomplètes soient au moins en partie mal situées sur le graphique. Enfin, l'axe des politiques rend davantage compte du nombre relatif d'approches visant à maîtriser l'exploitation des eaux souterraines que de leur rigueur ou de leur efficacité.

Compte tenu de ces limites, le graphique 4.9 fait apparaître en revanche une série de groupes de régions possibles présentant des contraintes, caractéristiques et/ou approches de la gestion similaires, et cohérents avec la comparaison groupée des régions ci-dessus. Si l'on distingue trois groupes de pressions relatives sur les eaux souterraines le long de l'axe horizontal (représentés par des segments situés dans le haut du graphique : sept régions à gauche de l'axe, cinq à droite, et les huit autres au centre), ces degrés de pression se traduisent par cinq groupes de politiques/caractéristiques, représentés par des cercles. En particulier, la Galilée occidentale et la Región Lagunera se démarquent positivement sur les deux dimensions et les régions Murray-Darling, MPW et SHPA affichent un score relativement haut concernant les défis, mais leurs stratégies d'intervention sont peut-être moins concrètes. Les régions MAA, portugaise et japonaises enregistrent des scores relativement bas sur les deux composantes, et les régions néerlandaises et danoise ainsi que la Nappe de Beauce affichent des pressions moins fortes et un indice de gestion plus élevé. Les régions coréenne et espagnole ainsi que la région NHPA se présentent comme ayant un degré de gestion et des contraintes relativement modérés.

Si l'on interprète l'axe vertical comme une représentation de l'intervention, le graphique 4.9 suggère que les pays et régions ont pratiqué différents degrés d'intervention pour répondre à des pressions présentant des spécificités locales. Il est intéressant de noter que dans certaines régions, les contrôles sont relativement fréquents et les contraintes peu rigoureuses, tandis que dans d'autres les contraintes sont plus fortes mais les contrôles moins fréquents. Toute intervention ne garantit pas le succès et, comme expliqué plus haut, certaines pourraient être parfaitement injustifiées du point de vue économique. Rien n'indique cependant que les interventions des pouvoirs publics évoluent avec la gravité des pressions.

Notes

1. Le questionnaire peut être obtenu en faisant la demande à l'adresse tad.contact@oecd.org.
2. Les réponses régionales ne sont précisées que lorsqu'elles diffèrent de la réponse nationale et pour les quatre régions des États-Unis (dans lesquelles les droits d'utilisation sont définis au niveau de l'État).
3. Plusieurs pays ont tenté de modifier la propriété pour la faire évoluer de privée à publique ; l'expérience de l'Espagne à la suite de sa loi sur l'eau de 1983 a montré qu'il était difficile de mettre en œuvre ce type de réforme, en particulier dans les régions où les eaux souterraines avaient par le passé été exploitées de façon intensive pour l'irrigation par des milliers d'agriculteurs (Llamas et Garrido, 2007).
4. La gestion des eaux souterraines est également assurée au niveau régional en Belgique (OCDE, 2010b).
5. Le district de l'Upper Republican dans le Nebraska offre un exemple de dispositif efficace de comptage et de sanction. En 2010, ce district a révoqué les droits de pompage d'eau souterraine

— d'une valeur estimée à plus de 3 millions USD — de plusieurs utilisateurs parce que ces derniers avaient tenté d'accroître illégalement leur consommation d'eau en contournant le compteur de débit du puits (McCook Gazette 2010).

6. Une autre question à l'acuité croissante concerne les puits abandonnés, qui sont susceptibles d'affecter les débits et d'engendrer des problèmes de qualité à long terme (conversation personnelle avec T. Jarvis, Université d'État de l'Oregon).

7. Outre les pays figurant dans le tableau 4.3, la Grèce et le Mexique comptent un grand nombre de puits illégaux (de Stefano et Lopez-Gunn, 2012 ; de Richter, 2013).

8. Cela suppose toutefois que l'assureur soit disposé à accepter d'assumer le risque d'aléa moral que les agriculteurs représentent.

9. Selon Shah (2008), Israël offre « le meilleur exemple de tarification de l'eau pour les utilisations agricoles ». D'autres sources signalent que l'Allemagne fait payer des redevances à tous les utilisateurs à l'exception des agriculteurs (OCDE, 2015) et que la Turquie applique un forfait à l'hectare (OCDE, 2012b).

10. Une tarification inchangée au fil du temps n'affecte pas les incitations à long terme (Civita et al., 2010). Ce type de système peut aussi influer sur la réponse aux prix ; par exemple, une tarification en deux tranches prévoyant des prix très bas jusqu'à un certain volume et très hauts au-delà pourrait avoir des effets similaires à ceux d'un quota d'eau, comme observé au Mexique (de Richter, 2013).

11. L'Estonie déclare également autoriser la vente d'eau pompée, sans grande conséquence toutefois pour les utilisations agricoles.

12. Des systèmes de ce type ont cours dans les districts de Twin Platte et Central Platte, dans le bassin de la rivière Platte dans le Nebraska (Young, 2014).

13. En vertu de la loi des États-Unis sur les exploitations agricoles de 2014 (*U.S. Farm Bill*), un programme régional de partenariat pour la conservation a été mis en place afin d'encourager les initiatives public-privé en matière de conservation, y compris de l'eau souterraine dans l'agriculture.

14. L'utilisation intensive d'eau souterraine peut également exercer des pressions sur la production d'électricité. Aux États-Unis, on estime que le pompage d'eau souterraine pour l'agriculture représente environ 1 % de la consommation totale d'électricité (Water in the West, 2013). Au Mexique, il représentait environ 6 % de la demande d'électricité en 2001 (Scott et Shah, 2004).

15. En Espagne, la suppression en 2008 des subventions à l'électricité pour l'irrigation, dans le cadre de la libéralisation du marché de l'électricité, a induit une hausse des coûts de 60 %, qui a conduit à l'abandon d'une partie de l'irrigation (Calatrava et Garrido, 2010 ; Fuentes, 2011).

16. Il importe de noter que, dans la mesure où les opérations de pompage contribuent, elles-mêmes, au tarissement des cours d'eau, l'accroissement du débit ne peut être qu'une mesure temporaire, qui est sujette à controverse au sein de la communauté dont certains membres estiment qu'elle épuise des ressources en eau souterraine limitées sans contribuer à accroître la production agricole par le biais de l'irrigation.

17. Lopez-Gunn et Llamas (2008) rapportent, par exemple, que d'après l'expérience acquise à l'échelle internationale, il est difficile d'attribuer un quelconque avantage clair à la gestion des eaux souterraines dans le cadre de la propriété privée par rapport à leur gestion relevant de la propriété publique.

18. On y parvient en compilant les moyennes pondérées des indicateurs dérivés. Pour cela, on applique une pondération de -1 à la disponibilité d'eau de surface (IndSW) et de +1 à tous les autres indicateurs des caractéristiques du système hydrogéologique ; de même, on applique une pondération de 1 aux mesures soutenant indirectement l'utilisation d'eau souterraine (IndOtherConso) et à la liberté d'action (IndEntFTO) et de +1 à tous les autres indicateurs de politiques relevant de la gestion.

19. L'indice de pression combiné est spécifique à l'agriculture et à l'eau souterraine et rend compte des futures évolutions des conditions climatiques. Des indices plus généraux des pressions exercées sur les ressources en eau douce sont disponibles dans les indicateurs environnementaux de l'OCDE (2013a).

Références

AEE (Agence européenne pour l'environnement) (2013), "Assessment of cost recovery through water pricing" AEE, Copenhague, Danemark.

Barraqué, B. *et al.* (2010), "Groundwater in the Southern Member States of the European Union : an assessment of current knowledge and future prospects. Country report for France", Conseil consultatif des Académies scientifiques européennes (EASAC), Halle.

Borchers, J. W. et al. (2014), "Land Subsidence from Groundwater Use in California", Ludhorff and Scalmanini Consulting Engineers, Sacramento, Californie.

Brozović, N. et al. (2006), "Optimal management of groundwater over space and time", dans Goetz, R. U. et Berga, D. (dir. pub.), *Frontiers in water resource economics*, Springer, New York.

Brozović, N. et R. Young (2014), "Design and Implementation of Markets for Groundwater Pumping Rights", dans Easter, K. et Q. Huang (dir. pub.), *Water Markets for the 21st Century: What Have We Learned?*, Springer, New York..

Calatrava, J., et A. Garrido (2010), "Measuring irrigation subsidies in Spain: An application of the GSI method for quantifying subsidies", Global Subsidies Initiative, Institut international du développement durable (IISD), Genève, Suisse. Disponible à l'adresse : www.iisd.org/gsi/sites/default/files/irrig_spain.pdf.

Casey, M. et R. Nelson (dir. pub.) (2012) "Groundwater Science, Policy, Partnerships, and Markets", dans *Groundwater Science, Policy, Partnerships, and Markets*, Université de Stanford, Palo Alto, Californie.

Castaño, S. *et al.* (2010), "Methodology for Quantifying Groundwater Abstractions for Agriculture via Remote Sensing and GIS", *Water Resources Management*, Vol. 24, n° 4, pp.795-814.

CE (Conseil européen) (2012a), "Commission Staff Working Document- Member State: Denmark, Accompanying the Report from the Commission to the European Parliament and the Council on the Implementation of the Water Framework Directive (2000/60/EC)- River Basin Management Plans", Commission européenne, Bruxelles.

CE (Conseil européen) (2012b), "Commission Staff Working Document- Member State: Slovenia, Accompanying the Report from the Commission to the European Parliament and the Council on the Implementation of the Water Framework Directive (2000/60/EC) – River Basin Management Plans", Commission européenne, Bruxelles.

CE (Conseil européen) (2006), "Directive 2006/118/CE du Parlement européen et du Conseil du 12 décembre 2006 sur la protection des eaux souterraines contre la pollution et la détérioration", Parlement européen et Conseil européen, Bruxelles.

CE (Conseil européen) (2000), "Directive 2000/60/CE du Parlement européen et du Conseil du 23 octobre 2000 établissant un cadre pour une politique communautaire dans le domaine de l'eau", Parlement européen et Conseil européen, Bruxelles.

CEE-ONU (Commission économique des Nations Unies pour l'Europe) (2011), "Second Assessment of Transboundary Rivers, Lakes and Groundwaters", *résumé analytique*, CEE-ONU, Genève.

Christian-Smith, J. et al. (2011), "Impacts of the California Drought from 2007 to 2009", Rapport du Pacific Institute, Oakland, Californie. www.circleofblue.org/waternews/wp-content/uploads/2013/04/ca_drought_impacts_full_report.pdf.

Civita, M.V. et al. (2010), "Groundwater in the Southern Member States of the European Union: an assessment of current knowledge and future prospects: Country report for Italy", Conseil consultatif des Académies scientifiques européennes (EASAC), Halle.

Cooley, H. et al. (2009), "Sustaining California Agriculture in an Uncertain Future", Pacific Institute, Oakland, Californie.

Custodio, E. (2010), "Intensive groundwater development: a water cycle transformation, a social revolution, a management challenge", dans Martinez-Cortina, L., A. Garrido et E. Lopez-Gunn (dir. pub.), *Water Workshop on Re-thinking Water and Food Security Paradigms*, CRC Press, Londres.

Custodio, E. et M. del Carmen Cabrera (2012), "The Canary Islands", dans de Stefano, L. et Llamas, M.R. (dir. pub.), *Water, Agriculture and the Environment in Spain: Can we square the circle?*, CRC Press, Londres.

Delaware River Basin Commission (2008), State of the Delaware River Basin Report, West Trenton, New Jersey.

De Richter, C.V. (2013), "Green growth challenges and the need for an energy reform in Mexico", *Documents de travail du Département des affaires économiques de l'OCDE*, n° 1095, OCDE, Paris, France.

De Stefano, L., et M.R. Llamas (2012), Water, Agriculture and the Environment in Spain: Can we square the circle?, CRC Press, Londres.

De Stefano L, et E. López-Gunn (2012), "Unauthorized groundwater use: institutional, social and ethical considerations", *Water Policy*, Vol. 14, pp. 147–160.

De Stefano, L. et al. (2013), "Easier Said Than Done? The Establishment of Baseline Groundwater Conditions for the Implementation of the Water Framework Directive in Spain", *Water Resources Management*, vol. 27, Vol. 7, pp. 2691-2707.

Dionisio, P., et G. Mario (2013), "Insuring water: a practical risk management option in water-scarce and drought prone regions?" *Water Policy*, Vol. 16(2), pp. 244-263.

EASAC (Conseil consultatif des Académies scientifiques européennes) (2010), "Groundwater in the Southern Member States of the European Union", EASAC Policy Report 12, EASAC, Halle.

ECA (Cour des comptes européenne) (2014), "L'intégration dans la PAC des objectifs de la politique de l'Union européenne dans le domaine de l'eau: une réussite partielle", Rapport spécial, ECA, Union européenne, Bruxelles.

EPA (Agence pour la protection de l'environnement des États-Unis) (2014), "Aquifer recharge and Aquifer Storage and Recovery", page Web, U.S. EPA, Washington DC. Tiré de : http://water.epa.gov/type/groundwater/uic/aquiferrecharge.cfm.

IEE MED (Initiative européenne pour l'eau – composante méditerranénne) (2007), "Mediterranean Groundwater Report", Rapport technique sur la gestion des eaux souterraines en Méditerranée et la directive-cadre sur l'eau, IEE, Bruxelles.

Famiglietti, J. et al. (2011), "Satellites measure recent rates of groundwater depletion in California's Central Valley", *Geophysical Research Letters*, vol. 38, n° 3.

Fanning, J. (2012), *Direct testimony of Jasper Fanning, Manager of the Upper Republican Natural Resources District, in the Supreme Court of the United States, State of Kansas (Plaintiff) v. State of Nebraska and State of Colorado (Defendants)*, n° 126.

Fornés, J., et al. (2007), "Legal aspects of groundwater ownership in Spain", *Water International*, vol. 32, n° 4, pp. 676–684.

Fuentes, A. (2011), "Policies towards a sustainable use of water in Spain", *Documents de travail du Département des affaires économiques de l'OCDE*, n° 840, OCDE, Paris, France. www.oecd-ilibrary.org/economics/oecd-economics-department-working-papers_18151973.

Gardũno, H. et S. Foster (2010), "Sustainable groundwater irrigation: approaches to reconciling demand with resources", GW-MATE, *Strategic Overview Series*, n° 4, Banque mondiale, Washington DC.

Garrido, A. et al. (2006), "Groundwater irrigation and its implications for water policy in semiarid countries: the Spanish experience", *Hydrogeology Journal*, vol. 14, n° 3, pp. 340-349.

Giordano, M. et K.G. Villholth (dir. pub.) (2007), *The Agricultural Groundwater Revolution: Opportunities and Threats to Development*, CABI, Oxford.

Grafton, R.Q., et al. (dir. pub.) (2014), *Global Water: Issues and Insights*, Australia National University Press.

Groot, N. (2013), "Norm Groot: Projects address seawater intrusion", *The Californian*, 16 décembre 2013. Disponible à l'adresse : www.thecalifornian.com/story/news/2013/12/16/norm-groot-projects-address-seawater-intrusion/4036377/..

Hanak, E., et al. (2014), "Funding sustainable groundwater management in California", 3 avril 2014, UC Davis Center for Watershed Sciences, California Water Blog. Tiré de : http://californiawaterblog.com/2014/04/03/funding-sustainable-groundwater-management-in-california/.

Harter, T. et H.E. Dahlke (2014), "Out of sight but not out of mind: California refocuses on groundwater", *California Agriculture*, vol. 68, n° 3, pp. 54-55.

Hashimoto, J. (2013), "Japanese Municipalities' Efforts to Conserve Groundwater", Japan for Sustainability, *Lettre d'information n° 133*, septembre 2013. Disponible à l'adresse : www.japanfs.org/en/news/archives/news_id034270.html.

Hathaway, D. (2011), "Transboundary groundwater policy: Developing approaches in the Western and Southwestern United States", *Journal of the American Water Resources Association*, vol. 47, n° 1, pp. 103-113.

Hendricks, N.P. et J.M. Peterson (2012), Fixed Effects Estimation of the Intensive and Extensive Margins of Irrigation Water Demand. *Journal of Agricultural and Resource Economics*, vol. 37, n° 12, pp. 1-19.

Hernández-Mora, N. et al. (2010), "Groundwater in the Southern Member States of the European Union: an assessment of current knowledge and future prospects. Country report for Spain", Conseil consultatif des Académies scientifiques européennes (EASAC), Halle.

Howitt, R., et al. (2014), "Economic Analysis of the 2014 Drought for California Agriculture", Center for Watershed Sciences, Université de Californie Davis, Californie.

Iziquierdo, M., E. López-Gunn et R.M. Llamas (2011), "Emergence and persistence of Groundwater User Collectives in Spain", *Ground Water*, pp. 2-4. www.rac.es/ficheros/doc/00830.pdf.

Joshi, S.R. (2005), "Comparison of groundwater rights in the United States: Lessons for Texas", *thèse de master*, Génie civil, Université de technologie du Texas, Texas.

Kemper, K.E. (2007), "Instruments and institutions for groundwater management", dans Giordano, M. et Villholth, K.G. (dir. pub.), *The Agricultural Groundwater Revolution: Opportunities and Threats to Development*, CABI, Oxford.

Kuwayama, Y. et N. Brozović (2012), "Analytical hydrologic models and the design of policy instruments for groundwater-quality management", *Hydrogeology Journal*, vol. 20, n° 5, pp. 957-972.

Lee, L. (2014), "Rural conservation ensures cities' water supplies, benefits landowners", tx | H2O, Summer 2014, Texas Water Resources Institute, Université du Texas A&M, College Station, Texas, États-Unis. Disponible à l'adresse : http://twri.tamu.edu/publications/txh2o/summer-2014/protect-our-land-protect-our-water/.

Llamas, R. (2004), "Water and Ethics. Use of groundwater", *Publications de l'UNESCO sur l'eau et l'éthique, Essai*, UNESCO, Paris.

Llamas, R. (1975), "Noneconomic motivations in ground-water use: Hydroschizophrenia", *Ground Water*, n° 13, pp. 296-300.

Llamas, R.M. et A. Garrido (2007), "Lessons from intensive groundwater use in Spain: Economic and social benefits and conflicts", dans Giordano, M. et K.G. Villholth (dir. pub.), *The Agricultural Groundwater Revolution: Opportunities and Threats to Development*, CABI Oxford.

Lopez-Gunn, E., et Llamas, M.R. (2008), "Re-thinking water scarcity: Can science and technology solve the global water crisis?", *Natural Resources Forum*, vol. 32, n° 3, pp. 228-238, doi:10.1111/j.1477-8947.2008.00200.x.

Lopez-Gunn, E. et al. (2012a), "Taming the groundwater chaos", dans de Stefano, L. et M.R. Llamas (dir. pub.), *Water, Agriculture and the Environment in Spain: Can we square the circle?*, CRC Press, Londres.

Lopez-Gunn, E. et al. (2012b), "Implications of the modernization of irrigation systems", dans de Stefano, L. et M.R. Llamas (dir. pub.), *Water, Agriculture and the Environment in Spain: Can we square the circle?*, CRC Press, Londres.

Maliva, R.G. (2014), "Groundwater banking: opportunities and management challenges", *Water Policy*, vol. 16, n° 1, pp. 144-156.

Martin de Santa Olalla, F. *et al.* (1999), "Improvement of irrigation management towards the sustainable use of groundwater in Castilla-La Mancha, Spain", *Agricultural Water Management*, vol. 40, n° 2-3, pp. 195-205.

Martín de Santa Olalla, F. et al. (2003), "Monitoring irrigation water use by combining Irrigation Advisory Service, and remotely sensed data with a geographic information system", *Agricultural Water Management*, vol. 61, n° 2, pp. 111-124.

McCabe, D. (2013), "N-CORPE to help meet river flow needs", *Nebraska Farmer*, mars 2013, n° 14.

McCarl, B. et al. (1999), "Limiting pumping from the Edwards Aquifer: An economic investigation of proposals, water markets, and spring flow guarantees", *Water Resources Research*, vol. 35, n° 4, pp. 1257-1268.

McCarthy, E. (2014), "Biologist speaks out against deep-water wells", *Farm Focus of Atlantic Canada*, 8 mai 2014, http://www.atlanticfarmfocus.ca/Agriculture/2014-05-08/article-3717650/Biologist-speaks-out-against-deep-water-wells/1.

McCook Gazette (2010), "$3 million in penalties for water meter cheats", 25 juin 2010 : www.mccookgazette.com/story/1645392.html.

McKusick, V. (2002), "State of Kansas v. State of Nebraska and State of Colorado: Joint Motion of the States for Entry of Proposed Consent Judgement and Approval and Adoption of Final Settlement Stipulation", Cour suprême des États-Unis (Supreme Court of the United States), 2002.

Mechlem, K. (2012), "Legal and Institutional Frameworks", Thematic Paper 6, Groundwater Governance: A Global Framework for Action, FEM, FAO, UNESCO PHI, AIH et Banque mondiale.

Montginoul, M. et al. (2014), "Controlling groundwater exploitation through economic instruments: Current practices, challenges, and innovative approaches", dans Wheeler, S. (dir. pub.), *Integrated Groundwater Management*.

Morris, B. L, et al. (2003), "Groundwater and its Susceptibility to Degradation: A Global Assessment of the Problem and Options for Management", Programme des Nations Unies pour l'environnement, Nairobi, Kenya.

Nebraska DNR et TPNRD (Nebraska Department of Natural Resources et Upper Republican Twin Platte Natural Resources District) (2013), Integrated Management Plan, Lincoln, Nebraska.

Nebraksa DNR et MRNRD (Nebraska Department of Natural Resources et Middle Republican Natural Resources District) (2010), Integrated Management Plan, Lincoln, Nebraska.

Nebraska DNR et URNRD (Nebraska Department of Natural Resources et Upper Republican Natural Resources District) (2010), Integrated Management Plan, Lincoln, Nebraska.

OCDE (2015a), "Le rôle des politiques publiques dans la promotion de l'adaptation dans l'agriculture" [COM/TAD/CA/ENV/EPOC(2014)13/FINAL], OCDE, Paris, France.

OCDE (2015b), Water in cities : Ensuring sustainable future, Études de l'OCDE sur l'eau, Editions OCDE, Paris. http://dx.doi.org/10.1787/9789264230149-en.

OCDE (2015c), Water Resources Allocation: Sharing Risks and Opportunities, Études de l'OCDE sur l'eau, Editions OCDE, Paris. http://dx.doi.org/10.1787/9789264229631-en

OCDE (2014a), *Changement climatique, eau et agriculture: Vers des systèmes résilients*, Études de l'OCDE sur l'eau, OECD Publishing, Paris. http://dx.doi.org/10.1787/9789264235076-fr.

OCDE (2014b), "Water resources allocation: Country profiles", OCDE, Paris. www.oecd.org/fr/publications/water-resources-allocation-9789264229631-en.htm.

OCDE (2013a), *Panorama de l'environnement 2013, Les indicateurs de l'OCDE*, Éditions OCDE, Paris. http://dx.doi.org/10.1787/9789264185715-en.

OCDE (2013b), Making Water Reform Happen in Mexico, *Études de l'OCDE sur l'eau*, Éditions OCDE, Paris. http://dx.doi.org/10.1787/9789264187894-en.

OCDE (2012a), *A Framework for Financing Water Resources Management*, OECD Studies on Water, Éditions OCDE, Paris. http://dx.doi.org/10.1787/9789264179820-en.

OCDE (2012b), "Meeting the water coherence challenge", in OECD, *Meeting the Water Reform Challenge*, Éditions OCDE, Paris. http://dx.doi.org/10.1787/9789264170001-7-en.

OECD (2012), *Perspectives de l'environnement de l'OCDE à l'horizon 2050: Les conséquences de l'inaction*, Éditions OCDE, Paris. http://dx.doi.org/10.1787/env_outlook-2012-fr

OCDE (2011), *Benefits of Investing in Water and Sanitation: An OECD Perspective*, Études de l'OCDE sur l'eau, Editions OCDE, Paris. http://dx.doi.org/10.1787/9789264100817-en.

OCDE (2010a), *Gestion durable des ressources en eau dans le secteur agricole*, Éditions OCDE, Paris. www.oecd-ilibrary.org/environment/oecd-studies-on-water_22245081

OCDE (2010b), "Réponses des pays membres de l'OCDE à un questionnaire sur la gestion des ressources en eau dans l'agriculture", non publié, OCDE, Paris, disponible à l'adresse : www.oecd.org/fr/agriculture/44763816.pdf.

Palazzo, A., et N. Brozović (2014), "The role of groundwater trading in spatial water management", *Agricultural Water Management*, n° 145, pp. 50-60, DOI: 10.1016/j.agwat.2014.03.004.

Peck, J.C. (2007), "Groundwater management in the High Plains Aquifer in the USA: Legal problems and innovations", dans Giordano, M. et K.G. Villholth (dir. pub.) (2007), *The Agricultural Groundwater Revolution: Opportunities and Threats to Development*, CABI, Oxford.

Ribeiro, L. et L. Veiga da Cunha (2010), "Groundwater in the Southern Member States of the European Union: an assessment of current knowledge and future prospects. Country report for Portugal", Conseil consultatif des Académies scientifiques européennes (EASAC), Bruxelles.

Ronen, D.S. Sorek et J. Gilron (2012), "Rationales behind irrationality of decision making in groundwater quality management", *Ground Water*, vol. 50, n° 1, pp. 27-36,. doi:10.1111/j.1745-6584.2011.00823.x.

Saak, A.E. et J.M. Peterson, (2007), "Groundwater use under incomplete information", *Journal of Environmental Economics and Management*, vol. 54, n° 2, pp. 224-228. doi:10.1016/j.jeem.2006.12.005.

Scanlon, B.R., et al. (2012), "Groundwater depletion and sustainability of irrigation in the US High Plains and Central Valley", *Proceedings of the National Academy of Science*, doi:10.1073/pnas.1200311109.

Schaible, G. et M. Aillery (2012), "Water Conservation in Irrigated Agriculture: Trends and Challenges in the Face of Emerging Demands", United States Department of Agriculture Economic Research Service, Economic Information Bulletin (EIB-99), Washington DC.

Schoengold, K. et D. Zilberman (2007), "The Economics of Water, Irrigation, and Development", *Handbook of Agricultural Economics*, vol. 3, n° 6.

Scott, C.A. et T. Shah (2004), "Groundwater overdraft reduction through agricultural energy policy: insights from India and Mexico", *International Journal of Water Resources Development*, vol. 20, n° 2, pp. 149-164.

Shah, T. (2008), *Taming the Anarchy: Groundwater governance in South Asia, Resources for the Future*, Washington DC, États-Unis et International Water Management Institute, Colombo, Sri Lanka.

Shah, T. et al. (2008), "Groundwater governance through electricity supply management: Assessing an innovative intervention in Gujarat, western India", *Agricultural Water Management*, vol. 95, n° 11, pp. 1233-1242.

Sharatt, S. (2014), "PEI potato growers want deep well permits", *Farm focus of Atlantic Canada*, 16 janvier 2014, www.atlanticfarmfocus.ca/Agriculture/2014-01-16/article-3579226/PEI-potato-growers-want-deep-well-permits/1.

Struzik, E. (2013). "Underground Intelligence: The need to map, monitor, and manage Canada's groundwater resources in an era of drought and climate change", Munk School of Global Affairs, University of Toronto, Toronto. http://powi.ca/wp-content/uploads/2013/05/POWIUndergroundIntelligence- Struzik-June25.pdf.

Sommer, L. (2014), "As Water Prices Soar, Some Profit From California's Drought", 23 juin 2014, KQED Science, KQED Public Radio, Sacramento, Californie, États-Unis. Disponible à l'adresse : http://blogs.kqed.org/science/audio/some-california-farmers-fallow-fields-others-sell-water-for-big-profits/#comments.

Sophocleous, M. (2012), "Conserving and extending the useful life of the largest aquifer in North America: the future of the High Plains/Ogallala aquifer", *Ground Water*, vol. 50, n° 6, pp. 831-9.

Sophocleous, M. (2010), "Review: groundwater management practices, challenges, and innovations in the High Plains aquifer, USA—Lessons and Recommended Actions", *Hydrogeology Journal* (2010), vol. 18: 559–575.

Turkish Ministry of Environment and Forestry (2009), "Water and DSI", Ankara.

Walker, A. (2014), "Debate over potato irrigation rages on in PEI", Troymedia, 24 août 2014, http://www.troymedia.com/2014/08/24/debate-over-potato-irrigation-rages-on-in-pei/.

Water in the West (2013), "The Water Energy Nexus: Literature Review", Institute for Sustainable Futures, Université de Stanford, Palo Alto, Californie, États-Unis.

Wester, P., J. Hoogesteger et L. Vincent (2009), "Local IWRM organizations for groundwater regulation: The experiences of the Aquifer Management Councils (COTAS) in Guanajuato, Mexico", *Natural Resources Forum*, vol. 33, n° 1, pp. 29-38. doi:10.1111/j.1477-8947.2009.01206.x.

Wichelns, D. (2010), "Agricultural Water Pricing: United States", in OCDE, Sustainable Management of Water Resources in Agriculture, Editions OCDE , Paris. http://dx.doi.org/10.1787/9789264083578-16-en.

Worthington, B (2014), "Mapping and monitoring groundwater in Victoria", Vic Country Hour, ABC net Australia, avril 2014. Tiré de : www.abc.net.au/news/2014-0-4-2-9/victoria-groundwater/5417308.

Wright, T. (2014), "Agriculture federation wades into deep wells debate", *The Guardian*, 14 mars 2014, www.theguardian.pe.ca/News/Local/2014-03-14/article-3650183/Agriculture-federation-wades-into-deep-wells-debate/1.

Wright, W. et al. (2012), "Agricultural Groundwater Policy During Drought: A Spatially Differentiated Approach for the Flint River Basin", article retenu pour la réunion annuelle de l'Association d'agriculture et d'économie appliquée (AAEA) de 2012.

Yarr, K. (2014a), "Groundwater politics: the high-capacity wells debate", CBC News, 13 juin 2014. www.cbc.ca/news/canada/prince-edward-island/groundwater-politics-the-high-capacity-wells-debate-1.2674811.

Yarr (2014b), "Water for irrigation: the high-capacity well debate", CBC News, 18 juin 2014, www.cbc.ca/news/canada/prince-edward-island/water-for-irrigation-1.2674865.

Young, R.K. (2014), "Tradable permit systems for a spatially heterogeneous externality: A microparameter approach", *thèse de maîtrise*, University of Illinois at Urbana-Champaign.

Annexe 4.A1

Calcul des indicateurs régionaux relatifs aux caractéristiques et à la gestion des eaux souterraines

Compte tenu du grand nombre de variables incomplètes, même au sein des vingt régions, il est difficile de procéder à une analyse statistique valable permettant de relier des caractéristiques à des politiques. C'est pourquoi un ensemble d'indicateurs a été élaboré sur la base des réponses au questionnaire, dans le but d'assurer que ceux qui représentent des caractéristiques augmentent systématiquement avec la probabilité de pressions sur les eaux souterraines (et vice versa), et que ceux qui représentent des politiques augmentent avec la portée des mesures prises par les pouvoirs publics pour maîtriser l'utilisation des eaux souterraines (et, à l'inverse, diminuent avec les mesures qui ne visent pas cette maîtrise, voire qui favorisent l'utilisation des eaux souterraines).

Les variables sont définies ci-après. Pour calculer chacune d'entre elles, on traduit en nombres discrets les catégories données dans le questionnaire - à l'aide de variables indicatrices ou sur la base des catégories correspondant aux réponses comme indiqué entre parenthèses. Par exemple, si "climat aride" est coché dans le questionnaire, c'est la valeur 4 qui sera retenue pour la variable AgClim. En cas de catégories multiples, une simple moyenne est appliquée.

Tableau 4.A1.1. Définition des variables utilisées pour représenter les caractéristiques des systèmes hydrogéologiques

Question	Indicateur défini
Zone(s) agro-climatique(s) :	**AgClim** = Aride(4), Semi-aride(3), Tempérée(2), Humide(1)
Perspectives de changement climatique (années 2030-50) :	**Cchum** = Plus sec(2), Plus humide(1), Pas de changement significatif des précipitations(0)
	Cctemp = Plus chaud(2), Plus froid(1), Pas de changement significatif des températures(0)
	Ccflo = Inondations plus fréquentes
	Ccdry = Sécheresses plus fréquentes
Type d'aquifère :	**Aqtype** = Confiné(2), Non confiné(1), Mixte(1.5)
	AqGeol = Sableux et graveleux(1), Gréseux(2), Karstique(3), Volcanique(4), De socle(5)
Irrigation à partir d'eau de surface :	**SWav** = Les eaux de surface sont-elles disponibles ou non disponibles ?
	SWuse = Les eaux de surface sont-elles utilisées ou non utilisées pour l'irrigation ?
	SWimp = Sont-elles la source principale d'eau(1), utilisées en conjonction avec les eaux souterraines(2) ou rarement utilisées(3) ?
Volume d'utilisation des eaux souterraines en irrigation :	**Gwuse** = Volume d'utilisation des eaux souterraines en irrigation (année, estimation, unité)
	Gwevoluse = En baisse(0.5), Stable(1), En hausse(1.5)

suite

Tableau 4.A1.1. Définition des variables utilisées pour représenter les caractéristiques des systèmes hydrogéologiques *(suite)*

Question	Indicateur défini
Autres usages des eaux souterraines :	
Domestique :	**UseDom** = Mineur(1), Majeur(2) **UseDomevol** = En baisse(0.5), Stable(1), En hausse(1.5)
Industriel :	**UseInd** = Mineur(1), Majeur(2) **UseIndevol** = En baisse(0.5), Stable(1), En hausse(1.5)
Minier :	**UseMin** = Mineur(1), Majeur(2) **UseMinevol** = En baisse(0.5), Stable(1), En hausse(1.5)
Énergie :	**UseEn** = Mineur(1), Majeur(2) **UseEnevol** = En baisse(0.5), Stable(1), En hausse(1.5)
Autre :	**UseOth** = Mineur(1), Majeur(2) **UseOthevol** = En baisse(0.5), Stable(1), En hausse(1.5)
Externalités :	
Augmentation des dénivelés/coûts de pompage :	**ExtPump** = Mineur(1), Majeur(2) **ExtPumpevol** = Hausse(1.5), Stable(1), Réduction(0.5)
Réduction du rendement des puits :	**Extyred** = Mineur(1), Majeur(2) **Extyredevol** = Hausse(1.5), Stable(1), Réduction(0.5)
Tarissement des cours d'eau :	**ExtStrDep** = Mineur(1), Majeur(2) **ExtStrDepevol** = Hausse(1.5), Stable(1), Réduction(0.5)
Stress végétatif :	**ExtVstr** = Mineur(1), Majeur(2) **ExtVstrevol** = Hausse(1.5), Stable(1), Réduction(0.5)
Pénétration d'eau polluée :	**ExtPollu** = Mineur(1), Majeur(2) **ExtPolluevol** = Hausse(1.5), Stable(1), Réduction(0.5)
Salinité :	**ExtSal** = Mineur(1), Majeur(2) **ExtSalevol** = Hausse(1.5), Stable(1), Réduction(0.5)
Compaction de l'aquifère :	**ExtAqcomp** = Mineur(1), Majeur(2) **ExtAqcompevol** = Hausse(1.5), Stable(1), Réduction(0.5)
Affaissement des sols :	**ExtLsub** = Mineur(1), Majeur(2) **ExtLsubevol** = Hausse(1.5), Stable(1), Réduction(0.5)
Autre :	**ExtOth** = Mineur(1), Majeur(2) **ExtOthevol** = Hausse(1.5), Stable(1), Réduction(0.5)

Tableau 4.A1.2. Définition des variables utilisées pour représenter la gestion des systèmes hydrogéologiques

Question	Indicateur défini
Propriété des eaux souterraines :	**Gwown** = Privée(2), Publique(1), Les deux(1.5), Ni l'un ni l'autre (0)
Caractéristiques des droits sur les eaux souterraines :	**Entchar** = Permanents(1), Temporaires(2) **EntLand** = Attachés à des droits fonciers **EntTrfr** = Transférables
Bénéficiaires des droits :	**EntBenInd** = Individus **EntBenComp** = Entreprises
Système d'allocation des droits sur les eaux souterraines :	**EntAlloc**= Propriété absolue(4), Usage raisonnable(3), Droits corrélatifs(2), Appropriation préalable (1)
Plans de gestion des eaux souterraines :	**ManPlan** = Obligatoire(2), Volontaire(1), Aucun(0)
Coordination avec la gestion des eaux de surface :	**ManConjUse** = Systematique(2), Partielle(1), Limitée(0.5), Aucune(0)
Réglementation sur les puits :	**RegWappr** = Autorisation/permis de forage **RegWspace** = Prenant en compte la répartition spatiale des puits **RegWeia** = Comprenant l'évaluation des impacts environnementaux **RegGW** = Restrictions à l'extraction des eaux souterraines
Réglementation sur les terres irriguées :	**RegIrarea** = Réglementation sur les superficies irriguées **RegexpIrar** = Réglementation sur l'expansion de l'irrigation **IrrLdBo** = Rachat des terres irriguées
Obligation d'installer un système de comptage ou de suivi de l'utilisation des eaux souterraines :	**MetAg** = Utilisateurs agricoles **Metfreq** = Fréquence des rapports de suivi (mensuelle=0.5 et annuelle=1) **MetEnf** = Ces règles sont-elles respectées ? (oui=1)
Instruments économiques destinés à réguler la quantité : tarification	**PriceAg** = Y a-t-il des redevances sur l'eau pompée ? En agriculture **PricCR** = Si oui, sont-elles basées sur le principe de recouvrement des coûts ? En agriculture **PricExt** = Prennent-elles en compte des externalités environnementales ? En agriculture **PricScar** = Prennent-elles en compte la rareté de l'eau ? En agriculture
Marchés pour les eaux souterraines :	**Gmtempent** = Les droits de court terme peuvent-ils être mis sur le marché ? **GMLTent** = Les droits de long terme peuvent-ils être mis sur le marché ? **GMentBo** = Est-il possible d'acheter des droits pour les retirer du marché ?
Mécanismes de gestion collective :	**Cmvol** = Volontaires (auto-régulation) **Cmreg** = Encadrés par des réglementations **Cmsta** = Obligatoires **Cmwua** = Associations d'usagers de l'eau **Cmdist** = Gestion commune à l'échelle régionale **Cmoth** = Autre
Programmes de conservation de l'eau en agriculture :	**AgWsub** = Subventions **AgWloan** = Prêts **AgWCond** = Paiements conditionnels **AgWpen** = Pénalités **AgWOth** = Autre
Programmes d'irrigation :	**IrrSub** = Subventions à l'irrigation génériques **IrrEffSub** = Subventions axées sur l'efficience des systèmes d'irrigation **IrrEffLoan** = Prêts pour améliorer l'efficience de l'irrigation

Tableau 4.A1.2. Définition des variables utilisées pour représenter la gestion des systèmes hydrogéologiques (*suite*)

Programmes sur l'énergie :	**ElecTax** = Taxe sur l'électricité **ElecSub** = Subventions à l'électricité **ElecOth** = Autres programmes de soutien à l'énergie (gazole, gaz naturel)
Politiques foncières ayant une incidence sur l'utilisation des eaux souterraines	**Lpolzon** = Zonage assorti de restrictions sur l'utilisation des eaux souterraines **Lpolreg** = Système régional d'allocation privilégiant l'eau souterraine pour les autres usages **LpolRUcoop** = Coopération entre zones rurales et urbaines
Programme de conservation des bassins hydrographiques influant sur l'utilisation des eaux souterraines :	**Wconszon** = Zone d'exclusion pour la conservation **Wconslim** = Limites d'utilisation des eaux souterraines à proximité des aires protégées **WconsentBO** = Acquisition de droits sur les eaux souterraines à des fins de conservation
Programmes d'adaptation au changement climatique influant sur l'utilisation des eaux souterraines en agriculture :	**CCpolRD** = Investissement dans la R-D agricole **CCpolGw** = Investissement dans la R-D sur les eaux souterraines **Ccpolinfr** = Investissement dans les infrastructures de l'eau **CCpolGwdata** = Modélisation et développement de données sur les eaux souterraines
Programmes de recharge des aquifères :	**ASR** = Programmes de stockage et de récupération en aquifère **Gwbank = Banques d'eaux souterraines** **InfPond** = Bassins d'infiltration
Programmes soutenant le développement d'autres sources d'approvisionnement en eau :	**Winfrexp** = Expansion des réservoirs d'eau de surface **Desal** = Désalinisation **RecycW** = Eau recyclée **RwHarvest** = Collecte des eaux de pluie
Programmes de soutien des revenus agricoles :	**SubBiof** = Soutien à la production de biocarburants
Programmes d'assurance sécheresse :	**SubDrInsCrop** = Plans subventionnés pour les cultures de plein champ **SubDrIns** = Assurance gouvernementale

Tableau 4.A1.3. Formules utilisées pour calculer les indicateurs

Indicateur	Formule
État et caractérisation des systèmes d'utilisation des eaux souterraines en agriculture	
IndClim	AgClim * (1+ Cchum + Cctemp + Ccflo + Ccdry)
IndAq	Aqtype + AqGeol
IndSW	SWav * (1 + SWuse) + SWimp
IndGWuse	Gwuse
IndOtherUse	(UseDom*UseDomevol) + (UseInd*UseIndevol) + (UseMin*UseMinevol) + (UseEn* UseEnevol) + (UseOth*UseOthevol)
IndExt	(ExtPump * ExtPumpevol) + (Extyred *Extyredevol) + (ExtStrDep*ExtStrDepevol) +(ExtVstr*ExtVstrevol) + (ExtPollu*ExtPolluevol) + (ExtSal*ExtSalevol) + (ExtAqcomp *ExtAqcompevol) + (ExtLsub*ExtLsubevol) + (ExtOth*ExtOthevol)
Approches relevant de la gestion et de l'action des pouvoirs publics	
IndEntFTO	Gwown *(1+ Entchar + EntLand + EntTrfr + EntBenInd + EntBenComp) + EntAlloc
IndMan	ManPlan + ManConjUse
IndRegWell	RegWappr * (1+ RegWspace + RegWeia)
IndRegGW	IndRegWell + RegGW* (1+ RegIrarea + Regexplrar) + IndMet + IndMan
IndMet	MetAg * (1+ Metfreq)* (1+ MetEnf)
IndEconGW	PriceAg * (1+ PricCR + PricExt+ PricScar) + (Gmtempent*(1+ WconsentBO + GMentBo)) + (GMLTent *(1+ WconsentBO + GMentBo)) + EntTrfr + IrrLdBo + GMentBo
IndCMGW	Cmvol + Cmreg + Cmsta + Cmwua + Cmdist + Cmoth
IndOthControl	AgWloan + AgWCond + AgWpen + AgWOth + IrrEffSub + ElecTax + ElecOth + Lpolzon + Lpolreg + LpolRUcoop + Wconszon + Wconslim + CCpolRD + CCpolGw + Ccpolinfr + CCpolGwdata
IndSupply	ASR + Gwbank + InfPond + Winfrexp + Desal + RecycW + RwHarvest
IndOthConso	SubBiof + SubDrInsCrop + SubDrIns + IrrSub + AgWsub + ElecSub

Note : ces indicateurs ont pour objet d'illustrer l'existence et le type de contraintes et d'approches de gestion rencontrées dans les régions. Leur construction n'est pas censée donner une mesure précise, mais permettre de projeter les données obtenues dans le questionnaire, à des fins de comparaison.

Annexe 4.A2

Résultats de l'analyse des indicateurs régionaux

Les treize indicateurs ont été comparés entre eux et via une corrélation par paire. Les indicateurs ont été uniformisés — en soustrayant la moyenne de l'échantillon et en la divisant par l'écart-type. L'objectif de cet exercice n'est pas d'en déduire des valeurs absolues significatives du stress et de la couverture des politiques, mais plutôt de permettre une comparaison de l'importance relative des types de contraintes et d'approches entre les régions. Les tableaux 4.9 et 4.10 montrent les indicateurs calculés utilisés pour l'analyse, et le tableau 4.11 les corrélations par paires. Les graphiques 4.10 et 4.11 donnent un aperçu des résultats lorsque les régions sont groupées par continent.

Tableau 4.A2.1. Indicateurs relatifs aux principales caractéristiques de la ressource et de son utilisation dans les quinze régions

	IndClim	IndAq	IndSW	IndGWuse	IndOtherUse	IndExt
AusMDB	14		3			
DenWJ	10	2.5	5		1.5	
FraDV	10	4.5	4		3	
FraNB	12	1.5	5	0.22	2	2
IsrWG	21	5	4		6	12.5
ItaC	18	1	3	0.013	5	1
JapKKH	7.5	5.5	4	0.205	2	2.5
JapKS	7.5	2.5	4	0.442	2	2
JapNS	7.5	2.5	4	0.103	2	1
KorJVI	10	5.5	3	0.319044	4.5	6
MAA	15	2	5	12.22	5.5	1
MexRL	18	3	2		4.5	19
MPW	21	1.5	4	24.7	9	8.5
NHPA	15	1	4	7.72	7.5	3
NldG	6	2	5	0.015	2	0
NldL	6	2.5	5		2	0
NldNB	6		5		6	
PorTRO	14	2	4	0.597	2	
SHPA	15	2	4.5	11.16	9	8
SpaMOc	12	3	3.5	0.0912	2	14

Source : D'après le questionnaire OCDE 2014 sur l'utilisation des eaux souterraines en agriculture (voir les calculs à l'annexe 4.A1).

Tableau 4.A2.2. Indicateurs relatifs aux approches relevant de l'action des pouvoirs publics

	IndEntFTO	IndRegGW	IndEconGW	IndCMGW	IndSupply	IndOthControl	IndOthConso
AusMDB	8	4.5	6	0	1		
DenWJ	1.5	4					
FraDV	6	4	2	3	0.25	10	4
FraNB	7	5	2	4	0.25	10	3
IsrWG	8	12	2	2	2	7	1
ItaC						2	1
JapKKH	9	3	0	0	0.33	0	0
JapKS	9	6	0	0	0	0	0
JapNS	9	6	0	0	0	0	0
KorJVI	11.25	12.5	3	3	1.083	6	2
MAA	13	2	0	0	0	5	3
MexRL	12	7	7	3	1.75	5	2
MPW	12.5	5.5	2	1	0.917	5	3
NHPA	11	11.7	6	2	0.667	5	3
NldG	3	8	0	0	0	6	2
NldL	3	8	0	0	0	6	2
NldNB	3	8	0	0	0	6	2
PcrTRO	13	8	3	2	0.25	12	4
SHPA	12	5	3	0	0	5	3
SpaMOc	9	13	3	3		12	1

Source : D'après le questionnaire OCDE 2014 sur l'utilisation des eaux souterraines en agriculture (voir les calculs à l'annexe 4.A1).

Tableau 4.A2.3. Corrélation par paire entre certains indicateurs

	IndEntFTO	**IndRegGW**	**IndEconGW**	**IndCMGW**	**IndSupply**	**IndOthConso**	**IndOthCont**
IndClim	**0.62**	0.11	**0.58**	0.34	**0.70**	0.27	0.15
IndSW	**-0.51**	-0.29	**-0.73**	-0.39	**-0.71**	0.22	0.11
IndAq	-0.07	0.16	-0.11	0.17	**0.40**	-0.29	-0.01
IndOtherUse	**0.46**	0.10	0.36	-0.10	0.32	0.33	-0.10
IndExt	**0.42**	0.38	**0.69**	**0.54**	**0.85**	0.06	**0.40**
IndGWuse	**0.54**	-0.30	0.16	-0.23	0.32	**0.48**	-0.03

Source : D'après le questionnaire OCDE 2014 sur l'utilisation des eaux souterraines en agriculture (voir les calculs à l'annexe 4.A1).

Graphique 4.A2.1. Comparaison des indicateurs uniformisés relatifs aux caractéristiques des eaux souterraines dans les 20 régions

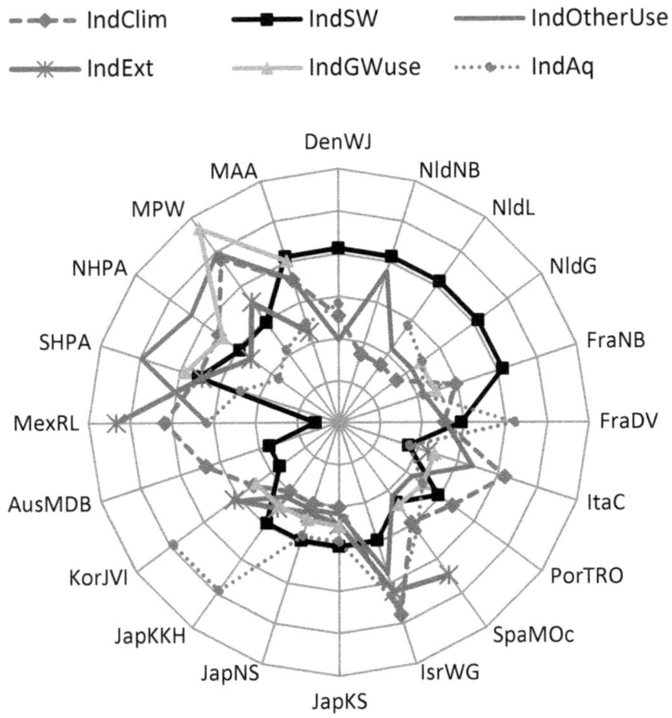

Chaque courbe représente une variable étudiée. La valeur des indicateurs est représentée par la distances qu'elles on avec le centre du cercle. Par exemple, la region Western Jutland (DenWJ) est dote d'une haute disponibilité en eau de surface (distance d'IndSW avec le centre) mais des variables indicatives plus basses pour les autres usages (IndOtherUse) et le climat (IndClim), avec des courges plus proches du centre, car elle n'est pas confrontée à peu de compétition ou de contraintes climatiques significatives comparé aux autres régions.

Notes : AusMDB : Bassin Murray-Darling; DenWJ : Jutland occidental ; FraNB : Nappe de Beauce ; FraDV : Département de la Vienne; IsrWG : Galilée occidentale ; ItaC : Campanie (Ufita) ; JapKH : Kikuchi Heiya ; JapKS : Kinaguwa Seigu ; JapNS : Noubiheiya Seigu ; KorJvl : Île volcanique de Jéju ; MexRL : Región Lagunera ; NldG : Gelderland et Overjissel ; NldL : Limburg ; PBBS : Brabant septentrional ; IsrBJ : Haut-bassin du Jourdain ; MexRL: Región Lagunera; PorTRO : Tejo e Ribeiras do Oeste ; SpaMOc : Mancha Occidental ; MAA : Aquifère alluvial du Mississippi ; MPW : Montagnes et Pacifique Ouest ; NHPA : Aquifère des Hautes Plaines du Nord ; SHPA : Aquifère des Hautes Plaines du Sud.

Source : D'après les réponses au questionnaire OCDE 2014 sur l'utilisation des eaux souterraines en agriculture.

Graphique 4.A2.2. Comparaison des indicateurs relatifs à la politique et à la gestion des eaux souterraines dans les 20 régions

En haut : les sept indicateurs

En bas à gauche : principales approches axées sur la demande En bas à droite : autres approches

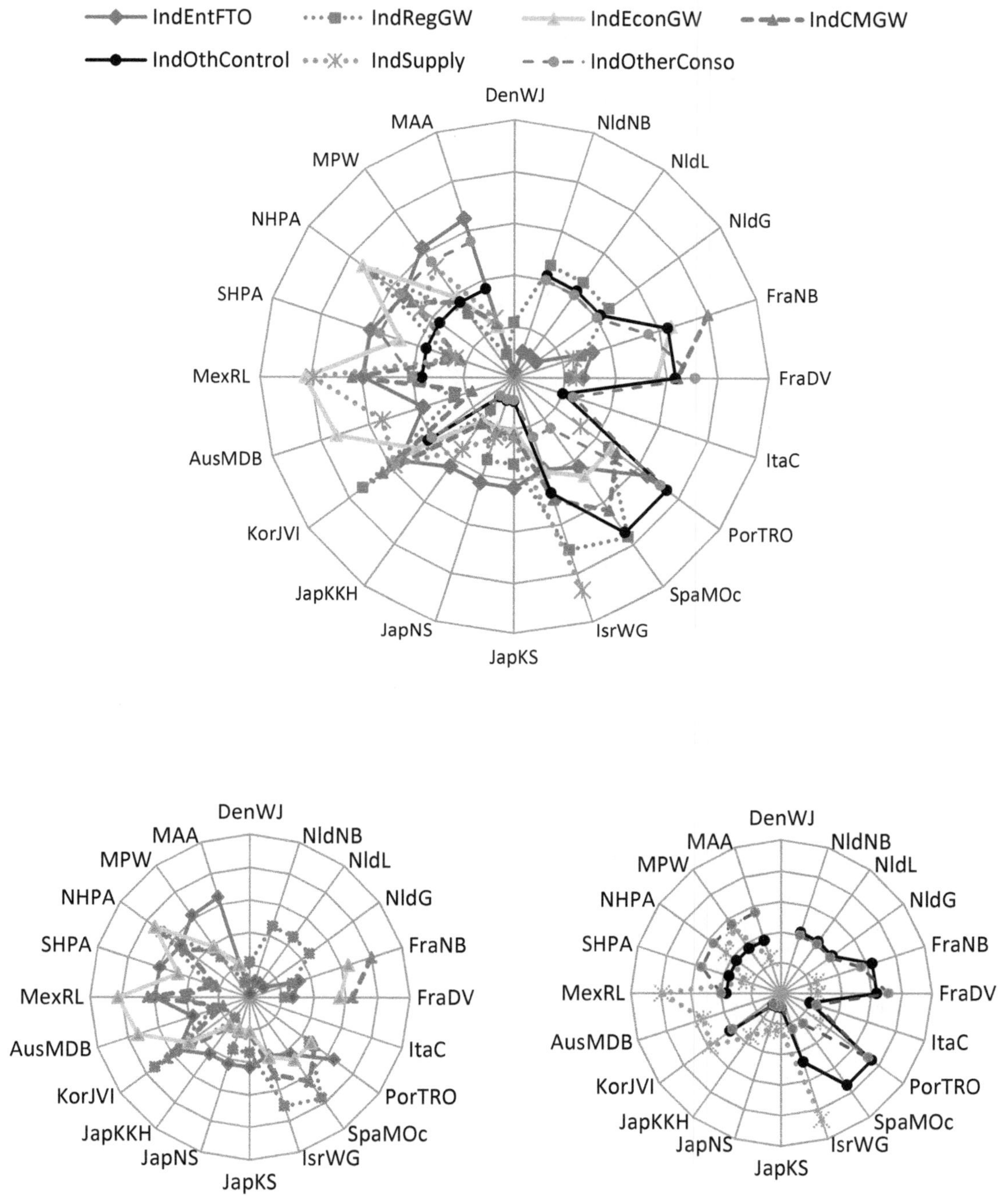

Les courbes plus proche des centres des cercles représentent des indicateurs politiques plus bas, ou autrement dit un usage moins important de l'approche en question comparé au groupe. La région SpaMOc, par exemple, a un indicateur d'instruments réglementaire relativement élevé et un indicateur d'instruments économiques comparé aux autres.

Notes: AusMDB : Bassin Murray-Darling; DenWJ : Jutland occidental ; FraNB : Nappe de Beauce ; FraDV : Département de la Vienne; IsrWG : Galilée occidentale ; ItaC : Campanie (Ufita) ; JapKH : Kikuchi Heiya ; JapKS : Kinaguwa Seigu ; JapNS : Noubiheiya Seigu ; KorJvl : Île volcanique de Jéju ; MexRL : Región Lagunera ; NldG : Gelderland et Overjissel ; NldL : Limburg ; PBBS : Brabant septentrional ; IsrBJ : Haut-bassin du Jourdain ; MexRL: Región Lagunera; PorTRO : Tejo e Ribeiras do Oeste ; SpaMOc : Mancha Occidental ; MAA : Aquifère alluvial du Mississippi ; MPW : Montagnes et Pacifique Ouest ; NHPA : Aquifère des Hautes Plaines du Nord ; SHPA : Aquifère des Hautes Plaines du Sud.

Source : D'après les réponses au questionnaire OCDE 2014 sur l'utilisation des eaux souterraines en agriculture.

Chapitre 5

Vers une gestion adaptive des eaux souterraines en agriculture

Ce chapitre combine les enseignements tirés du chapitre 3, ainsi que des succès et échecs des politiques du passé, pour identifier un ensemble de recommandations pour une gestion durable des eaux souterraines. Il détermine ensuite si les politiques des pays de l'OCDE s'inscrivent dans ce cadre, et recense en conclusion les domaines dans lesquels des améliorations sont nécessaires, compte tenu de l'importance croissante que la gestion des eaux souterraines est appelée à revêtir pour l'agriculture dans le contexte du changement climatique.

Les données statistiques concernant Israël sont fournies par et sous la responsabilité des autorités israéliennes compétentes. L'utilisation de ces données par l'OCDE est sans préjudice du statut des hauteurs du Golan, de Jérusalem Est et des colonies de peuplement israéliennes en Cisjordanie aux termes du droit international.

Principaux messages

En s'appuyant sur les leçons tirées des travaux des économistes (chapitre 3) et sur des éléments d'information complémentaires sur les échecs et les succès des politiques mises en œuvre, ce chapitre présente un ensemble de recommandations pour une gestion durable des eaux souterraines en agriculture composé de trois parties :

- Six conditions générales pour le succès des politiques de gestion des eaux souterraines utilisées à des fins agricoles, soulignant la nécessité :
  - de développer et entretenir une connaissance suffisante des ressources hydrogéologiques et de leur utilisation ;
  - d'exploiter de manière combinée (ensemble) les eaux de surface et les eaux souterraines lorsque cela est pertinent ;
  - de cibler l'utilisation de l'eau souterraine directement plutôt que par le biais d'instruments indirects lorsque cela est possible ;
  - de renforcer la mise en application effective des dispositions réglementaires avant de recourir à d'autres approches ;
  - de privilégier les approches axées sur la demande qui ont une incidence sur les incitations des utilisateurs ; et
  - d'éviter des mesures d'intervention non liées à l'eau susceptibles d'induire une distorsion des prix, telles que les subventions en faveur de cultures intensives en eau, qui pourraient influer sur l'utilisation des eaux souterraines.
- Pour les régions qui utilisent les eaux souterraines de façon intensive, le recours à une combinaison de trois piliers, constitués d'approches réglementaires, économiques et collectives de la gestion est recommandé. En particulier, les systemes de droits des eaux devraient rester le cœur de la gestion des eaux souterraines sur lequel d'autres instruments de gestion peuvent s'appuyer.
- La mise en œuvre de mesures supplémentaires pour accroître la productivité de l'eau dans l'agriculture et l'apparition de nouveaux mécanismes de recharge permettent de disposer de nouveaux outils complémentaires des approches traditionnelles, particulièrement intéressants pour les régions où les eaux souterraines sont soumises à de fortes pressions.

Ce cadre devrait être adapté aux conditions locales des systèmes hydrogéologiques utilisés en agriculture. Il faudra peut-être pour cela diviser la gestion en sous-unités fonctionnelles.

Ces éléments sont absents dans une proportion importante des pays ou régions de l'OCDE ayant répondu au questionnaire où l'utilisation des eaux souterraines à des fins agricoles est intensive. En particulier, la connaissance des ressources hydrogéologiques et de leur utilisation semble insuffisante. Si la plupart des pays ou régions de l'OCDE de l'échantillon interrogé axent leur gestion des eaux souterraines sur des systèmes de droits d'utilisation, un plus faible nombre de pays et régions incluent dans leurs trains de mesures des approches économiques ou collectives de la gestion.

Un nombre de pays de l'OCDE bien plus grand que considéré dans ce rapport vont devoir investir dans la collecte et l'analyse d'informations sur les ressources hydrogéologiques et définir un ensemble équilibré d'instruments de gestion s'ils veulent parvenir à une utilisation durable des eaux souterraines et soutenir la croissance de la productivité agricole dans un contexte de changement climatique. Dans de nombreuses régions de l'OCDE, les eaux souterraines seront appelées à jouer un rôle grandissant en agriculture dans un contexte de changement climatique et de variabilité croissante des ressources hydrologiques de surface. L'amélioration des systèmes d'information sur les ressources et les flux hydrogéologiques devrait constituer la priorité pour tous les pays qui utilisent ou prévoient d'utiliser les eaux souterraines pour l'irrigation.

Recommandations formulées à partir des succès, des échecs et des enseignements qui en ont été tirés

Comme on l'a noté tout au long du rapport, le pompage intensif des eaux souterraines pouvant induire des externalités importantes pour l'agriculture et les autres utilisateurs, des solutions de gestion doivent être trouvées. Le chapitre 2 montre la diversité des systèmes hydrogéologiques et des défis qui leur sont associés. Le chapitre 3 note que la gestion est nécessaire pour faire face aux externalités, et souligne que de multiples moyens d'action peuvent contribuer à résoudre ces questions, en reconnaissant qu'il faudra adapter les interventions spécifiques aux conditions hydrogéologiques et environnementales. Le chapitre 4 donne un aperçu des approches de gestion très variables suivies dans les pays de l'OCDE, et constate une faible corrélation entre les contraintes subies et la réponse donnée.

L'objectif du présent chapitre est de proposer un ensemble d'améliorations susceptibles d'être apportées aux politiques pour faire face aux défis de la gestion agricole. Il s'appuie sur un ensemble de données factuelles combinant les conclusions du chapitre 3, les enseignements tirés de l'expérience acquise (rapportée au chapitre 4 et dans la littérature), les résultats du questionnaire 2014 de l'OCDE et les éléments obtenus lors d'entretiens individuels avec des experts académiques et institutionnels[1]. En recensant les lacunes dans les politiques et les domaines de préoccupation, ce chapitre a pour objet d'indiquer les domaines dans lesquels l'éventail actuel des politiques serait insuffisant et/ou devrait être revu et ceux où de nouvelles politiques pourraient contribuer à améliorer la gestion de l'eau, en tenant compte des conditions agroclimatiques actuelles *et* futures.

Peu d'éléments concrets attestés, mais de multiples enseignements à tirer de la littérature

On dispose de peu de données factuelles empiriques sur les succès et les échecs. Seuls quatre des 20 pays de l'OCDE répondants (Autriche, Pays-Bas, République tchèque et Slovénie – national et régional) et cinq des 20 régions (Île volcanique de Jéju en Corée et les quatre régions d'Espagne) déclarent réaliser des évaluations régulières de la gestion des eaux souterraines. En vertu de la directive-cadre européenne sur l'eau, les pays membres de l'UE doivent établir des rapports qui renseignent sur la progression de la mise en œuvre et l'état qualitatif et quantitatif des masses d'eau souterraine, mais n'évaluent pas nécessairement les approches spécifiques retenues par les pays en matière d'intervention des pouvoirs publics.

Or, les conclusions du chapitre 3 et d'un certain nombre de travaux de recherche fournissent quelques références pour analyser les succès et les échecs des mesures prises pour répondre aux défis liés à l'utilisation des eaux souterraines dans l'agriculture. L'ensemble de ces enseignements permet d'identifier les recommandations essentielles à formuler pour améliorer la gestion des eaux souterraines lorsque les systèmes sont soumis à des contraintes.

La pertinence de ces enseignements et des recommandations qui en découlent dépend manifestement des défis à relever. Un certain nombre d'aquifères des pays de l'OCDE sont soit inutilisés, soit utilisés de manière relativement durable —par exemple dans les pays d'Europe du Nord— et n'ont par conséquent généralement pas besoin d'un système complexe de gestion des eaux souterraines utilisées en agriculture. Cependant, les cas rapportés de baisse du niveau des nappes, de dommages aux écosystèmes, d'intrusion d'eau salée, de tarissement des cours d'eau et d'affaissement des sols dans certaines des régions agricoles les plus importantes de l'OCDE sont la preuve d'effets externes fortement dommageables qui appellent une intervention des pouvoirs publics.

Les conditions d'une gestion effective des eaux souterraines

Compte tenu des réserves susmentionnées, six conditions générales propices à une gestion durable des eaux souterraines utilisées en agriculture sont énoncées ci-après.

a) *Développer et entretenir une connaissance suffisante des ressources hydrogéologiques et de leur utilisation.* Le manque d'informations sur les ressources hydrogéologiques aboutira nécessairement à une incapacité d'identifier et de régler de manière satisfaisante les problèmes liés à l'eau souterraine. La collecte d'informations est coûteuse et doit répondre à une demande, mais des investissements insuffisants dans l'information et les données nuiront à l'efficacité de la gestion :

   – L'appauvrissement des ressources et les externalités ne peuvent être gérés en l'absence informations sur les ressources hydrogéologiques[2]. Même la question centrale de la nécessité de l'intervention repose sur la disponibilité d'informations suffisantes.

   – L'absence d'information peut également empêcher la prise en compte de la valeur des eaux souterraines pour les décideurs et de l'opportunité qu'elles pourraient représenter dans les collectivités qui les utilisent peu (Foster et al, 2009).

   – Les eaux souterraines ne pourront jouer leur rôle dans l'adaptation sans information sur les réserves hydrogéologiques et sur l'incidence de leurs utilisations (Sophocleous, 2012). La grande incertitude concernant la recharge entrave toute intervention concrète en matière de gestion des eaux souterraines (Crosbie et al., 2013). Le système de stockage et récupération en aquifère, en particulier, nécessite une connaissance pointue de l'hydrogéologie afin d'éviter des erreurs coûteuses (voir, par exemple, Blood et Splagat, 2013).

   – De surcroît, l'information peut déclencher des mesures volontaires de conservation d'un bon rapport coût-efficacité. C'est ainsi qu'aux États-Unis, les progrès accomplis dans la cartographie et la surveillance hydrogéologiques ont débouché sur des mesures de conservation novatrices, persuadant les éleveurs et les propriétaires fonciers de mettre en commun leurs ressources hydriques dans l'Utah ou aboutissant à une réduction volontaire auto-imposée de 20 % des prélèvements des agriculteurs dans le nord-ouest du Kansas (Struzik, 2013)[3].

b) *Exploiter de manière combinée les eaux de surface et les eaux souterraines lorsque cela est pertinent.* Ignorer les connexions existantes avec les eaux de surface dans la gestion peut coûter très cher. Un tel comportement s'est avéré néfaste pour les aquifères et les masses d'eau de surface. L'exemple du parc national de Tablas de Daimiel en Espagne (voir encadré 5.1) est édifiant. La gestion combinée de l'eau est connue pour ses multiples avantages économiques (Schoengold et Zilberman, 2007) et sera nécessairement l'un des moyens les plus efficaces de réduire la vulnérabilité face au changement climatique, en renforçant la sécurité hydrique et alimentaire (Taylor et al., 2012). Néanmoins, les recommandations de l'OCDE (1989) affirment la nécessité de combiner la gestion des eaux de surface et celle des eaux souterraines lorsque cela est pertinent ; dans de multiples régions, les liens entre l'aquifère et les eaux de surface ne sont pas significatifs, et les systèmes d'irrigation peuvent faire uniquement appel aux eaux souterraines, de sorte que cette option n'est pas à envisager (par exemple, GWP, 2012).

c) *Favoriser les instruments qui ciblent directement l'utilisation des eaux souterraines lorsque cela est possible.* Les instruments indirects (relatifs aux terres, à l'énergie ou à l'agriculture) sont parfois plus difficiles à mettre en œuvre, moins efficaces et/ou sources de conséquences non désirées. Par exemple, le contrôle des nouveaux puits peut être moins coûteux et lourd que la surveillance de leur utilisation réelle par des milliers d'utilisateurs du pompage (Liu et al., 2014). Plus généralement, les approches juridiques, économiques et institutionnelles axées sur l'utilisation de l'eau pour l'agriculture seront plus efficaces que celles visant les intrants ou produits liés.

d) *Privilégier les approches axées sur la demande qui ont une incidence sur les incitations des utilisateurs d'eau souterraine.* Les approches axées sur la demande s'attaquent à la racine du problème économique alors que celles axées sur l'offre retardent ou évitent les contraintes. Les approches axées sur l'offre devraient seulement suivre, si nécessaire, les exigences de la demande, une fois les mesures concernant cette dernière pleinement mises en œuvre (Lopez-Gunn et al., 2012a).

e) *Renforcer la mise en application effective des dispositions réglementaires avant de recourir à d'autres approches.* Un respect partiel des dispositions réglementaires conduira nécessairement à une mauvaise gestion de l'eau souterraine. En particulier, la présence de centaines, de milliers voire de millions de puits illégaux rendra forcément inutile l'adoption de mesures supplémentaires (OCDE, 2010b). Les prélèvements illégaux peuvent également menacer les écosystèmes (Dionisio et Mario, 2014) et entraver la réalisation des objectifs de gestion des eaux de surface et les instruments connexes, tels que les marchés de l'eau (Zetland et Weikhart, 2013).

f) Enfin et surtout, *éviter les mesures d'intervention non liées à l'eau qui induisent une distorsion des prix et pourraient influer sur l'utilisation des eaux souterraines.* Les subventions et les mesures induisant une distorsion des prix qui sapent le coût marginal de l'eau souterraine et, par conséquent, écartent les agriculteurs de leur trajectoire optimale conduisent à des résultats inefficaces et potentiellement coûteux et non désirés. Ainsi, dans la région de Guajanato au Mexique, le coût marginal du pompage est maintenu artificiellement à un niveau très inférieur à ce qu'il devrait être et décourage les agriculteurs d'assurer la conservation des ressources (Scott et Shah, 2004). En modifiant la structure des incitations, ces politiques introduisent un biais dans les décisions au profit de l'eau souterraine (et au détriment d'autres alternatives, y compris de l'eau de surface) et réduisent l'incitation négative à la consommation, avec des conséquences à court et long termes.

Encadré 5.1. Remédier aux externalités liées aux eaux souterraines : l'exemple du parc national Tablas de Daimiel en Espagne

Dans le parc national Tablas de Daimiel, situé dans le bassin de la Haute-Guadiana en Espagne, la situation a pris une tournure fâcheuse avec le développement intensif rapide de l'irrigation à partir d'eau souterraine au-dessus de l'aquifère de la Mancha Occidental. Ce parc créé en 1973 est réputé pour sa zone humide, reconnue comme l'une des réserves du Programme sur l'homme et la biosphère de l'UNESCO. Dans les années 1970 et 1980, le développement de l'irrigation à partir d'eau souterraine dans la région a conduit à détourner de l'eau du parc vers la Mancha Occidental. Entre 1974 et 1984, les prélèvements sont passés de 400 hm^3/an à 500 hm^3/an alors que le niveau renouvelable était estimé à environ 260 à 300 hm^3/an. La zone irriguée a triplé sur cette même période. Ce phénomène a été favorisé par des sécheresses, des prix avantageux et des subventions agricoles connexes.

Cette utilisation intensive s'est traduite par une baisse du niveau de la nappe atteignant 40 à 50 m par endroits. Les agriculteurs ont creusé des puits plus profonds et plus nombreux, se livrant une concurrence grandissante, et la zone humide s'est asséchée. En 1994, l'Autorité du bassin de la Guadiana a déclaré la zone en situation de "surexploitation des eaux souterraines", déclenchant une série de mesures réglementaires : interdiction de forer des nouveaux puits, obligation de constituer des associations d'usagers de l'eau et réduction stricte des quotas d'eau. Cependant, ces mesures n'ont pas été pleinement respectées et les prélèvements d'eau souterraine sont repartis à la hausse à la fin des années 1990. En 2008, un Plan spécial pour la Haute-Guadiana a été introduit pour remédier à la surallocation des ressources hydrogéologiques qui s'élevait à 50 %.

Le plan prévoyait une série d'actions réglementaires, économiques et collectives visant à atteindre un "bon état" de la ressource, conformément à la directive-cadre européenne sur l'eau, notamment afin de stabiliser son utilisation à un niveau maximum de 200 hm^3/an. La principale mesure de ce plan concernait l'achat de droits sur l'eau aux grands céréaliers afin de restaurer et de protéger les actifs écologiques du parc national. Quelque soixante-dix pourcents des droits achetés étaient alloués au parc et 30 % à de petits agriculteurs productifs, l'accent étant mis sur les activités à plus haute valeur ajoutée comme la vigne et les légumes. Ce mécanisme a déclenché une réorientation de l'utilisation d'eau souterraine et des activités agricoles, qui se sont détournées des céréales, encouragé la prise en compte de la vigne et créé de plus fortes incitations à faire respecter les droits sur l'eau.

En 2011, en partie grâce à des précipitations favorables, le parc a élargi sa zone inondée de 0 à 2 000 ha et le niveau des nappes d'eau souterraine s'est élevé de 17 m en moyenne. Toutefois, le programme a généré un coût public élevé, estimé à 5 milliards EUR sur la période 2008-2027, et n'a pas résolu la question de la structure des incitations des agriculteurs à pomper l'eau souterraine.

Source : Lopez-Gunn et al. (2012b).

Train de mesures proposé pour une gestion durable : une combinaison de trois piliers

S'agissant des instruments réels, certains éléments fondamentaux ressortent des données factuelles recueillies alors que pour d'autres, il est plus difficile de tirer des conclusions. Le tableau 5.1 présente les contours d'une proposition de train de mesures pour les eaux souterraines s'appuyant sur une combinaison de trois approches centrales (axées sur la demande) et de deux éléments supplémentaires (agronomiques et axés sur l'offre), afin de répondre aux principales préoccupations liées à l'utilisation intensive de l'eau souterraine. Le train de mesures proposé est progressif et différencié en fonction du niveau des pressions exercées sur les eaux souterraines : la première série de mesures se rapporte à toutes les régions ayant recours aux eaux souterraines, la deuxième à celles dont les ressources en eau souterraine sont actuellement soumises à des pressions dues à leur utilisation intensive, et la troisième aux régions confrontées à des pressions sur les eaux souterraines sont très fortes. La correspondance avec les six conditions générales énoncées ci-dessus est mise en lumière dans le tableau 5.1. Bien que général, le cadre d'analyse devrait être adapté aux contraintes locales. Les paragraphes suivants fournissent des données factuelles à l'appui de ces éléments.

Tout d'abord, comme noté dans le chapitre 3, il n'y a pas d'instrument unique supérieur aux autres ; plusieurs analyses et l'expérience du passé militent fortement en faveur de l'utilisation d'une *combinaison d'approches*[4]. Plutôt que d'envisager les approches réglementaires, collectives et économiques indépendamment les unes des autres, il faudrait les considérer comme les trois piliers complémentaires de la gestion des eaux souterraines (Meinzen-Dick, 2007 ; Mechlem, 2012). Dans leur examen des politiques d'irrigation à partir d'eau souterraine, Garduño et Foster (2010) invitent à élaborer et à utiliser des approches en quatre volets combinant i) des mesures administratives (réglementations et redevances), ii) la participation de la collectivité et l'autorégulation, iii) le financement des interventions sur l'offre et sur la demande et iv) l'intervention à l'échelle macro-économique pour contraindre la demande d'eau souterraine (politiques agricoles, subventions énergétiques). Barraqué et al. (2010) rapportent que "la plupart des experts s'accordent désormais sur la nécessité de compléter les réglementations et les accords volontaires par des incitations économiques générales, c'est-à-dire par des redevances sur les prélèvements et la pollution, s'appliquant en particulier aux agriculteurs, les premières étant à acquitter en fonction des volumes prélevés". Esteban et Dinar (2013) concluent à la supériorité des trains de mesures séquentielles sur des politiques individuelles.

Les enseignements tirés des expériences fructueuses des pays et régions confirment également ces conclusions. Fuentes (2011) prône le recours aux incitations économiques pour amener les associations d'usagers de l'eau à coopérer et à faire respecter les dispositions réglementaires sur l'eau souterraine en Espagne. Sophocleous (2012) rapporte que le succès relatif qui a permis de ralentir la surexploitation des eaux souterraines au Kansas peut être attribué aux multiples approches mises en œuvre, telles que l'établissement de districts de gestion des eaux souterraines, les réglementations sur le débit d'étiage minimal, le comptage et la surveillance des ressources, la planification intégrée des ressources, le stockage et la récupération en aquifère, une banque centrale de l'eau et divers programmes de conservation des ressources en eau. L'approche locale la gestion, qui a effectivement ralenti la pénétration d'eau salée dans la Vallée de Pajaro en Californie, alliait plusieurs acteurs et actions, y compris des mesures visant l'offre et la recharge, des redevances sur l'eau, le comptage, la modification des pratiques agricoles, l'éducation et l'information, ainsi que la restriction de la demande à l'échelle régionale (Levy et Christian Smith, 2011).

Tableau 5.1. Train de mesures proposé pour la gestion des eaux souterraines dans les régions de l'OCDE où leur utilisation est intensive

Principales approches	Instruments associés	Conditions d'application	
		Spécifiques à l'instrument	Transver-sales
	Préalable à l'action (applicable à toutes les régions utilisatrices)		
Systèmes d'information et de surveillance	Collecte régulière et analyse de données sur les ressources hydrogéologiques, leurs utilisations, liens et interactions entre les eaux de surface et les eaux souterraines	Investir suffisamment dans la surveillance des eaux souterraines, le comptage, la formation et l'éducation.	
	Approches centrales de la gestion (pour les régions où l'utilisation est intensive)		
Système de droits sur lesquels bâtir la réglementation	Droits d'utilisation des eaux souterraines, Réglementation sur les nouveaux puits, comptage et rapports périodiques	Adopter des réglementations directes sur les eaux souterraines (découplées des droits fonciers) Contrôle et mise en application effective des mesures	Tenir compte des interactions eaux de surface - eaux souterraines Faire respecter les dispositions S'adapter aux conditions locales
Approches collectives de la gestion	Association d'usagers de l'eau ou autre système de gestion collective des eaux souterraines.	Encadrer la réglementation par des objectifs supérieurs Accorder un degré de latitude aux décisions collectives	
Instruments économiques	Échanges de droits sur les eaux souterraines Tarification de l'eau	Fournir un environnement propice Prendre en compte la réactivité Éviter les mesures secondaires	
	Approches supplémentaires (à utiliser en particulier en cas de stress élevé)		
Évolutions agronomiques et techniques	Mesures techniques et agronomiques Adoption de productions à haute valeur économique et/ou naturelle par volume d'eau	Associer impérativement les mesures d'efficacité de l'irrigation à des plafonds réglementaires complémentaires	
Mesures de recyclage axées sur l'offre	Recharge des nappes souterraines, grâce aux banques d'eau ou aux systèmes de stockage et récupération en aquifère, à partir d'eau recyclée. Collecte des eaux de pluie et utilisation d'eau recyclée	À utiliser seulement en complément d'un système axé sur la demande, sur la base d'une analyse scientifique solide	

Au sein de cette combinaison, le recours aux *droits sur les eaux souterraines* (permis ou droits d'utilisation) reste la mesure centrale sur laquelle fonder des systèmes réglementaires adaptés au contexte local. Comme noté au chapitre 3, le comptage des eaux pompées et l'allocation de droits de pompage des eaux souterraines permettent de recourir à de nouveaux instruments de gestion plus précisément ciblés. Le chapitre 4 a démontré le large éventail d'options possibles, depuis l'imposition de contraintes environnementales et foncières au niveau des puits d'eau jusqu'à la définition de conditions d'utilisation variant au niveau local et dans le temps. Entre autres, l'autorisation de l'achat de droits par des tiers à des fins écologiques ou d'équité sociale peut constituer une mesure clé pour parvenir à un consensus social sur la gestion des eaux souterraines (Lopez-Gunn et al., 2010).

Plusieurs sources notent, en outre, l'importance croissante des *systèmes de gestion collective* pour une gestion efficace des masses d'eau souterraine (Campana, 2014). Esteban et Dinar (2012) analysent les solutions de gestion de l'eau dans l'agriculture et concluent que les réponses collectives procurent toujours aux agriculteurs et à la société des gains de bien-être supérieurs. En effet, l'autorégulation et la gestion par des groupes d'utilisateurs se sont révélés des moyens efficaces de conservation des eaux souterraines (FAO, 2011 ; Koundouri, 2004). Stephenson (1996) a rapporté comment le district de l'Upper Republican au Nebraska a aidé à maîtriser les ressources en eau souterraine provenant de l'aquifère des Hautes Plaines. Au Mexique, l'aquifère Santo Domingo a largement bénéficié d'une initiative de gestion des eaux souterraines pluripartite englobant des techniques d'irrigation modernes, le renforcement des capacités et des efforts pour récupérer l'eau de pluie et recharger la nappe d'eau souterraine (OCDE, 2013). Custodio (2010) note la nécessité de combiner les interventions des pouvoirs publics et la gestion publique, les réglementations, la participation des parties prenantes et la coresponsabilité. En conclusion de son étude sur les politiques des pays méditerranéens en matière d'eaux souterraines, le Conseil consultatif des Académies scientifiques européennes (EASAC, 2010) appelle à de nouvelles institutions de gestion des eaux souterraines qui renonceraient aux mesures simples comportant des contraintes assorties de sanctions pour intégrer de plus en plus des communautés de gestion auto-administrées.

Il apparaît que les dispositions réglementaires sont nécessaires pour compléter ces systèmes. Garduño et Foster (2010) notent que l'autorégulation ou la gestion collective peuvent être efficaces dans des contextes spécifiques, sous réserve qu'elles soient encadrées par un organisme local de gestion des eaux souterraines. Lopez-Gunn et Martinez Cortina (2006) militent en faveur de la mise en place de mécanismes d'autorégulation, mais accompagnés des régimes réglementaires nécessaires. Selon Sophocleous (2012), l'histoire a montré que les mécanismes volontaires ne sauraient enrayer à eux seuls l'épuisement des nappes d'eau souterraine ; ces mécanismes fonctionnent mieux si des échéances et des limites sont fixées et respectées.

Parallèlement, les dispositifs de gestion collective devraient préserver un degré d'autonomie suffisant pour prospérer. Imposer des décisions collectives aux utilisateurs concurrents en fixant à des groupes des objectifs et des méthodes de gestion ne débouchera généralement pas sur des solutions gagnant-gagnant. Les exemples observés en Espagne et au Mexique, entre autres, ont montré qu'il pouvait y avoir des limites aux approches collectives restreintes. Il faudrait s'attacher à équilibrer les cadres réglementaires en laissant une autonomie suffisante aux groupes d'utilisateurs pour gérer les eaux souterraines.

Par ailleurs, les *instruments économiques* peuvent contribuer à certaines des solutions les plus efficientes aux problèmes de pénurie d'eau souterraine et d'épuisement des nappes, à condition d'être applicables et de ne pas entraîner de coûts de transaction élevés. La diversité des instruments devrait aider à répondre aux considérations locales spécifiques. Comme on l'a vu au chapitre 3, l'échange de droits sur l'eau souterraine apporte de la souplesse et conduit à des solutions d'allocation efficaces en laissant les utilisateurs fixer les prix. Mais cette solution ne serait peut-être pas adaptée à tous les contextes et peut être contrainte en particulier par les coûts d'entrée et de transaction (Koundouri, 2004 ; Garrido et al., 2012). Les systèmes de tarification (redevances ou taxes) peuvent être des moyens efficaces s'ils sont conçus et utilisés convenablement dans des contextes de demande élastique, mais ils pourraient se heurter à des difficultés d'ordre politique (voir chapitre 2 et OCDE, 2009). Les subventions ne fournissent pas toujours l'incitation appropriée à la conservation de l'eau. D'autres mécanismes impliquant les terres, l'échange indirect ou encourageant les pratiques de conservation peuvent s'avérer efficaces à l'échelle locale si ces solutions ne sont pas applicables.

Enfin, deux séries de pratiques en évolution semblent prometteuses pour apporter une aide complémentaire, en particulier face à des pressions croissantes :

- *Les choix agricoles et les options techniques connexes* — qui peuvent découler des réglementations ou des mécanismes économiques — ont un rôle à jouer, depuis les pratiques d'irrigation plus efficientes jusqu'à l'adoption de systèmes culturaux moins gourmands en eau (Madramootoo, 2012). La recherche-développement, les campagnes d'information, les services de conseil et la vulgarisation agricole, ou la réorientation d'autres programmes de soutien, peuvent favoriser ces pratiques. Au Mexique, Scott et Shah (2004) invitent à réduire la capacité des pompes tout en améliorant l'efficacité de l'irrigation et à se tourner vers des cultures moins consommatrices d'eau pour enrayer la surexploitation des eaux souterraines à long terme. Les régions où les ressources en eau se raréfient encouragent à passer de la recherche d'une meilleure productivité (et d'un plus grand nombre d'emplois) par volume d'eau à celle d'une plus grande valeur économique et naturelle par volume d'eau utilisé (Lopez-Gunn et al., 2010 ; Howitt et al., 2014).
- Les *mécanismes de recyclage de l'eau, de transfert et de recharge* liés à la gestion combinée à l'échelle locale, qui font participer de multiples parties prenantes, offrent des perspectives très intéressantes, s'ils conservent un bon rapport coût-efficacité. Ils pourraient mériter d'être envisagés en particulier dans les situations de pénurie ou d'externalités de plus en plus visibles, à condition qu'ils soient fondés sur des informations hydrogéologiques suffisantes et qu'ils sous-tendent un cadre réglementaire plus large.

L'ensemble d'instruments en trois-partie présenté ci-dessus reste général mais il conviendrait de souligner (comme noté au chapitre 2) que l'efficacité des politiques est en partie liée aux spécifications locales. Pour reprendre la conclusion de Brozović et al. (2006), "une politique optimale devait varier singulièrement dans l'espace et dans le temps" afin de refléter les caractéristiques hydrogéologiques, et les instruments correspondants retenus en second choix seront plus performants s'ils tiennent compte de la distribution spatiale des puits, de la demande d'eau et des paramètres hydrologiques. Liu et al. (2014) concluent en outre que les décisions optimales de forer de nouveaux puits et/ou de pomper des eaux souterraines dépendent des externalités spatiales sous-jacentes liées aux ressources. C'est pourquoi la division de la gestion en sous-unités est sans doute nécessaire.

Plusieurs réformes récentes prennent de fait cette direction. Au Kansas, la division des aquifères en sous-unités figurait parmi les principales approches de la gestion pour les décisions locales (Sophocleous, 2012). La directive-cadre européenne sur l'eau repose également sur ce principe, et des centaines de milliers d'unités de gestion des eaux souterraines ont été définies pour apporter des solutions de gestion adaptées aux conditions locales (encadré 4.2). L'analyse réalisée au chapitre 4 pour un petit nombre de régions suggère une différenciation partielle des systèmes de gestion selon les contraintes, du moins si l'on considère le niveau des pressions exercées sur les eaux souterraines. Toutefois, disposer de davantage d'informations de meilleure qualité aidera nécessairement à mieux adapter les solutions aux contraintes.

Chacune de ces recommandations sera généralement mise en œuvre non dans le cadre de programmes spécifiques consacrés à l'utilisation des eaux souterraines en agriculture, mais dans celui de politiques plus générales de gestion des ressources en eau ou de réformes de l'allocation de l'eau. À cet égard, il importe de noter que chacun de ces 11 éléments directeurs—six conditions-cadres et cinq instruments — est cohérent avec les principes régissant les systèmes d'allocation des ressources en eau en général. L'OCDE (2015) a défini un ensemble de 14 conditions à satisfaire au niveau des usagers ou du système pour obtenir des principes d'allocation économiquement efficients, équitables et viables. Au niveau du système, les obligations en matière de responsabilisation ainsi que d'information et de connaissance sont cohérentes avec les prescriptions proposées en matière d'information. Les mécanismes efficaces de contrôle et de sanction, l'assurance de l'interconnectivité du système (gestion combinée des eaux de surface et des eaux souterraines) et la cohérence des politiques entre les secteurs (absence de mesures induisant une distorsion des prix) sont en outre mentionnés ci-dessus. Les recommandations de l'OCDE (2015) sur la définition et la possible extension des mécanismes de droits, le recours aux redevances sur l'eau et aux transferts comme mécanismes d'allocation ou la capacité de stocker de l'eau semblent aussi cohérentes avec les suggestions concernant les instruments proposés ici.

Enfin, bien que cette question n'entre pas dans le champ du présent rapport, les politiques relatives aux eaux souterraines ne seront appliquées correctement que si leur mise en œuvre s'inscrit dans le cadre d'un système de gouvernance qui fonctionne bien. Comme noté dans l'encadré 5.2, une bonne coordination entre les niveaux de gouvernance est nécessaire.

Encadré 5.2. Des politiques publiques à la mise en œuvre : quel système de gouvernance pour les eaux souterraines ?

Il existe de multiples configurations institutionnelles pour assurer la gestion des eaux souterraines (Mechlem, 2012). Wijnen et al. (2012) distinguent trois échelons dans les systèmes de gouvernance des eaux souterraines : le niveau de l'action publique, le niveau stratégique et le niveau de la gouvernance locale. Les spécificités locales des masses d'eau souterraine peuvent être gérées par des autorités locales, et sont généralement encadrées par des mesures juridiques et politiques aux niveaux régional ou national, mais on trouve également des échelons administratifs intermédiaires. Ces échelons variables ne sont peut-être pas toujours adaptés à leurs objectifs, approches ou instruments, créant ainsi de multiples couches qui forment un paysage complexe. En outre, si les pressions sociales et politiques en faveur de la gestion des eaux souterraines peuvent venir de différents échelons (fédéral, états fédérés, administrations locales), ce sont en général souvent les institutions et les organismes locaux chargés de ces ressources qui élaborent, mettent en œuvre et font respecter les mécanismes de gestion. Enfin, le lien avec la gestion des eaux de surface constitue un aspect déterminant, en particulier dans les régions où leur utilisation est combinée à celle des eaux souterraines.

Une initiative mondiale associant la FAO, l'UNESCO, le Fonds pour l'environnement mondial, l'Association internationale des hydrogéologues et la Banque mondiale vise à déterminer ce qui pourrait constituer un bon modèle de gouvernance pour les eaux souterraines. Ses participants ont commencé par poser un diagnostic, puis proposé un cadre d'action. Ce cadre repose sur cinq piliers : 1) comprendre le contexte, 2) créer une base de gouvernance, 3) mettre en place des institutions efficaces, 4) établir les liens essentiels, 5) réorienter les finances, et 6) établir une procédure de planification et de gestion.

Source : Mechlem (2012), Wijnen et al. (2012), FEM, Banque mondiale, FAO, UNESCO et AIH (2015), www.groundwatergovernance.org/.

Ces recommandations sont-elles intégrées aux cadres d'action en vigueur dans les pays de l'OCDE ?

Comment les pays de l'OCDE se situent-ils par rapport à ces 11 éléments directeurs généraux ? Les réponses au questionnaire permettent de donner un aperçu partiel du respect de ces critères dans ces pays sur la base de 20 variables substitutives (tableau 5.2). Pour refléter certaines de ces différences, les politiques au niveau national sont dissociées des politiques appliquées dans les régions répondantes. Certaines de ces variables, en particulier celles concernant l'information, sont définies sur la base du taux de réponse des pays à des questions spécifiques. Ce taux ne reflète peut-être pas l'état de l'information dans tous les cas, mais le fait que l'information est difficile à obtenir constitue en soi un indicateur de la non-disponibilité de l'information et/ou de l'efficacité des systèmes d'information sur les eaux souterraines.

Tableau 5.2. Proportion de régions agricoles et de pays répondants respectant les éléments généraux proposés de la gestion des eaux souterraines[1]

	Indicateur	Politiques appliquées au niveau régional			Politiques au niveau national	
	Proportion parmi les réponses ou chiffre tiré d'autres sources d'information	Régions agricoles où les ressources hydrogéologi-ques sont soumises à de fortes pressions[2]	Régions agricoles où les ressources hydrogéologi-ques sont soumises à des pressions modérées[3]	Régions agricoles où les ressources hydrogéologi-ques sont soumises à de moindres pressions[4]	Principaux pays utilisateurs d'eau souterraine[5]	Tous
Conditions générales						
Collecte de données et d'informations	Données déclarées sur les ressources totales en eau souterraine	0 %	25 %	43 %	22 %	41 %
	Données déclarées sur la recharge des nappes d'eau souterraine	60 %	50 %	14 %	67 %	37 %
	Données déclarées sur l'utilisation totale d'eau souterraine	n.d.	n.d.	n.d.	78 %	74 %
	Données déclarées sur l'utilisation des eaux souterraines en agriculture	40 %	100 %	57 %	100 %	78 %
	Données déclarées sur les puits en service en agriculture	40 %	50 %	43 %	n.d.	n.d.
	Surveillance des puits et/ou rapports	20 %	50 %	29 %	n.d.	n.d.
	Programmes d'information déclarés	n.d.	n.d.	n.d.	33 %	35 %
	Obtention de données sur les eaux souterraines	0 %	0 %	0 %	33 %	40 %
Approches globales	Coordination avec la gestion des eaux de surface[6]	40 %	50 %	86 %	44 %	70 %
Approche directes de la gestion	Plus d'instruments directs que d'instruments indirects	60 %	62.5 %	100 %	44 %	65 %
Mise en application effective des réglementations	Aucune indication factuelle de puits illégaux/mise en application partielle	n.d.	n.d.	n.d.	67 %	82 % [7]
Prise en compte des incitations des agriculteurs	Présence d'approches économiques [8]	60 %	37.5 %	0 %	55 %	70 %
Mesures induisant une distorsion des prix	Absence de politiques susceptibles d'induire des distorsions [9]	n.d.	n.d.	n.d.	78 %	70 %
Instruments de gestion						
Combinaison des trois approches	Présence des trois types d'approches	20 %	25 %	0 %	33 %	35 %
Approche centrée sur les droits d'utilisation des eaux souterraines	Droits sur les eaux souterraines	60 %	75 %	100 %	67 %	70 %
Gestion collective au niveau local	Association d'usagers de l'eau ou gestion commune à l'échelle régionale	20 %	37.5 %	14 %	55 %	30 %
Instruments économiques	Redevances sur l'eau ou négoce d'eau	60 %	37.5 %	0 %	33 %	50 %
Choix agricoles et technologies	Programmes de recherche-développement	n.d.	n.d.	n.d.	33 %	55 %
Recyclage d'autres sources d'eau, constitution de banques d'eau et stockage et récupération en aquifère	Présence des programmes pertinents	20 %	25 %	14 %	22 %	35 %

Notes : 1. Seuls les pays qui ont répondu aux questions pertinentes du questionnaire OCDE 2014 sur l'utilisation des eaux souterraines en agriculturesont inclus. 2. AusMDB, MPW, SHPA, IsrJvB, MexRL, 3. MAA, NHPA, FraDV, ItaC, JapNS, KorJVI, PorRTO ; SpaMOc. 4.FraNB, DenWJ, JapKS, JapKH, NldG, NldL, NldNB. 5. Pays répondants parmi les dix plus importants utilisateurs d'eaux souterraines : AUS, ESP, ITA, JPN, KOR, MEX, PRT, TUR, USA. 6. Partielles ou systématiques. 7. Proportion basée sur les pays énumérés dans le rapport, soit les 34 pays de l'OCDE et non les répondants. 8. Directes ou indirectes. 9. Subventions génériques à l'irrigation, programmes de soutien des revenus.
Source : Questionnaire OCDE 2014 sur l'utilisation des eaux souterraines en agriculture.

Les résultats au niveau national ont été répartis en deux catégories, la première regroupant les dix pays ayant participé à l'enquête qui utilisent le plus les eaux souterraines à des fins agricoles, et la seconde les 20 pays ayant répondu au questionnaire. Les résultats varient en ce qui concerne la collecte de données et d'informations, 32 % à 78 % des pays répondants respectant les dispositions recommandées (partie supérieure du tableau), la fourchette étant encore plus large parmi les pays utilisant le plus les eaux souterraines. La plupart des pays répondants et quatre des neuf gros utilisateurs remplissent les autres conditions générales. Peu de pays appliquent la combinaison de trois types de moyens d'intervention (partie inférieure du tableau) : seuls sept des 20 pays répondants (35 %) et trois des neuf gros utilisateurs appliquent simultanément des approches réglementaires, économiques et collectives de la gestion. Le recours aux droits sur l'eau souterraine reste l'approche centrale de la gestion dans la plupart des pays répondants. D'autres types d'instruments, cependant, ne sont pas aussi courants. Il est intéressant de noter que les pays utilisant le plus les eaux souterraines sont aussi davantage susceptibles de recourir à la gestion collective qu'aux approches économiques, contrairement aux autres pays. Les sources d'eau alternatives et les programmes de recherche-développement sont, en outre, employés par plus d'un tiers des pays de l'OCDE répondants, mais la proportion est moindre parmi ceux qui ont le plus recours aux eaux souterraines.

En ce qui concerne les réponses au niveau régional, les trois segments distingués en haut du graphique 4.9 —qui représentent des degrés relatifs de pressions sur les eaux souterraines— sont séparés dans le tableau 5.2. Les régions dans lesquelles ces pressions sont modérées affichent les niveaux les plus élevés de respect des éléments et instruments proposés pour la gestion des eaux souterraines en agriculture. Au moins quelques-unes des cinq régions dans lesquelles les pressions sur les eaux souterraines sont les plus fortes remplissent les conditions principales. En revanche, un certain nombre de régions agricoles confrontées aux pressions les plus faibles ne respectent pas la liste d'éléments, exception faite de la gestion combinée et de l'utilisation d'instruments directs. Sous l'angle de la gestion, les régions soumises aux pressions les plus fortes gagneraient à revoir leurs approches, notamment en recourant davantage aux dispositifs de gestion collective. Il faudrait des données et des analyses plus approfondies pour déterminer si l'application par les régions de la catégorie intermédiaire des recommandations proposées contribue à leur situation de stress modéré. À l'inverse, il n'est pas déraisonnable de penser qu'un certain degré de pression pourrait être nécessaire pour justifier l'adoption de mesures d'intervention globales.

Pris ensemble, ces résultats suggèrent que certains pays et régions de l'OCDE confrontés à des problèmes d'utilisation des eaux souterraines en agriculture ont généralement adopté des approches de gestion partielles ou incomplètes. Les données factuelles recueillies sont insuffisantes pour que l'on puisse émettre un jugement définitif sur la performance des divers choix ; toutefois, les données existantes recueillies ici et analysées dans le chapitre 3 inciteraient à reconsidérer le cadre régissant ces systèmes. Cela vaut tout particulièrement dans l'optique du changement climatique, comme exposé dans la section de conclusion suivante.

La nécessité croissante d'une gestion plus durable des ressources en eau souterraine face au changement climatique

Au fil des chapitres 3 et 4, l'accent a largement été mis sur l'utilisation intensive des eaux souterraines pour l'irrigation en agriculture. Cela signifie en particulier que certains pays de l'OCDE sont plus directement concernés en raison des défis auxquels ils sont actuellement confrontés. Toutefois, compte tenu des informations apportées par les projections climatiques sur la disponibilité d'eau douce (chapitre 1), un plus grand nombre de pays et régions sont susceptibles de se tourner vers le pompage d'eau dans le futur. En effet, dans leurs réponses au questionnaire, dix des 15 régions agricoles analysées déclarent attendre des évolutions hydrogéologiques importantes sous l'effet du changement climatique. Comme le montre le graphique 5.1, 19 des 23 régions (83 %) ayant répondu à cette question prévoient une hausse des températures, et 87 % des sécheresses plus fréquentes. Les régions semi-arides devraient être plus sèches et les régions semi-humides plus humides ; en outre, les inondations seront vraisemblablement plus fréquentes dans 61 % des régions.

L'évolution des conditions climatiques pourrait avoir deux conséquences sur les politiques de gestion des eaux souterraines dans l'agriculture : i) la nécessité d'adapter les instruments de gestion actuels à cette évolution dans les régions utilisant les eaux souterraines dans l'agriculture et ii) celle de recourir à de nouveaux instruments, y compris ceux examinés dans ce rapport, dans les régions agricoles et les pays aujourd'hui peu consommateurs d'eau souterraine. Dans le premier cas, certaines grandes régions utilisatrices d'eau souterraine pourraient être davantage confrontées à des situations de pénurie et à des risques extrêmes. Elles pourraient alors être amenées à élaborer des solutions d'urgence adaptées et, dans certains cas, se tourner vers des solutions relevant de la gestion de ressources non renouvelables, comme celles employées dans l'extraction minière ou pétrolière. Dans le second cas, d'autres régions actuellement soumises à des stress hydrogéologiques relativement moindres pourraient devoir recourir à des instruments supplémentaires et alternatifs afin de faire face à l'augmentation de l'utilisation des eaux souterraines et de la concurrence dans ce domaine. Elles pourraient notamment privilégier une combinaison plus sophistiquée d'instruments comprenant des mesures économiques et, éventuellement, des programmes de recyclage et de recharge d'aquifères. Dans le même temps, les régions humides pourraient devoir gérer le surcroît de précipitations en repensant leurs approches de la gestion combinée de l'eau afin de réduire la recharge et d'augmenter l'utilisation, en recourant davantage au pompage et au drainage, et en utilisant moins les eaux de surface pour l'irrigation, afin d'atténuer les risques potentiels d'engorgement hydrique et de salinisation (chapitre 2).

Ces deux types d'évolutions nécessitent de poursuivre les efforts visant à adopter un ensemble de pratiques de gestion plus performant. Le présent chapitre a permis d'identifier certains aspects clés de la gestion des eaux souterraines sur lesquels fonder des stratégies adaptées aux spécificités locales (tableau 5.1). Parmi eux, deux éléments primordiaux semblent faire cruellement défaut dans les pays de l'OCDE et/ou être nécessaires pour garantir une meilleure utilisation de l'eau souterraine dans le futur.

Tout d'abord, il existe un besoin évident d'améliorer la collecte, l'analyse et la diffusion d'informations et de données à l'intention de toutes les parties prenantes concernées, tant dans les pays de l'OCDE qu'au niveau mondial. Les nouvelles découvertes de sources d'eau souterraine en Afrique et sous le plancher océanique ainsi que les estimations sans précédent qui ont été publiées concernant l'épuisement des nappes hydrogéologiques dans le nord de l'Inde ou l'ouest des États-Unis montrent qu'il y a du progrès, du moins dans certaines régions. Mais ces exemples démontrent également que l'évaluation mondiale des ressources hydrogéologiques et de leur utilisation est loin d'être complète. Lors de l'enquête réalisée dans le cadre du présent rapport, 22 % des 20 pays de l'OCDE retenus pour l'analyse n'étaient pas à même de fournir des estimations nationales de l'utilisation des eaux souterraines dans l'agriculture. Plus de la moitié de ces pays n'ont pas communiqué d'informations sur les ressources hydrogéologiques ou les taux de recharge. Ces informations sont peut-être disséminées dans un certain nombre d'organismes de pays où la communication interinstitutions fait défaut, mais nombre de répondants déclarent ne disposer d'aucune donnée en la matière.

Graphique 5.1. Évolutions climatiques attendues dans les régions répondantes par type de climat (nombre de réponses)

Cadre de gauche : Augmentation du stress hydrique Cadre de droite : Augmentation des apports en eau de pluie

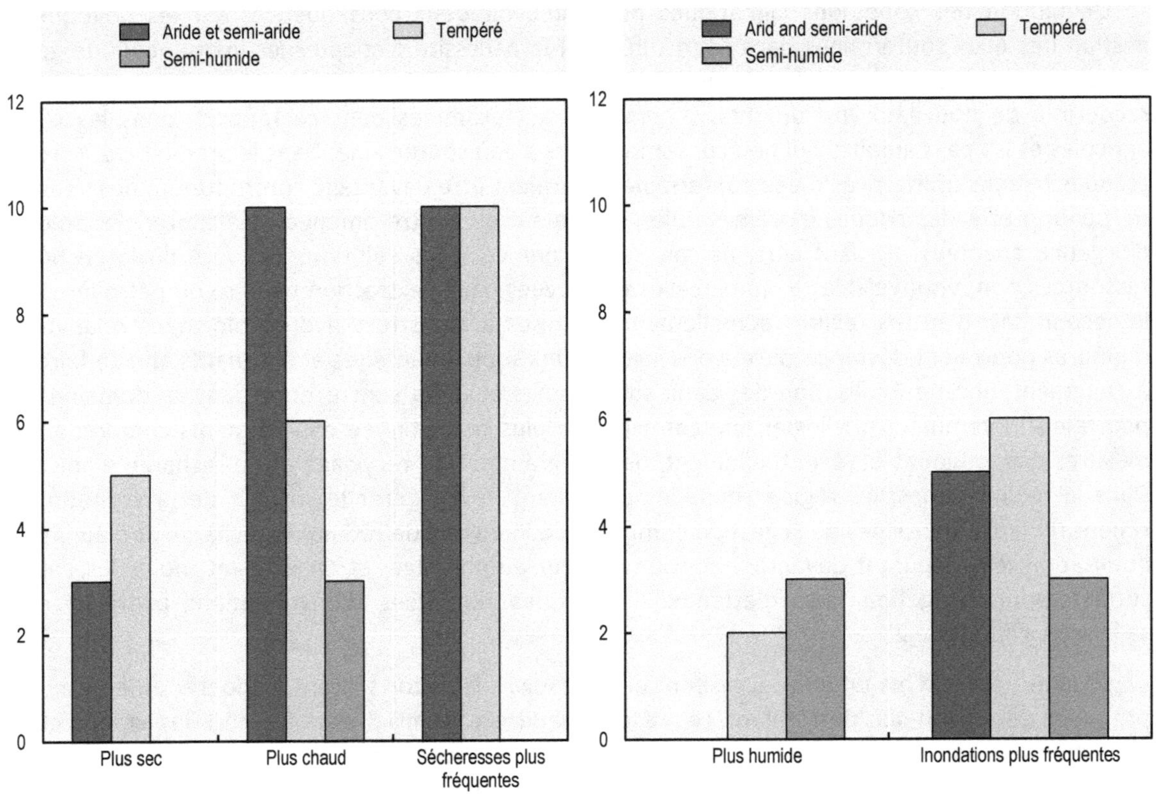

Source : Questionnaire OCDE 2014 sur l'utilisation des eaux souterraines en agriculture.

Il existe également des lacunes en matière d'analyse *ex-ante* et (plus encore) *ex-post* des ensembles d'instruments qui sont ou peuvent être utilisés pour assurer une gestion efficace des ressources hydrogéologiques dans l'agriculture. Davantage d'études et de méta-analyses empiriques sont nécessaires pour mieux comprendre la correspondance entre les caractéristiques locales, les solutions de gestion et les résultats mesurables.

L'information et la connaissance sont encore plus essentielles pour examiner les incidences potentielles du climat. Même si la quantité des eaux souterraines et leurs utilisations ne sont pas aujourd'hui une préoccupation pour plusieurs pays et régions de l'OCDE, elles pourraient le devenir. On ne peut anticiper les quantités disponibles et nécessaires d'eaux de surface *et* d'eaux souterraines, ni trouver les moyens de réorienter les stratégies afin de pouvoir avoir recours aux eaux souterraines pour l'irrigation dans l'agriculture, sans connaître l'état et la dynamique de la ressource ainsi que ses utilisations, ou bien comprendre la manière d'aborder ces défis.

Ces lacunes en matière d'information peuvent découler d'investissements insuffisants dans la surveillance et les données, d'un manque de coordination des acteurs ou du fait que l'eau souterraine est une ressource très localisée, mais aussi potentiellement résulter d'autres contraintes. Les eaux souterraines sont souvent exclues des priorités politiques, en partie en raison de leur caractère invisible. Même au sein des institutions et réseaux de l'eau, les eaux souterraines sont souvent perçues comme une question "secondaire". Au niveau international, elles restent également peu prioritaires en dépit de leur importance croissante. Par exemple, Jarvis (2013) note que les Objectifs du millénaire pour le développement prennent en considération la pénurie d'eau, mais pas explicitement l'eau souterraine.

Ensuite, au vu de ces projections climatiques, il faudrait peut-être se pencher sur l'emploi actuel des moyens d'intervention. Si l'utilisation intensive des ressources en eau souterraine, génératrice d'externalités, n'est généralement pas le résultat de politiques de soutien mises en œuvre dans les pays de l'OCDE, des politiques incomplètes mal respectées et/ou rigides dans leur application pourraient entraver l'exploitation durable des eaux souterraines pour l'agriculture dans le futur. Les masses d'eau de surface et les masses d'eau souterraine restent soumises à des régimes de gestion distincts, alors qu'il faudrait mettre davantage l'accent sur l'utilisation combinée. Les pays devraient, en outre, exploiter les promesses potentielles des mécanismes novateurs de gestion collective à l'échelle locale qui, associés à des politiques réglementaires et économiques nationales ou régionales, semblent compter parmi ceux permettant le mieux de relever les défis cruciaux de la pénurie d'eau souterraine. Les interventions publiques, si elles sont jugées nécessaires, devraient d'abord privilégier les approches directes adaptables localement qui agissent sur la demande avant d'engager des investissements massifs dans l'offre d'eau, afin de garantir la participation des agriculteurs dans le futur.

L'objectif global devrait être de transformer le statut des ressources en eau souterraine, afin qu'elles ne constituent plus seulement un intrant productif pour l'agriculture, mais des réservoirs isolés des variations climatiques et faisant l'objet d'une gestion à long terme, lorsque cela est possible. Bien gérées, les ressources en eau souterraine peuvent et doivent devenir une solution d'adaptation performante, un mécanisme d'assurance naturel, et non rester une simple composante de l'offre de ressources en eau douce.

Notes

1. Voir chapitre 1 pour plus de détails.
2. En Californie, le manque d'accès aux données sur le pompage a, dans le passé, entravé la mise en place « d'un quelconque plan de gestion effective des eaux souterraines au niveau régional » (Howitt et al., 2014).
3. La fourniture d'informations est une condition nécessaire mais non suffisante pour la gestion des eaux souterraines mais ne peut corriger les externalités ; Saak et Peterson (2007) montrent qu'en l'absence d'autres mécanismes de gestion des eaux souterraines, elle peut entraîner un accroissement stratégique de l'extraction et des résultats négatifs dans certains cas spécifiques.
4. Ceci est cohérent avec la recommandation expresse du Conseil de l'OCDE (1989) d'employer des instruments juridiques, réglementaires (permis) et économiques adaptés aux systèmes hydrogéologiques.

Références

Barraqué, B. et al. (2010), "Groundwater in the Southern Member States of the European Union : an assessment of current knowledge and future prospects. Country report for France", Conseil consultatif des Académies scientifiques européennes (EASAC), Halle.

Blood, M.R. et E. Spagat (2013), "Millions spent on water-storage plan that leaks", Associated Press, 26 août 2013, http://news.yahoo.com/millions-spent-water-storage-plan-leaks-184059156.html, consulté en août 2013.

Brozović, N. et al. "Optimal management of groundwater over space and time", dans Goetz, R.U. et D. Berga (dir. pub.), *Frontiers in water resource economics*, Springer, New York, États-Unis.

Campana, M. (2014), "Groundwater Management: Quo Vadis?", dans Fitch, E.J. et R.A. Engberg, (dir. pub.), "AWRA at 50: The Future of Water Resources in the United States", *Water Resources Research,* vol. 16, n° 1, p. 26-28.

Crosbie, R.S. et al. (2013), "Potential climate change effects on groundwater recharge in the High Plains Aquifer, USA", *Water Resources Research*, n° 49, pp. 3936-51.

Dionisio, P. et G. Mario (2014), "Insuring water: a practical risk management option in water-scarce and drought prone regions?" *Water Policy*, Vol. 16, pp. 244-263.

EASAC (Conseil consultatif des Académies scientifiques européennes) (2010), "Groundwater in the Southern Member States of the European Union", *EASAC Policy Report* 12, EASAC, Halle, Allemagne.

Esteban, E. et A. Dinar (2013), "Modeling sustainable groundwater management: packaging and sequencing of policy interventions", *Journal of Environmental Management*, vol. 119, pp. 93-102.

Esteban, E. et A. Dinar (2012), "Cooperative Management of Groundwater Resources in the Presence of Environmental Externalities", *Environmental and Resource Economics*, vol. 54, n° 3, pp. 443-469. doi:10.1007/s10640-012-9602-2.

FAO (Organisation des Nations Unies pour l'alimentation et l'agriculture) (2011), "The State of the World's Land and Water Resources for Food and Agriculture: Managing systems at risk", FAO, Rome.

FEM, Banque mondiale, FAO, UNESCO et IAH (Fonds pour l'environnement mondial, Banque mondiale, FAO, UNESCO et International Association of Hydrogeologists) (2015), "Global groundwater governance: A framework for action", FEM et Banque mondiale, Washington DC, FAO, Rome, UNESCO, Paris.

Foster, S. et al. (2009), **"**Sustainable Groundwater Management Contributions to Policy Promotion", GW-MATE, *Strategic Overview Series,* n° 1, Banque mondiale, Washington.

Fuentes, A. (2011), "Policies towards a sustainable use of water in Spain", *Documents de travail du Département des affaires économiques de l'OCDE*, n° 840, OCDE, Paris, France. www.oecd-ilibrary.org/economics/oecd-economics-department-working-papers_18151973.

Gardũno, H. et S. Foster (2010), "Sustainable groundwater irrigation: approaches to reconciling demand with resources", GW-MATE, Strategic Overview Series 4, Banque mondiale, Washington.

Garrido, A., et al. (2012), "Water trading in Spain", dans de Stefano, L. et R.M. Llamas (dir. pub.), *Water, Agriculture and the Environment in Spain: Can we square the circle?*, CRC Press, Londres, Royaume-Uni.

Garrido, A., et al. (2006), "Groundwater irrigation and its implications for water policy in semiarid countries: the Spanish experience", *Hydrogeology Journal*, vol. 14, n° 3, pp. 340-349.

Giordano, M. (2009), "Global Groundwater? Issues and Solutions", *Annual Review of Environment and Resources*, vol. 34, n° 1, pp. 153-178.

GWP (Global Water Partnership) (2012), "Groundwater Resources and Irrigated Agriculture", GWP, Stockholm.

Howitt, R. et al. (2014), "Economic Analysis of the 2014 Drought for California Agriculture", Center for Watershed Sciences, University of California Davis, CA.

Jarvis, W.T. (2013), "Water Scarcity: Moving Beyond Indexes to Innovative Institutions", *Ground Water*, vol. 51, n° 5, pp. 663-9, doi:10.1111/gwat.12059.

Koundouri, P. (2004), "Current Issues in the Economics of Groundwater Resource Management", *Journal of Economic Surveys*, vol. 18, n° 5, pp. 703-740.

Levy, M. et J. Christian Smith (2011), "Groundwater Management in the Pajaro Valley", The Pacific Institute, Oakland, Californie, États-Unis.

Liu, Z., et al. (2014), "Strategic Entry and Externalities in Groundwater Resources: Evidence from the Lab", *Resource and Energy Economics*, doi:10.1016/j.reseneeco.2014.07.002.

Lopez-Gunn, E. et L. Martinez Cortina (2006), "Is self-regulation a myth? Case study on Spanish groundwater user associations and the role of higher-level authorities", *Hydrogeology Journal*, vol. 14, n° 3, pp. 361-379.

Lopez-Gunn, E. et al. (2012a), "Taming the groundwater chaos", dans de Stefano, L. et Llamas, M.R. (dir. pub.), *Water, Agriculture and the Environment in Spain: Can we square the circle?*, CRC Press, Londres.

Lopez-Gunn, E. et al. (2012b), "Tablas de Daimiel National Park and groundwater conflicts", dans de Stefano, L. et Llamas, M.R. (dir. pub.), *Water, Agriculture and the Environment in Spain: Can we square the circle?*, CRC Press, Londres, Royaume-Uni.

Lopez-Gunn, E. et al. (2010), "The impossible dream? The Upper Guadiana System: Aligning Changes in Ecological Systems with Changes in Social Systems", On the water Front: Selections from Stockholm Water Week 2010, SIWI.

Madramootoo, C.A. (2012), "Sustainable Groundwater Use in Agriculture", *Irrigation and Drainage*, vol. 61, pp. 26-33, doi:10.1002/ird.1658.

Mechlem, K. (2012), "Legal and Institutional Frameworks", *Thematic Paper 6*, Groundwater Governance: A Global Framework for Action, FEM, FAO, UNESCO-PHI, AIH et Banque mondiale.

Meinzen-Dick, R. (2007), "Beyond panaceas in water institutions", Proceedings of the National Academy of Sciences, vol. 104, n° 39, pp. 15200-5.

OCDE (2015), *Water resources allocation: Sharing risks and opportunities*, Études de l'OCDE sur l'eau, Éditions OCDE, Paris. http://dx.doi.org/10.1787/9789264229631-en

OCDE (2013), *Making Water Reform Happen in Mexico*, Études de l'OCDE sur l'eau, Éditions OCDE, Paris. http://dx.doi.org/10.1787/9789264187894-en.

OCDE (2009), *De l'eau pour tous: Perspectives de l'OCDE sur la tarification et le financement*, Études de l'OCDE sur l'eau, Éditions OCDE, Paris. http://dx.doi.org/10.1787/9789264059511-fr.

OCDE (1989), "Recommandation du Conseil relative aux politiques de gestion des ressources en eau : intégration, gestion de la demande et protection des eaux souterraines", OCDE, Paris. http://acts.oecd.org/Instruments/ShowInstrumentView.aspx?InstrumentID=36&Lang=fr&Book=False.

Schoengold, K. et D. Zilberman (2007), "The Economics of Water, Irrigation, and Development", *Handbook of Agricultural Economics*, vol. 3, n° 6.

Scott, C.A. et T. Shah (2004), "Groundwater overdraft reduction through agricultural energy policy: insights from India and Mexico", *International Journal of Water Resources Development*, vol. 20, n° 2, pp. 149–164.

Stephenson, K. (1996), "Groundwater management in Nebraska: governing the commons through local resource districts", *Natural Resources Journal*, vol. 505, n° 1982.

Sophocleous, M. (2012), "Conserving and extending the useful life of the largest aquifer in North America: the future of the High Plains/Ogallala aquifer", *Ground water*, vol. 50, n° 6, pp. 831-9.

Taylor, R.G. et al. (2012), "Ground water and climate change", *Nature Climate Change*, n° 3, pp. 322-329.

Wijnen, M. et al. (2012), "Managing the Invisible: Understanding and Improving Groundwater Governance", Programme de partenariat pour l'eau, *Document sur l'eau*, Banque mondiale, Washington DC.

Zetland, D. et H. Weikard (2013), "The institutional potential for water markets in the Tajo and Segura basins", *document de travail*.

GLOSSAIRE

Affaissement des sols — Abaissement du niveau des terres induit par le pompage des eaux souterraines. Extraire l'eau d'aquifères constitués de structures géologiques non consolidées et poreuses, notamment de complexes sédimentaires, peut entraîner un tassement non négligeable et irréversible des aquifères, qui conduit parfois à un affaissement des sols en surface.

Allocation des droits sur les eaux souterraines — **Les quatre doctrines suivantes ont été utilisées :**

- ***Propriété absolue*** : doctrine aussi appelée "règle de capture" ou "règle anglaise", selon laquelle le propriétaire d'un terrain est aussi propriétaire des ressources en eau situées sous ce terrain et peut donc les utiliser sans limite (avec exception, par exemple en cas d'usage malveillant ou de gaspillage) ; il n'est pas nécessaire d'obtenir un permis temporaire pour utiliser l'eau.

- ***Droits corrélatifs*** : doctrine selon laquelle le propriétaire foncier est propriétaire des eaux souterraines mais a l'obligation de partager l'aquifère. En d'autres termes, le rôle du propriétaire vis-à-vis de l'aquifère est assimilé à celui d'un actionnaire, et ses droits sont définis par rapport à ceux des autres – les eaux souterraines sont de facto considérées comme une ressource à gestion partagée.

- ***Usage raisonnable :*** doctrine selon laquelle le propriétaire foncier est autorisé à utiliser sans limite les eaux souterraines situées sous son terrain, à condition que cette utilisation ait un objectif raisonnable défini dans les textes juridiques. En pratique, cela implique que sa responsabilité peut être engagée en cas de dommages causés aux propriétaires fonciers voisins, par exemple du fait de la surexploitation d'un aquifère.

- ***Appropriation préalable :*** doctrine selon laquelle l'eau est allouée selon la séniorité des usages (premier arrivé, premier servi). Elle autorise le recours aux permis d'aménagement de puits et aux études d'évaluation des puits.

Aquifère — Entité hydraulique continue de structure géologique poreuse contenant les eaux souterraines.

Augmentation des dénivelés et des coûts de pompage Le coût et l'effort nécessaires pour utiliser les eaux souterraines peuvent augmenter sous l'effet du pompage intensif de ces eaux.

Droits sur les eaux souterraines Le droit de prélever et d'utiliser des eaux souterraines provenant d'un système aquifère tel que défini dans un plan de gestion de l'eau ou dans la législation. Ces droits peuvent être appelés titres, licences ou permis dans certains contextes.

Eaux souterraines Eaux contenues dans la matrice d'un aquifère situé sous la surface de la zone saturée, par opposition aux masses d'eau à surface libre que forment les cours d'eau, les réservoirs ou les lacs. Ces eaux remplissent toutes les fissures et tous les pores présents sous la surface de la terre.

Réduction du rendement des puits Un puits est un trou creusé dans la croûte terrestre à des fins d'étude ou d'exploitation. La réduction du rendement des puits se traduit par une diminution du débit de prélèvement liée à une exploitation intensive.

Salinité Concentration de sel dans l'eau dépassant un certain seuil, défini sur la base de la concentration totale de solides dissous.

Stress végétatif Effets de la baisse du niveau des aquifères induite par le pompage des eaux souterraines sur les végétaux tributaire de ces eaux. Les effets observés sont notamment des changements physiologiques, structurels et de dynamique écologique, en particulier dans les régions arides.

Tarissement des cours d'eau Abaissement du niveau de l'eau de surface dans les cours d'eau sous l'effet du pompage des eaux souterraines à proximité de cours d'eau et/ou de lacs.

ORGANISATION DE COOPÉRATION ET DE DÉVELOPPEMENT ÉCONOMIQUES

L'OCDE est un forum unique en son genre où les gouvernements oeuvrent ensemble pour relever les défis économiques, sociaux et environnementaux que pose la mondialisation. L'OCDE est aussi à l'avant-garde des efforts entrepris pour comprendre les évolutions du monde actuel et les préoccupations qu'elles font naître. Elle aide les gouvernements à faire face à des situations nouvelles en examinant des thèmes tels que le gouvernement d'entreprise, l'économie de l'information et les défis posés par le vieillissement de la population. L'Organisation offre aux gouvernements un cadre leur permettant de comparer leurs expériences en matière de politiques, de chercher des réponses à des problèmes communs, d'identifier les bonnes pratiques et de travailler à la coordination des politiques nationales et internationales.

Les pays membres de l'OCDE sont : l'Allemagne, l'Australie, l'Autriche, la Belgique, le Canada, le Chili, la Corée, le Danemark, l'Espagne, l'Estonie, les États-Unis, la Finlande, la France, la Grèce, la Hongrie, l'Irlande, l'Islande, Israël, l'Italie, le Japon, le Luxembourg, le Mexique, la Norvège, la Nouvelle-Zélande, les Pays-Bas, la Pologne, le Portugal, la République slovaque, la République tchèque, le Royaume-Uni, la Slovénie, la Suède, la Suisse et la Turquie. La Commission européenne participe aux travaux de l'OCDE.

Les Éditions OCDE assurent une large diffusion aux travaux de l'Organisation. Ces derniers comprennent les résultats de l'activité de collecte de statistiques, les travaux de recherche menés sur des questions économiques, sociales et environnementales, ainsi que les conventions, les principes directeurs et les modèles développés par les pays membres.

ÉDITIONS OCDE, 2, rue André-Pascal, 75775 PARIS CEDEX 16
(51 2015 12 2 P) ISBN 978-92-64-24841-0 – 2015

www.ingramcontent.com/pod-product-compliance
Lightning Source LLC
LaVergne TN
LVHW080654011026
849160LV00014B/1417
9789264248410